U0312513

课堂实录

中文版 **AutoCAD** 电气设计
课堂实录

清华大学出版社
北　京

内容简介

本书是一本AutoCAD 2014的电气案例教程，以课堂实录的形式，全面讲解了电气设计的各项功能和使用方法。

全书共16课，循序渐进地介绍了电气工程图基础、AutoCAD 2014基础、绘图辅助功能、绘制二维电气图形、编辑二维电气图形、使用与管理外部参照、应用图块与设计中心、应用文字与表格对象、创建与编辑尺寸标注等内容。最后6章通过常用电气元件、电力工程图、电子线路图、控制电气图、通信工程图、机械电气图和建筑电气图设计等综合案例，实战演练前面所学知识。

本书提供多媒体教学光盘，包含172个课堂实例、共1000多分钟的高清语音视频讲解，老师手把手的生动讲解，可全面提高学习的效率和兴趣。

本书内容全面，实例丰富，可操作性强，既可作为大学本科和高职高专有关电气设计专业的计算机辅助设计课程教材，也适用于广大AutoCAD 2014用户自学和参考。

本书封面贴有清华大学出版社防伪标签，无标签者不得销售。
版权所有，侵权必究。侵权举报电话：010-62782989　13701121933

图书在版编目(CIP)数据

中文版AutoCAD电气设计课堂实录 / 陈志民编著. --北京：清华大学出版社，2016
（课堂实录）
ISBN 978-7-302-39963-6

Ⅰ．①中… Ⅱ．①陈… Ⅲ．①电气设备－计算机辅助设计－AutoCAD软件－教材 Ⅳ．①TM02-39
中国版本图书馆CIP数据核字(2015)第085936号

责任编辑： 陈绿春
封面设计： 潘国文
责任校对： 胡伟民
责任印制： 宋　林

出版发行： 清华大学出版社
　　　　　网　　　址：http://www.tup.com.cn，http://www.wqbook.com
　　　　　地　　　址：北京清华大学学研大厦A座　　　　　邮　　编：100084
　　　　　社 总 机：010-62770175　　　　　邮　　购：010-62786544
　　　　　投稿与读者服务：010-62776969，c-service@tup.tsinghua.edu.cn
　　　　　质 量 反 馈：010-62772015，zhiliang@tup.tsinghua.edu.cn
印 刷 者： 北京富博印刷有限公司
装 订 者： 北京市密云县京文制本装订厂
经　　销： 全国新华书店
开　　本： 188mm×260mm　　　**印　张：** 24.25　　　**字　数：** 725千字
　　　　　（附DVD1张）
版　　次： 2016年2月第1版　　　**印　次：** 2016年2月第1次印刷
印　　数： 1～3500
定　　价： 49.80元

产品编号：061940-01

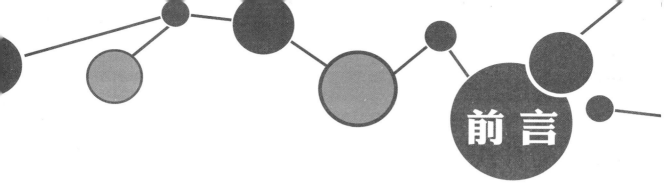

AutoCAD的全称是Auto Computer Aided Design(计算机辅助设计)，作为一款通用的计算机辅助设计软件，它可以帮助用户在统一的环境下灵活完成概念和细节设计，并在一个环境下创作、管理和分享设计作品，所以十分适合广大普通用户使用。AutoCAD目前已经成为世界上应用最广的CAD软件，市场占有率居世界第一。

本书主要内容

本书共16个课，主要内容如下：

第1课 初识电气工程图基础：介绍了电气工程图基础认识、电气工程图制图规则、电气图形符号以及电气图的表示方法等。

第2课 初识AutoCAD 2014：介绍了AutoCAD 2014全新界面体验、图形文件操作以及电气绘图环境设置等。

第3课 设置绘图辅助功能：介绍了草图、坐标、坐标系、图层以及图形显示辅助功能等的设置方法。

第4课 绘制二维电气图形：介绍了直线、点、圆形、平面以及图案填充等图形对象的创建方法。

第5课 编辑二维电气图形：介绍了对图形进行选择、移动、阵列、修剪、删除等多种操作。

第6课 使用与管理外部参照：介绍了使用外部参照及管理外部参照的方法。

第7课 应用图块与设计中心：介绍了图块、属性图块以及动态图块等的创建与编辑方法，详细讲解了设计中心的操作应用。

第8课 应用文字与表格对象：介绍了文字注写及编辑，表格的创建及应用。

第9课 创建与编辑尺寸标注：完整介绍了尺寸标注命令及实际应用，如标注半径、角度等。

第10课 常用电气元件的绘制：介绍了导线、连接器件、电阻容感、半导体、开关、仪表、信号、电器符号以及其他元件符号的绘制方法。

第11课 电力工程图设计：介绍了工厂供电工程图、低压配电系统图、10kV一次接线图以及变电工程图的设计方法。

第12课 电子线路图设计：介绍了手机充电器线路图、录音机电路图、热水循环泵电路图以及信号屏接线图的设计方法。

第13课 控制电气图设计：介绍了电容屏控制图、电动机正反转控制图、智能彩灯控制图以及路灯照明系统图的设计方法。

第14课 通信工程图设计：介绍了网络布线系统图、有线电视系统图、视频监控系统图以及对讲系统图的设计方法。

第15课 机械电气图设计：介绍了电动机原理图、混砂机原理图、小型液压机液压系统原理图以及B2020龙门刨床原理图的设计方法。

第16课 建筑电气图设计：介绍了住宅楼一层照明平面图、住宅楼其他层弱电平面图、消防安全系统图以及小户型照明平面图的设计方法。

本书主要特点

与同类书相比，本书具有以下特点。

（1）完善的知识体系

本书从电气工程图基础知识讲起，从简单到复杂，循序渐进地介绍了AutoCAD的理论知识、设置绘图辅助功能、绘制和编辑电气二维图形、使用与管理外部参照、应用图块与设计中心、应用文字与表格对象、创建与编辑尺寸标注等内容，最后针对电气行业需要，详细讲解AutoCAD在常用电气元件、电力工程图、电子线路图、控制电气图、通信工程图、机械电气图和建筑电气图设计等领域中的应用方法。

（2）丰富的经典案例

本书所有案例针对初、中级用户量身定做。针对每节所介绍的知识点，将经典案例以课堂举例的方式穿插其中，与知识点相辅相成。

（3）实时的知识提醒点

AutoCAD绘图的一些技巧和注意点贯穿全书，使读者在实际运用中更加得心应手。

（4）实用的行业案例

本书每个练习和实例都取材于实际工程案例，具有典型性和实用性，涉及电力工程、电子线路、工厂控制电气、通信工程、机械电气及建筑电气等，使广大读者在学习软件的同时，能够了解相关领域的电气绘图特点和规律，积累实际工作经验。

（5）手把手的教学视频

全书配备了高清语音视频教学，清晰直观的生动讲解，使学习更有趣、更有效率。

杜绝脱离实际的单纯软件讲解，以实用案例贯穿全书，让读者在学会软件的同时迅速掌握实际应用能力。每个案例都有详细的制作步骤，且阐述了制作关键点和应用知识点，帮助读者巩固能力和进一步提高自己的水平。

本书作者

本书由陈志民主编，参加编写的还有：陈运炳、申玉秀、李红萍、李红艺、李红术、陈云香、陈文香、陈军云、彭斌全、林小群、刘清平、钟睦、刘里锋、朱海涛、廖博、喻文明、易盛、陈晶、张绍华、黄柯、何凯、黄华、陈文轶、杨少波、杨芳、刘有良、刘珊、赵祖欣、齐慧明、胡莹君等。

感谢您选择本书的同时，也希望您能够把对本书的意见和建议告诉我们。

读者服务邮箱:lushanbook@gmail.com

编者

目录

■基础篇■

第4课 绘制二维电气图形

第5课 编辑二维电气图形

第6课 使用与管理外部参照

第7课 应用图块与设计中心

第8课 应用文字与表格对象

第9课 创建与编辑尺寸标注

第10课 常用电气元件的绘制

■案例篇■

第11课 电力工程图设计

第1课
初识电气工程图

电气工程图是用来阐述电气工作原理，描述电气产品的构造和功能，并提供产品安装和使用方法的一种简图，主要以图形符号、线框或简化外表，来表示电气设备或系统中各有关组成部分的连接方式。本章将详细讲解电气工程图的相关基础知识，包括电气工程图的基础认识、电气工程图的制图原则以及布局方法等知识，以供读者掌握。

【本课知识】：
1. 掌握电气工程图基础认识。
2. 掌握电气工程图制图规则。
3. 掌握电气图形符号。
4. 掌握电气图的表示方法。

1.1 电气工程图基础认识

在国家标准中对电气工程图作了严格的规定，下面将介绍电气工程图的特点、组成、分类以及注意事项等内容。

■ 1.1.1 电气工程图的特点

电气工程图与其他工程图有着本质区别，主要用来表示电气与系统或装置的关系，有其自身特点，其工程图的主要特点有以下5点：

1. 简图是电气工程图的主要形式

电气图中没有必要绘制出电气元器件的外形结构，采用标准的图形符号和带注释的框，或者简化外形表示系统或设备中各组成部分之间的相互关系。用不同形式的简图侧重表达不同的电气工程信息。

2. 元件和连接线是电气图描述的主要内容

电气设备主要由电气元件和连接线组成。因此，无论电路图、系统图，还是接线图和平面图都是以电气元件和连接线作为描述的主要内容。电气元件和连接线有很多种不同的描述方式，从而构成了电气图的多样性。

3. 电气工程图的布局方法

功能布局法和位置布局法是电气工程图的两种基本的布局方法。其中，功能布局法是指在绘图时，图中各元件的位置只考虑元件之间的功能关系，而不考虑元件的实际位置的一种布局方法。电气工程图中的系统图、电路图采用的是这种方法。位置布局法是指电气工程图中的元件位置对应于元件的实际位置的一种布局方法。电气工程中的接线图、设备布置图采用的就是这种方法。

4. 电气工程图的独特要素

一个电气系统或装置通常由许多部件、组件构成，这些部件、组件或者功能模块称为项目。项目一般由简单的图形符号表示，通常每个图形符号都有相应的文字符号。设备编号和文字符号一起构成项目代号，设备编号是为了区别相同的设备。

5. 电气工程图的表现形式

电气工程图的表现形式具有多样性。可以采用不同的描述方法，如能量流、逻辑流、信息流、功能流等，形成了不同的电气工程图。系统图、电路图、框图、接线图都是描述能量流和信息流的电气工程图；逻辑图是描述逻辑流的电气工程图；辅助说明的功能表图、程序框图是描述功能流的电气工程图。

■ 1.1.2 电气工程图的组成

根据表达形式和工程内容不同，一般而言，一项电气工程的电气图通常由以下几部分组成：

1. 目录和前言

目录和前言是电气工程图中的重要组成部分，下面将分别进行介绍。

目录是对某个电气工程的所有图纸开列出的名目，以便检索、查阅图纸，内容包括序号、图名、图纸编号、张数以及备注等。

前言包括设计说明、图例、设备材料明细表、工程概算等。

2. 电气系统图和框图

电气系统图和框图主要表示整个工程或者其中某一项目的供电方式和电能输送关系，亦可表述某一装置各主要组成部分的关系。例如：电气一次主接线图、建筑供配电系统图、控制原理框图等。如图1-1所示为电力负荷配电干线统图。

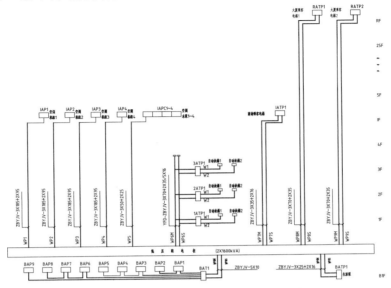

图1-1　电力负荷配电干线系统图

3. 电路图

电路图主要表示某一系统或者装置的工作原理。如机床电气原理图、电动机控制回路图、继电保护原理图等，如图1-2所示为卷取机电路图。

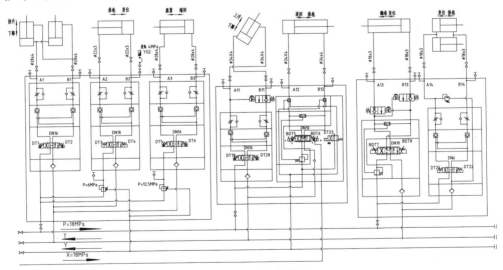

图1-2　卷取机电路图

4. 安装接线图

安装接线图主要表示电气装置的内部各元件之间以及其他装置之间的连接关系，便于设备的安装、调试及维护，如图1-3所示。

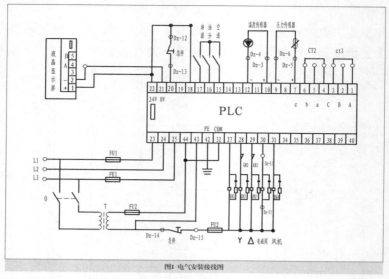

图1-3 电气安装接线图

5. 电气平面图

电气平面图主要表示某一电气工程中的电气设备、装置和线路的平面布置。它一般是在建筑平面图的基础上绘制出来的。常见的电气平面图主要有线路平面图、变电所平面图、弱电系统平面图、照明平面图、防雷与接地平面图等，如图1-4所示。

6. 设备布置图

设备布置图主要表示各种设备的布置方式、安装方式及相互间的尺寸关系，主要包括平面布置图、立面布置图、断面图、纵横剖面图等，如图1-5所示。

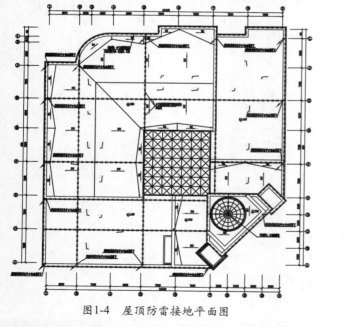

图1-4 屋顶防雷接地平面图

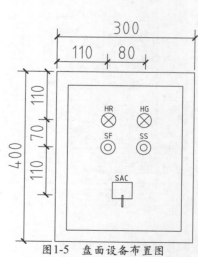

图1-5 盘面设备布置图

7. 设备元件和材料表

设备元件和材料表是把某一电气工程中用到的设备、元件和材料列成表格，表示其名称、符号、型号、规格和数量等，如图1-6所示。

符 号	名 称	型 号	数 量
ISA-351D	微机保护装置	220V	1
KS	自动加热除湿控制器	KS-3-2	1
SA	跳、合闸控制开关	LW-Z-1a,4,6a,20/F8	1
QC	主令开关	LS1-2	1
QF	自动空气开关	GM31-2PR3,0A	1
FU1-2	熔断器	AMI 16/6A	2
FU3	熔断器	AMI 16/2A	1
1-2DJR	加热器	DJR-75-220V	2
HLT	手车开关状态指示器	MGZ-91-220V	1
HLQ	断路器状态指示器	MGZ-91-220V	1
HL	信号灯	AD11-25/41-5G-220V	1
M	储能电动机		1

图1-6 某开关柜上的设备元件表

8. 大样图

大样图主要表示电气工程某一部件的结构，用于指导加工与安装，其中一部分大样图为国家标准图。

9. 产品使用说明书用电气图

电气工程中选用的设备和装置，其生产厂家往往随产品使用说明书附上电气图，这种电气图也属于电气工程图。

10. 其他电气图

在电气工程图中，电气系统图、电路图、安装接线图和设备布置图是最主要的图。在一些较复杂的电气工程中，为了补充和说明某一方面，还需要一些特殊的电气图，如逻辑图、功能图、曲线图和表格等。

1.1.3 电气工程的分类

电气工程应用十分广泛，分类方法有很多种。电气工程图主要为用户阐述电气工程的工作原理、系统的构成；安装接线和使用维护的依据。根据表达形式和工程内容不同，一般电气工程主要分为以下几类：

1. 电力工程

电力工程又分为发电工程、变电工程和输电工程3类，分别介绍如下：

★ 发电工程

根据不同电源性质，发电工程主要可分为火电、水电、核电、风电、太阳能电5类。发电工程中的电气工程指的是发电厂电气设备的布置、接线、控制及其他附属项目。

★ 变电工程

升压变电站将发电站发出的电能进行升压，以减少远距离输电的电能损失；降压变电站将电网中的高电压降为各级用户能使用的低电压。

★ 线路工程

用于连接发电厂、变电站和各级电力用户的输电线路，包括内线工程和外线工程。内线工程指室内动力、照明电气线路及其他线路。外线工程指室外电源供电线路，包括架空电力线路、电缆电力线路等。

2．电子工程

电子工程主要是指应用于家用电器、广播通信、计算机等众多领域的弱电信号设备和线路。

3．工业电气

工业电气主要是指应用于机械、工业生产及其他控制领域的电气设备，包括机床电气、工厂电气、汽车电气和其他控制电气等。

4．建筑电气

建筑电气工程主要是应用于民用建筑领域的动力照明、电气设备、防雷接地等，包括各种动力设备、照明灯具、电器以及各种电气装置的保护接地、工作接地、防静电接地等。

1.1.4 电气工程图的注意事项

在绘制电气图时，要注意以下几个方面：

★ 重量大和体积大的元件应安放在下部；发热元件应安放在上部，以利于散热。

★ 强电和弱电要分开，同时应注意弱电的屏蔽问题和强电的干扰问题。

★ 考虑维护和维修的方便性。

★ 考虑布线整齐性和元件之间的走线空间。

★ 考虑制造和安装的工艺性、外观的美感、结构的整齐、操作的方便性。

1.2 了解电气工程图制图规则

电气工程设计部门设计、绘制图样，施工单位按图样组织工程施工，所以图样必须有设计和施工等部门共同遵守的一定的格式和一些基本规定、要求。这些规定包括建筑电气工程图自身的规定和机械制图、建筑制图等方面的有关规定。

1.2.1 了解图纸格式

电气图图纸的格式与机械图图纸、建筑图图纸的格式基本相同，通常由边框线、图框线、标题栏等组成，其格式如图1-7所示。

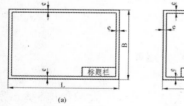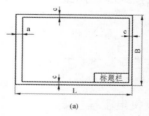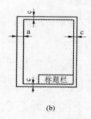

图1-7 图纸格式

图中的标题栏相当于一个设备的铭牌，标示着这张图纸的名称、图号张次、制图者、审核者等有关人员的签名，其一般样式如图1-8所示。标题栏通常放在右下角位置，也可放在其他位置，但必须在本张图纸上，而且标题栏的文字方向与看图方向一致。会签栏是留给相关的水、暖、建筑、工艺等专业设计人员会审图纸时签名用的。

					设计阶段	施工图		K8003D1-10		
审 定		项目专业负责人					所属图号			
审 核		设 计					专 业		电气	
校 核		计算机制图			五层照明平面图		比 例	见图	图幅	1.00
							日 期			

图1-8 标题栏

1.2.2 了解幅面尺寸

图纸的幅面就是由边框线所围成的图面。幅面尺寸共分A0～A5等，具体尺寸要求如表 1-1 所示。

表1-1 基本图幅尺寸 （单位：mm）

幅面代号	A0	A1	A2	A3	A4	A5
宽×长(B×L)	841×1189	594×841	420×594	297×420	210×297	148×210
边宽(c)	10 (20)	10 (20)	10 (20)	5 (10)	5 (10)	5 (10)
装订侧边宽(a)	25	25	25	25	25	25

根据需要可以对A3和A4号图加长，加长幅面尺寸如表 1-2所示。

表1-2 加长图幅尺寸 （单位：mm）

序号	代号	尺寸	序号	代号	尺寸
1	A3×3	420×891	4	A4×4	297×841
2	A3×4	420×1189	5	A4×5	297×1051
3	A4×3	297×630			

1.2.3 了解图幅分区

当绘制内容很多的电气图，尤其是一些幅面大、内容复杂的图时，要对其进行分区，以便在读图或更改图的过程中，迅速找到相应的部分。分区数必须是偶数，并按图的复杂性选取。建议组成分区的长方形的任何边长都不小于25mm，不大于75mm。分区都应一边用大写字母、另一边用数字标记。标记的顺序可以从标题栏相对的一角开始，如图 1-9所示。

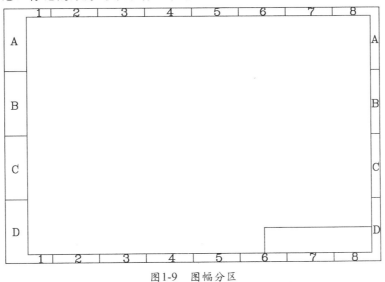

图1-9 图幅分区

1.2.4 了解电气图布局方法

图的布局应从有利于对图的理解出发，做到布局突出图的本意、结构合理、排列均匀、图面清晰、便于读图。

1. 图线布局

电气图的图线一般用于表示导线、信号通路、连接线等，要求用直线，并尽可能减少交叉和弯折。图线的布局方法有以下两种：

★ 水平布局：水平布局是将元件和设备按行布置，使其连接线处于水平布置。

★ 垂直布局：垂直布局是将元件和设备按列布置，使其连接线处于竖直布置。

2. 元件布局

元件在电路中的排列一般是按因果关系和动作顺序从左到右、从上而下布置，看图时也要按这一排列规律来分析。但是如果元件是在接线图或布局图中，它是按实际元件位置来布局，这样便于看出各元件之间的相对位置和导线走向。

1.2.5 了解其他制图规则

电气工程图的制图规则还包括图线、字体、尺寸标注、标高、比例以及定位轴线等，下面将分别进行介绍。

1. 图线

绘制电气工程图所用的各种线条统称为图线。为了使图纸清晰、含义清楚、绘图方便，国家标准中对图线的型式、宽度和间距都做了明确的规定。图线型式参见表1-3。

表1-3　图线型式

图线名称	图线形式	图线应用
粗实线	———————	建筑的立面线、平面图与剖面图的假面轮廓线、图框线等
中实线	———————	电气施工图的干线、支线、电缆线及架空线等
细实线	———————	电气施工图的底图线。建筑平面图中用细实线突出用中实线绘制的电气线路
粗点划线	— · — · — ·	通常在平面图中大型构件的轴线等处使用
点划线	— · — · — ·	用于轴线、中心线等
粗虚线	— — — —	适用于地下管道
虚线	— — — —	适用于不可见的轮廓线
双点划线	— ·· — ··	辅助围框线
波浪线	～～～	断裂线
折断线	—／\—	用在被断开部分的边界线

2. 字体

汉字、字母和数字是图的重要组成部分，因而电气图的字体必须符合标准，汉字一般采用仿宋体、宋体。字母和数字用正体、罗马字体，也可用斜体。字体的大小一般为2.5~10.0mm，也可以根据不同的图纸使用更大的字体，根据文字所表示的内容不同应用不同大小的字体。一般来说，电气器件触点号最小，线号次之，器件名称号最大，具体要根据实际调整。

3. 尺寸标注和标高

尺寸数据是施工和加工的主要依据。尺寸是由尺寸线、尺寸界线、尺寸起止点（箭头或45°斜划线）、尺寸数字四个要素组成。尺寸的单位除标高、总平面图和一些特大构件以米（m）为单位外，其余一律以毫米（mm）作单位。

标高有绝对标高和相对标高两种表示方法。绝对标高是以我国青岛市外黄海平面作为零点而确定的高度尺寸，又称海拔。相对标高是选定某一参考面或参考点为零点而确定的高度尺寸。在工程图中通常采用相对标高，取建筑物地平高度为±0.00m。

在电气工程图上有时还标有敷设标高点，它是指电气设备或线路安装敷设位置与该层面或楼面的高差。

4. 详图

表明图纸中所需要的细部构造、尺寸、安装工艺及用料等全部资料的详细图样称为详图。有些图形在原图纸上无法进行表述而进行详细制作，故也称作节点大样等。详图与总图的联系标志称为详图索引标志，如图1-10表示3号详图与总图画在同一张图纸上；图1-11则表示2号详图画在第5号图纸上。

图1-10 详图索引标志一

图1-11 详图索引标志二

详图的比例应采用1:1、1:2、1:5、1:10、1:20、1:50绘制，必要时也可采用1:3、1:4、1:25、1:30、1:40比例绘制。

5. 围框

当需要在图上显示其中的一部分所表示的是功能单元、结构单元或项目组（电器组、继电器装置）时，可以用点化线围框表示。为了图面清楚，围框的形状可以是不规则的，如图1-12所示。

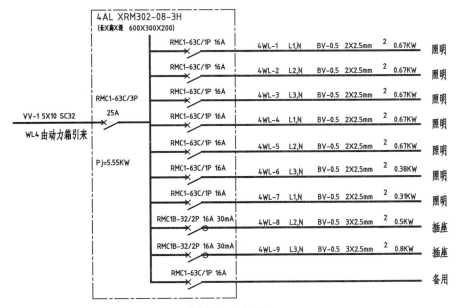

图1-12 围框例图

6. 比例

大部分电气工程图是不按比例绘制的，但某些位置图则必须按比例或部分按比例绘制。

电气工程图通常采用的比例为1∶10、1∶20、1∶50、1∶100、1∶200、1∶500。

7. 设备材料表及说明

设备材料表主要说明电气图纸中全部电气设备材料的规格、型号、数量及有关重要数据，以便于施工单位进行概算。

电气图纸的设计说明是用文字叙述的方式补充说明图纸中的一些重要内容，如主要电气设备的规格型号、工程特点、设计指导思想以及使用的材料、工艺、技术和对施工的要求等。

1.3 了解电气图形符号

　　按简图形式绘制的电气工程图中，元件、设备、线路以及安装方法等都是借用图形符号、文字符号和项目代号来表达的。分析电气工程图，首先要清楚这些符号的形式、内容、含义以及它们之间的相互关系。

■ 1.3.1 电气图用图形符号

　　电气图用图形符号主要用于图样或其他文件以表示一个设备或概念的图形、标记或字符。图形符号是通过书写、绘制、印刷或其他方法产生的可视图形，是一种以简明易懂的方式来传递一种信息，表示一个实物或概念，并可提供有关条件、相关性及动作信息的工业语言。

1. 图形符号组成

　　图形符号由一般符号、符号要素、限定符号和方框符号组成。

★　一般符号：表示一类产品或此类产品特征的简单符号，如电阻、电感和电容等，如图1-13所示。

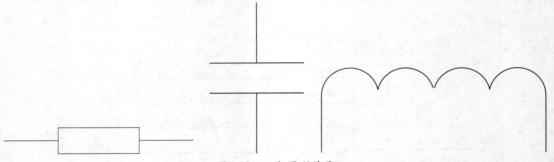

图1-13　一般图形符号

★　符号要素：它具有确定意义的简单图形，必须同其他图形组合以构成一个设备或概念的完整符号。

★　限定符号：用于提供附加信息的一种加在其他符号上的符号，它一般不能单独使用，但一般符号有时也可以用作限定符号。

★　方框符号：用于表示元件、设备等的组合及其功能，既不给出元件、设备的细节，也不考虑所有这些连接的一种简单图形符号。方框符号在系统图和框图中使用最多，在电路图中的外购件、不可修理件也可以用方框符号表示。

2. 图形符号分类

　　图形符号的分类有以下11种，下面将分别进行介绍。

★　导线和连接器件

　　该类电气图形符号包含了各种导线、接线端子和导线的连接、连接器件、电缆附件等，见表 1-4所示。

表1-4　导线和连接器件符号

名称	图形符号	名称	图形符号
三根导线	///	阴接触件	

名称	图形符号	名称	图形符号
T形连接导线		软连接	

★ 无源元件

该类电气图形符号包括电阻器、电容器、电感器等，见表1-5所示。

表1-5　无源元件符号

名称	图形符号	名称	图形符号
电阻器		加热元件	
压敏电阻器		电容器	
电感器		电容器组	

★ 半导体管和电子管

该类电气图形符号包括二极管、三极管、晶闸管、电子管、辐射探测器等，见表1-6所示。

表1-6　半导体管和电子管符号

名称	图形符号	名称	图形符号
二极管		PNP半导体管	
发光二极管		NPN型半导体管	
双向三极管		双向三极晶体闸流管	

★ 电能的发生和转换

该类电气图形符号包括绕组、发电机、电动机、变压器、变流器等，见表1-7所示。

表1-7　电能的发声和转换符号

名称	图形符号	名称	图形符号
双绕组变压器		直流发电机	
三绕组变压器		交流电动机	
变压器		电动机	

★ 开关、控制和保护装置

该类电气图形符号包括触点（触头）、开关、开关装置、控制装置、电动机起动器、继电器、熔断器、间隙、避雷器等，见表1-8所示。

表1-8　开关符号

名称	图形符号	名称	图形符号
刀开关		多级开关	
接触器		熔断器	
断路器		熔断器式开关	

★ 测量仪表、灯和信号器件

该类电气图形符号包括指示运算和记录仪表、热电偶、遥测装置、电钟、传感器、灯、喇叭和铃等，见表1-9所示。

表1-9　测量仪表、灯、信号器件符号

名称	图形符号	名称	图形符号
电压表		蜂鸣器	
电视电话		音响信号装置	
信号灯		喇叭	

电信交换和外围设备

该类图形符号包括交换系统、选择器、电话机、电报和数据处理设备、传真机、换能器、记录和播放等，见表1-10所示。

表1-10　电信交换和外围设备符号

名称	图形符号	名称	图形符号
电话机		扩音对讲设备	
录放电话机		监听器	

★ 电信传输

该类电气图形符号包括通信电路、天线、无线电台及各种电信传输设备，见表1-11所示。

表1-11　电信传输符号

名称	图形符号	名称	图形符号
数字配线架	DDF	综合布线配线架	
集线器	HUB	壁龛交接线	

★　电力、照明和电信布置

　　该类电气图形符号包括发电站、变电站、网络、音响和电视的电缆配电系统、开关、插座引出线、电灯引出线、安装符号等。适用于电力、照明和电信系统和平面图。

★　二进制逻辑单元S

　　该类电气图形符号包括组合和时序单元、运算器单元、延时单元、双稳、单稳和非稳单元、位移寄存器、计数器和储存器等。

★　模拟单元

　　该类电气图形符号包括函数器、坐标转换器、电子开关等。

3. 常用图形符号应用的说明

　　常用图形符号的应用说明主要包括以下6点：

★　所有图形符号均按无电压、无外力作用的正常状态示出。

★　在图形符号中，某些设备元件有多个图形符号，有优选形、其他形、形式1、形式2等。选用符号的遵循原则是，尽可能采用优选形；在满足需要的前提下，尽量采用最简单的形式；在同一图号的图中使用同一种形式。

★　符号的大小和图线的宽度一般不影响符号的含义，在有些情况下，为了强调某些方面或者为了便于补充信息，或者为了区别不同的用途，允许采用不同大小的符号和不同宽度的图线。

★　为了保持图面的清晰，避免导线弯折或交叉，在不致引起误解的情况下，可以将符号旋转或成镜像放置，但此时图形符号的文字标注和指示方向不得倒置。

★　图形符号一般都画有引线，但在绝大多数情况下引线位置仅用作示例，在不改变符号含义的原则下，引线可取不同的方向，如引线符号的位置影响到符号的含义，则不能随意改变，否则引起歧义。

★　在GB4728中比较完整地列出了符号要素、限定符号和一般符号，但组合符号是有限的。若某些特定装置或概念的图形符号在标准中未列出，允许通过已规定的一般符号、限定符号和符号要素适当组合，派生出新的符号。

1.3.2　电气设备用图形符号

　　电气设备用图形符号是完全区别于电气图用图形符号的另一类符号，主要适用于各种类型的电气设备或电气设备部件上，使得操作人员知晓其用途和操作方法，也可用于安装或移动电气设备的场合，诸如禁止、警告、规定或限制等注意的事项。电气设备用图形符号主要有识别、限定、说明、命令、警告和指示6大用途，设备用图形符号必须按照一定的比例绘制。

1.3.3　标志用图形符号和标注用图形符号

　　标志用图形符号主要包括公共信息用标志符号、公共标志用符号、交通标志用符号以及包装储运标志用符号。而标注用图形符号表示产品设计、制造、测量和质量保证过程中所设计的几何特性和制造工艺等。电气图上常用的是标注用图形符号。

1. 安装标高和等高线符号

标高有绝对标高和相对标高两种表示方法。绝对标高又称为海拔高度，是以青岛市外黄海平面作为零点而确定高度尺寸。相对标高是选定某一参考面或参考点为零点而确定的高度尺寸。等高线是在平面图上显示地貌特征的专用图线。电气位置图均采用相对标高，一般采用室外某一平面、某层楼平面作为零点而计算高度，这一标高称为安装标高或敷设标高。

2. 方位、风向频率标记符号

电力、照明等类图纸一般均是按上北下南、左西右东来表示电气设备或建筑物的位置和朝向，但在许多情况下都是用方位标记表示，方位标记的箭头方向表示正北方向，如图1-14所示。

为了表示设备安装地区一年四季的风向情况，在电气布置图上往往有风向频率标记。风向频率标记，因其形似一朵玫瑰花，又称为风玫瑰图，它是根据某一地区多年平均统计的各个方风向频率的百分数值，并按一定比例绘制而成。风玫瑰折线上的点离圆心的远近，表示从此点向圆心方向刮风的频率的大小。实线表示常年风，虚线表示夏季风。

图1-14 方位标记符号

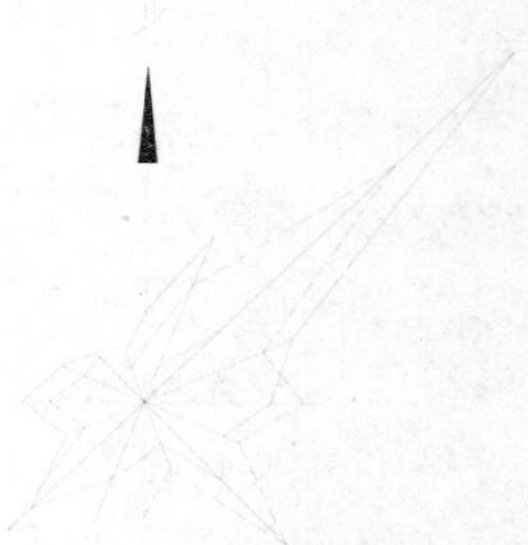

图1-15 风向频率标记符号

如图1-15所示为某地区的风向频率标记，它表示该地区常年盛行东北风，夏季也以东北风为主。

3. 建筑物定位轴线符号

电力、照明和通信平面布置图通常是在建筑物平面图上完成的。在建筑图中，凡承重墙、柱子、大梁、屋架等主要承重结构的位置都标有定位轴并编上轴线号。

定位轴线的编号原则是：在水平方向采用阿拉伯数字，从左向右编号；在垂直方向上采用拉丁字母大写，由下至上编号。拉丁字母的I、O、Z不得用来做轴线编号。如字母数量不够使用，可增用双字母或单字母加数字注脚，如AA、BA、CA或A1、B2、C3等。

1.4 了解电气图的表示方法

电气图可以通过线路、电气元件、电气元件触点位置、元器件工作状态以及元件接线端子等来表示，下面将分别进行介绍。

1.4.1 电气线路的表示方法

线路的表示方法通常有多线表示法、单线表示法和混合表示法3种，下面将分别进行详细介绍。

1. 多线表示法

多线表示法是指在图中，电气设备的每根导线或连接线各用一根图线表示的方法，一般用于表示各相或各线内容的不对称和要详细表示各相和各线的具体连接方法的场合。

2. 单线表示法

单线表示法是指在图中，电气设备的两根或两根以上的连接线或导线、只用一根线表示的方法，这种表示法主要适用于三相电路或各线基本对称的电路图中。

3. 混合表示法

混合表示法是指在一个图中，一部分采用单线表示法，而另一部分采用多线表示法，这种表示法具有单线表示法简洁精炼的优点，又具有多线表示法描述精确、充分的优点。

1.4.2　电气元件的表示方法

电气元件在电气图中通常采用图形符号来表示，绘制出其电气连接，在符号旁标注项目代号（文字符号），必要时还标注有关的技术数据。一个元件在电气图中完整图形符号的表示方法有集中表示法、半集中表示法和分开表示法。

1. 集中表示法

集中表示法是指将设备或成套装置中的一个项目各组成部分的图形符号在简图上绘制在一起的方法，这种表示法只适用于简单的电路图。在集中表示法中，各组成部分用机械连接线（虚线）互相连接起来，连接线必须是一条直线。

2. 半集中表示法

半集中表示法是指将一个项目中某些部分的图形符号在简图中分开布置，并用机械连接符号把它们连接起来的方法。在半集中表示中，机械连接线可以弯折、分支和交叉。

3. 分开表示法

分开表示法又称为展开法，是指将一个项目中某些部分的图形符号在简图中分开布置，并使用项目代号（文字符号）表示它们之间关系的方法。

1.4.3　电气元件触点位置表示方法

触点一般分为两类：一类靠电磁力或人工操作的触点（接触器、电继电器、开关、按钮等）；另一类为非电和非人工操作的触点（非电继电器、行程开关等）。其触点表示方法主要有以下两种：

★　对接触器、电继电器、开关、按钮等项目的触点符号，在同一电路中，在加电和受力后，各触点符号的动作方向应取向一致，当触点具有保持、闭锁和延时功能的情况下更就如此。

★　对非电和非人工操作的触点位置，必须在其触点符号附近表明运行方式。用图形、操作器件符号以及注释、标记和表格表示。

1.4.4　元器件工作状态的表示方法

在电气图中，元器件和设备的可动部分通常应表示在非激励或不工作的状态或位置，其表示方法有以下7种：

★　继电器和接触器在非激励的状态。

★　断路器、负荷开关和隔离开关在断开位置。

★　带零位的手动控制开关在零位置，不带零位的手动控制开关在电气图中的规定位置。

★　机械操作开关的工作状态与工作位置的对应关系，一般应表示在其触点符号的附近，或另附说明。

★　温度继电器、压力继电器都处于常温和常压（一个大气压）状态。

★　事故、备用、报警等开关或继电器的触点应该表示在设备正常使用的位置，如有特定位置，应在图中另加说明。

★ 多重开闭器件的各组成部分必须表示在相互一致的位置上，而不管电路的工作状态。

1.4.5 元件接线端子的表示方法

端子是指在电气元件中，用以连接外部导线的导电元件，主要包括有固定端子和可拆卸端子两类。接线端子的表示方法主要有以下4种：

★ 单个元件：单个元件的两个端点用连续的两个数字表示，其中间各端子用自然递增顺序的数字表示。

★ 相同元件组：相同的元件组在数字前冠以字母，如标志三相交流系统的字母U1、V1和W1等。

★ 同类的元件组。

★ 与特定导线相连的电器接线端子的标志，其如表1-12所示。

表1-12 特定电器接线端子的标记符号

序号	电器接线端子的名称		标记符号	序号	电器接线端子的名称	标记符号
1	交流系统	1相	U	2	保护接地	PE
		2相	V	3	接地	E
		3相	W	4	无噪声接地	TE
		中性线	H	5	机壳或机架	MM
				6	等电位	CC

1.4.6 连接线的一般表示方法

在电气线路图中，各元件之间都采用导线连接、起到传输电能、传递信息的作用。所以读者应该先了解连接线的表示方法，以方便看图。

1. 导线一般表示法

一般的图线就可以表示单根导线。对于多根导线，可以分别画出，也可以只画一根图线，但需要加标志。若导线少于4根，可以用短划线数量代表根数；若多余4根，可以在短划线旁加数字表示。表示导线的特征方法是：在横线上面标出电流种类、配电系统、频率和电压等。

2. 图线的粗细

电源主电路、一次电路、主信号通路等采用粗线，与之相关的其余部分均采用细线。

3. 连接线的分组

母线、总线、配电线束、多芯电线电缆等可以视为平行连接线。对多条平行连接线，应该按功能分组，不能按功能分组的，可以任意分组，每组不多于三条，组间距大于线间距离。

4. 连接线标记

标记一般置于连接线上方，也可以置于连接线的中断处，必要时，还可在连接线上标出信号特性的信息。

5. 导线连接点的表示方法

导线连接点的表示方法有以下3种：

★ T形连接点可以加实心圆点。

★ +形连接线可以加实心原点。

★ 交叉而且不连接的两条连接线，在交叉处不能加实心原点，并应该避免在交叉处改变方向，也应该避免穿过其他连接线的连接点。

第2课
初识AutoCAD 2014

AutoCAD是由美国Autodesk公司开发的通用计算机辅助设计软件，使用它可以绘制二维图形和三维图形、标注尺寸、渲染图形以及打印输出图纸等，具有易掌握、使用方便、体系结构开放等优点，广泛应用于机械、建筑、电子、航空等领域。

学习AutoCAD 2014，首先需要了解AutoCAD 2014基本知识，为后面章节的学习奠定坚实的基础。本章主要介绍AutoCAD 2014的全新界面、操作图形文件以及设置电气绘图环境等。

【本课知识】:
1. 掌握AutoCAD 2014全新界面的体验。
2. 掌握图形文件的操作方法。
3. 掌握电气绘图环境的设置方法。

2.1 体验AutoCAD 2014全新界面

启动AutoCAD 2014后即进入如图2-1所示的工作空间与界面，该空间类型为【草图与注释】工作空间，该空间提供了十分强大的"功能区"，十分方便初学者的使用。

AutoCAD 2014操作界面包括标题栏、菜单栏、工具栏、快速访问工具栏、交互信息工具栏、标签栏、功能区、绘图区、光标、坐标系、命令行、状态栏、布局标签、滚动条、状态栏等。

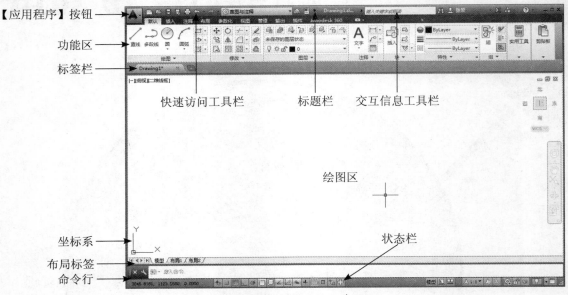

图2-1　AutoCAD 2014默认工作界面

2.1.1　快速访问工具栏

【快速访问】工具栏位于标题栏的左上角，它包含了最常用的快捷按钮，以方便用户的使用。默认状态下它由7个快捷按钮组成，依次为：【新建】、【打开】、【保存】、【另存为】、【打印】、【重做】和【放弃】，如图2-2所示。

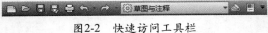

图2-2　快速访问工具栏

快速访问工具栏右侧为【工作空间列表框】，如图2-3所示。用于切换AutoCAD 2014工作空间。用户可以通过相应的操作在【快速访问】工具栏中增加或删除按钮，右击【快速访问】工具栏，在弹出的快捷菜单中选择【自定义快速访问工具栏】命令，即可在弹出的【自定义用户界面】对话框中进行设置。

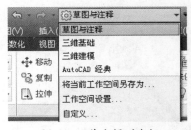

图2-3　工作空间列表框

2.1.2　标题栏

标题栏位于AutoCAD窗口的最上端，它显示了系统正在运行的应用程序和用户正打开的图形文件的信息。第一次启动AutoCAD时，标题栏中显示的是AutoCAD启动时创建并打开的图形文件名名字Drawing1.dwg，可以在保存文件时对其进行重命名。

2.1.3　菜单栏

菜单栏位于标题栏的下方，与其他Windows程序一样，AutoCAD的菜单栏也是下拉形式的，并在下拉菜单中包含了子菜单。AutoCAD 2014的菜单栏（如图 2-4所示），包括了12个菜单：【文件】、【编辑】、【视图】、【插入】、【格式】、【工具】、【绘图】、【标注】、【修改】、【参数】、【窗口】和【帮助】，几乎包含了所有的绘图命令和编辑命令，其作用分别如下。

★ 文件：用于管理图形文件，例如新建、打开、保存、另存为、输出、打印和发布等。

★ 编辑：用于对文件图形进行常规编辑，例如剪切、复制、粘贴、清除、链接、查找等。

★ 视图：用于管理AutoCAD的操作界面，例如缩放、平移、动态观察、相机、视口、三维视图、消隐和渲染等。

★ 插入：用于在当前AutoCAD绘图状态下，插入所需的图块或其他格式的文件，例如PDF参考底图、字段等。

★ 格式：用于设置与绘图环境有关的参数，例如图层、颜色、线型、线宽、文字样式、标注样式、表格样式、点样式、厚度和图形界限等。

★ 工具：用于设置一些绘图的辅助工具，例如：选项板、工具栏、命令行、查询和向导等。

★ 绘图：提供绘制二维图形和三维模型的所有命令，例如：直线、圆、矩形、正多边形、圆环、边界和面域等。

★ 标注：提供对图形进行尺寸标注时所需的命令，例如线性标注、半径标注、直径标注、角度标注等。

★ 修改：提供修改图形时所需的命令，例如删除、复制、镜像、偏移、阵列、修剪、倒角和圆角等。

★ 参数：提供对图形约束时所需的命令，例如几何约束、动态约束、标注约束和删除约束等。

★ 窗口：用于在多文档状态时设置各个文档的屏幕，例如层叠，水平平铺和垂直平铺等。

★ 帮助：提供使用AutoCAD 2014所需的帮助信息。

注意：除【AutoCAD经典】空间外，其他三种工作空间都默认不显示菜单栏，以避免给一些操作带来不便。如果需要在这些工作空间中显示菜单栏，可以单击【快速访问】工具栏右端的下拉按钮，在弹出菜单中选择【显示菜单栏】命令。

| 文件(F) | 编辑(E) | 视图(V) | 插入(I) | 格式(O) | 工具(T) | 绘图(D) | 标注(N) | 修改(M) | 参数(P) | 窗口(W) | 帮助(H) |

图2-4 菜单栏

2.1.4 功能区

功能区是一种智能的人机交互界面，它用于显示与绘图任务相关的按钮和控件，存在于【草图与注释】、【三维建模】和【三维基础】空间中。【草图与注释】空间的功能区包含了【默认】、【插入】、【注释】、【布局】、【参数化】、【视图】、【管理】、【输出】、【插件】、【Autodesk360】等选项卡，如图2-5所示。每个选项卡包含有若干个面板，每个面板又包含许多由图标表示的命令按钮。

图2-5 功能区

1. 【默认】选项卡

【默认】选项卡从左至右依次为【绘图】、【修改】、【图层】、【注释】、【块】、

【特性】、【组】、【实用工具】及【剪切板】9大功能面板，如图2-6所示。

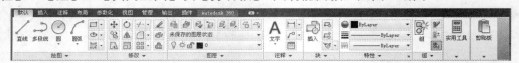

图2-6 【默认】选项卡

2. 【插入】选项卡

【插入】选项卡从左至右依次为【块】、【块定义】、【参照】、【点云】、【输入】、【数据】、【链接和提取】以及【位置】8大功能面板，如图2-7所示。

图2-7 【插入】选项卡

3. 【注释】选项卡

【注释】选项卡从左至右依次为【文字】、【标注】、【引线】、【表格】、【标记】、【注释缩放】6大功能面板，如图2-8所示。

图2-8 【注释】选项卡

4. 【布局】选项卡

【布局】选项卡从左至右依次为【布局】、【布局视口】、【创建视图】、【修改视图】、【更新】、【样式和标准】6大功能面板，如图2-9所示。

图2-9 【布局】选项卡

5. 【参数化】选项卡

【参数化】选项卡从左至右依次为【几何】、【标注】、【管理】3大功能面板，如图2-10所示。

图2-10 【参数化】选项卡

6. 【视图】选项卡

【视图】选项卡从左至右依次为【二维导航】、【视图】、【视觉样式】、【模型视口】、【选项板】、【用户界面】6大功能面板，如图2-11所示。

图2-11 【视图】选项卡

7. 【管理】选项卡

【管理】选项卡内容包含【动作录制器】、【自定义设置】、【应用程序】、【CAD标准】4大功能面板，如图2-12所示。

图2-12　【管理】选项卡

8．【输出】选项卡

　　【输出】选项卡从左至右依次为【打印】和【输出为DWF/PDF】2大功能面板，如图2-13所示。

图2-13　【输出】选项卡

9．【插件】选项卡

　　【插件】选项卡只有【内容】、【APP Manager】和【输入SKP】3大功能面板，如图2-14所示。

图2-14　【插件】选项卡

10．【Autodesk 360】选项卡

　　【Autodesk 360】选项卡从左到右包含【访问】、【自定义同步】、【共享与协作】3大功能面板，如图2-15所示。

图2-15　【Autodesk 360】选项卡

　　注意：在功能区选项卡中，有些面板按钮右下角有箭头，表示有扩展菜单，单击箭头，扩展菜单会列出更多的工具按钮，如图2-16所示的【绘图】面板。

图2-16　展开的【绘图】面板

2.1.5　"应用程序"菜单

　　【应用程序】按钮位于界面左上角。单击该按钮，系统弹出用于管理AutoCAD图形文件的命令列表，包括【新建】、【打开】、【保存】、【另存为】、【输出】及【打印】等命令，如图2-17所示。

　　【应用程序】菜单除了可以调用如上所述的常规命令外，调整其显示为"小图像"或"大图像"，然后将鼠标置于菜单右侧排列的【最近使用文档】名称上，可以快速预览打开过的图像文件内容。

此外，在【应用程序】按钮菜单中的【搜索】按钮 左侧的空白区域内输入命令名称，即会弹出与之相关的各种命令的列表，选择其中对应的命令即可快速执行，如图2-18所示。

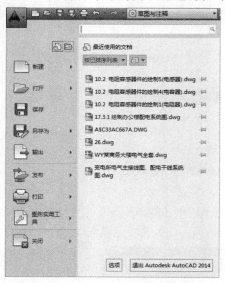

图2-17　【应用程序】菜单

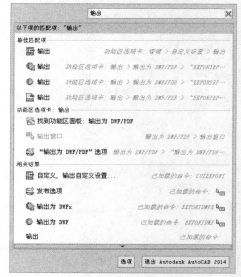

图2-18　搜索功能

2.1.6　绘图区

标题栏下方的大片空白区域即为绘图区，是用户进行绘图的主要工作区域，如图2-19所示。绘图区实际上是无限大的，用户可以通过缩放、平移等命令来观察绘图区的图形。有时为了增大绘图空间，可以根据需要关闭其他界面元素，例如工具栏和选项板等。

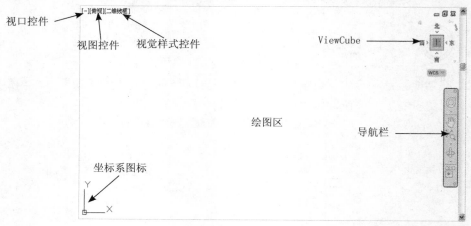

图2-19　绘图区

图形窗口左上角的三个快捷功能控件，可以快速地修改图形的视图方向和视觉样式。在图形窗口左下角显示有一个坐标系图标，以方便绘图人员了解当前的视图方向。此外，绘图区还会显示一个十字光标，其交点为光标在当前坐标系中的位置。当移动鼠标时，光标的位置也会相应的改变。绘图窗口右侧显示ViewCube工具和导航栏，用于切换视图方向和控制视图。

单击绘图区右上角的【恢复窗口】大小按钮 ，可以将绘图区进行单独显示，如图2-20所示。此时绘图区窗口显示了【绘图区】标题栏、窗口控制按钮、坐标系、十字光标等元素。

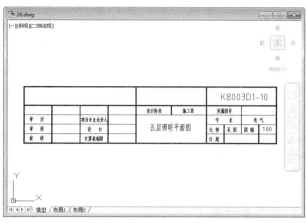

图2-20　绘图区窗口

2.1.7　命令行和状态栏

　　命令行位于绘图窗口的底部，用于接收和输入命令，并显示AutoCAD提示信息，如图2-21所示。命令窗口中间有一条水平分界线，它将命令窗口分成两个部分：命令行和命令历史窗口，位于水平分界线下方的为【命令行】，它用于接受用户输入的命令，并显示AutoCAD提示信息。

　　位于水平分界线上方的为"命令历史窗口"，它含有AutoCAD启动后所用过的全部命令及提示信息，该窗口有垂直滚动条，可以上下滚动查看以前用过的命令。

图2-21　命令行窗口

　　状态栏位于屏幕的底部，它可以显示AutoCAD当前的状态，主要由5部分组成。如图2-22所示。

图2-22　状态栏

1．坐标区

　　坐标区从左至右三个数值分别是十字光标所在X、Y、Z轴的坐标数据，坐标值显示了绘图区中光标的位置。移动光标，坐标值也会随之变化。

2．绘图辅助工具

　　绘图辅助工具主要用于控制绘图的性能，其中包括推断约束、捕捉模式、栅格显示、正交模式、极轴追踪、对象捕捉、三维对象捕捉、对象捕捉追踪、允许/禁止动态UCS、动态输入、显示/隐藏线宽、显示/隐藏透明度、快捷特性和选择循环等工具。常用工具按钮的具体说明如下：

★　推断约束⬚：该按钮用于开启或者关闭推断约束。推断约束即自动在正在创建或编辑的对象与对象捕捉的关联对象或点之间应用约束，如平行、垂直等。

★　捕捉模式⬚：该按钮用于开启或者关闭捕捉。捕捉模式可以使光标能够很容易抓取到每一个栅格上的点。

★　栅格显示⬚：该按钮用于开启或者关闭栅格的显示。

★ 正交模式⌐：该按钮用于开启或者关闭正交模式。正交即光标只能走与X轴或者Y轴平行的方向，不能画斜线。

★ 极轴追踪◿：该按钮用于开启或者关闭极轴追踪模式。用于捕捉和绘制与起点水平线成一定角度的线段。

★ 对象捕捉▭：该按钮用于开启或者关闭对象捕捉。对象捕捉即能使光标在接近某些特殊点的时候能够自动指引到那些特殊的点，如中点、垂足点等。

★ 对象捕捉追踪◿：该按钮用于开启或者关闭对象捕捉追踪。该功能和对象捕捉功能一起使用，用于追踪捕捉点在线性方向上与其他对象的特殊交点。

★ 允许/禁止动态UCS ⍦：用于切换允许和禁止动态UCS。

★ 动态输入⊹：动态输入的开启和关闭。

★ 显示/隐藏线宽✚：该按钮控制线宽的显示或者隐藏。

★ 快捷特性▣：控制【快捷特性】面板的禁用或者开启。

3．快速查看工具

使用其中的工具可以方便地预览打开的图形，以及打开图形的模型空间与布局，并在其间进行切换。图形将以缩略图形式显示在应用程序窗口的底部。

★ 模型 模型:用于模型与图纸空间之间的转换。

★ 快速查看布局▣:快速查看绘制图形的图幅布局。

★ 快速查看图形▣:快速查看图形。

4．注释工具

用于显示缩放注释的若干工具。对于模型空间和图纸空间，将显示不同的工具。当图形状态栏打开后，将显示在绘图区域的底部；当图形状态栏关闭时，图形状态栏上的工具移至应用程序状态栏。

★ 注释比例⌐1:1▾:注释时可通过此按钮调整注释的比例。

★ 注释可见性⌐:单击该按钮，可选择仅显示当前比例的注释或是显示所有比例的注释。

★ 自动添加注释比例⌐:注释比例更改时，通过该按钮可以自动将比例添加至注释性对象。

5．工作空间工具

★ 切换工作空间⚙:切换绘图空间,可通过此按钮切换AutoCAD 2014的工作空间。

★ 锁定窗口🔓:用于控制是否锁定工具栏和窗口的位置。

★ 硬件加速🖥:用于在绘制图形时通过硬件的支持提高绘图性能,如刷新频率。

★ 隔离对象⌐:当需要对大型图形的个别区域重点进行操作并需要显示或隐藏部分对象时,可以使用该功能在图形中临时隐藏和显示选定的对象。

★ 全屏显示▾▢:用于开启或退出AutoCAD 2014的全屏显示。

2.2 操作图形文件

文件管理是软件操作的基础，在AutoCAD 2014中，图形文件的基本操作包括新建文件、打开文件、保存文件、查找文件和输出文件等。

2.2.1 新建图形

启动AutoCAD 2014后，系统将自动新建一个名为"Drawing1.dwg"的图形文件，该图形文件默认以acadiso.dwt为模板。

在AutoCAD 2014中可以通过以下几种方法启动【新建】命令：

★ 菜单栏：执行【文件】|【新建】命令。

★ 工具栏：单击【快速访问】工具栏中的【新建】按钮。

★ 命令行：在命令行输入NEW/QNEW命令。

★ 快捷键：按Ctrl+N组合键。

★ 应用程序：单击【应用程序】按钮，在下拉菜单中选择【新建】选项，如图2-23所示。

图2-23　【应用程序】菜单调用【新建】命令

执行以上任一操作后，系统均会弹出【选择样板】对话框，如图2-24所示。用户可以根据绘图需要，通过该对话框选择不同的绘图样板。选中某绘图样板后，对话框右上角会出现选中样板内容预览。确定选择后单击【打开】按钮，即可用样板文件创建一个新的图形文件。

图2-24　【选择样板】对话框

2.2.2　打开图形

用户往往不能一次性完成所要求的设计或绘制图纸的任务，所以很多时候都要打开上一次操作的图形文件。

在AutoCAD 2014中可以通过以下几种方法启动【打开】命令：

★ 菜单栏：执行【文件】|【打开】命令。

★ 工具栏：单击【快速访问】工具栏中的【打开】按钮。

★ 命令行：在命令行输入OPEN命令。

★ 快捷键：按Ctrl+O组合键。

★ 应用程序：单击【应用程序】按钮，在下拉菜单中选择【打开】选项，如图2-25所示。

图2-25　【应用程序】菜单调用【打开】命令

【案例 2-1】：　打开图形文件

01 单击【快速访问】工具栏中的【打开】按钮，打开【选择文件】对话框，如图2-26所示。

图2-26　【选择文件】对话框

02 在对话框中选择"2.2.2 打开图形.dwg"素材文件，单击【打开】按钮，打开素材文件，如图2-27所示。

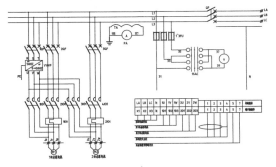

图2-27　打开图形

注意：在计算机【我的电脑】窗口中找到要打开的AutoCAD文件，然后直接双击文件图标，可以跳过【选择文件】对话框，直接打开AutoCAD文件。

2.2.3 保存图形

保存文件就是将新绘制或编辑过的文件保存在电脑中，以便再次使用。也可以在绘制图形过程中随时对图形进行保存，避免意外情况导致文件丢失。

在AutoCAD 2014中可以通过以下几种方法启动【保存】命令：

★ 菜单栏：执行【文件】|【保存】命令。

★ 工具栏：单击【快速访问】工具栏中的【保存】按钮。

★ 命令行：在命令行输入SAVE命令。

★ 快捷键：按Ctrl+S组合键。

★ 应用程序：单击【应用程序】按钮，在下拉菜单中选择【保存】选项，如图2-28所示。

图2-28 【应用程序】菜单调用【保存】命令

在第一次保存新创建的图形文件时，系统将弹出【图形另存为】对话框，默认情况下，文件以AutoCAD 2013图形（DWG）格式保存，但用户也可以在【文件类型】下拉列表框中选择其他格式。

2.2.4 另存为图形

另存为图形文件的保存方式可以另设路径或文件名保存文件，比如修改了原来存在的文件之后，想保留原文件时，就可以选择该方式把修改后的文件另存一份。

在AutoCAD 2014中可以通过以下几种方法启动【另存为】命令：

★ 菜单栏：执行【文件】|【另存为】命令。

★ 工具栏：单击【快速访问】工具栏中的【另存为】按钮。

★ 命令行：在命令行输入SAVE、AS命令。

★ 快捷键：按Ctrl+Shift+S组合键。

应用程序：单击【应用程序】按钮，在下拉菜单中选择【另存为】选项，如图2-29所示。

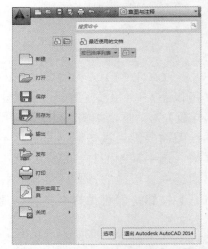

图2-29 【应用程序】菜单调用【另存为】命令

注意：如果另存为的文件与原文件保存在同一文件夹中，则不能使用相同的文件名称。

【案例2-2】：另存为图形文件

01 单击【快速访问】工具栏中的【打开】按钮，打开"2.2.4 另存为图形.dwg"素材文件，如图2-30所示。

02 单击【快速访问】工具栏中的【另存为】按钮，打开【图形另存为】对话框，如图2-31所示，设置图形名称和保存路径，单击【保存】按钮，即可另存为图形文件。

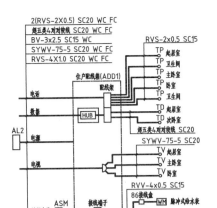

图2-30　打开图形文件图

图2-31　【图形另存为】对话框

2.2.5　切换图形

在AutoCAD 2014窗口界面中，当用户打开了多幅图形文件时，可以在各图形文件之间进行切换操作。在AutoCAD 2014中可以切换图形的方法有以下3种：

★ 菜单栏：执行【窗口】命令。

★ 功能区：在【功能区】选项板【视图】选项卡中，单击【用户界面】面板中的【切换窗口】按钮，如图2-32所示。

★ 快捷键：按Ctrl＋Tab组合键。

图2-32　单击【切换窗口】按钮

2.2.6　加密图形

图形文件绘制完成后，可以对其设置密码，使其成为机密文件。设置密码后的文件在打开时需要输入正确的密码，否则就不能打开。

【案例2-3】：　加密图形文件

01 按快捷键Ctrl+S，打开【图形另存为】对话框，单击对话框右上角的【工具(L)】按钮，在弹出的下拉菜单中选择【安全选项】选项，如图2-33所示。

图2-33　【图形另存为】对话框

02 打开【安全选项】对话框，在其中的文本框中输入打开图形的密码，单击【确定】按钮，如图2-34所示。

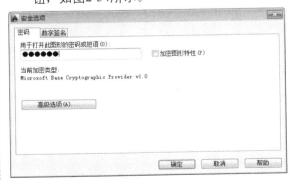

图2-34　【安全选项】对话框

03 系统弹出【确认密码】对话框，提示用户再次确认上一步设置的密码，此时要输入与上一步完全相同的密码，如图2-35所示，密码设置完成后，系统返回【图形另存为】对话框，设置好保存路径和文件名称，单击【保存】按钮即可保存文件。

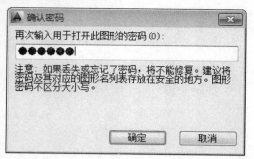

图2-35 【确认密码】对话框

2.2.7 输出图形

输出图形文件是将AutoCAD文件转换为其他格式进行保存,以方便在其他软件中使用。

在AutoCAD 2014中可以通过以下几种方法启动【输出】命令:

★ 菜单栏:执行【文件】|【输出】命令。

★ 命令行:在命令行输入EXPORT。

★ 功能区:在【输出】选项卡中,单击【输出】面板中的【输出】按钮,选择需要的输出格式,如图2-36所示。

图2-36 【输出】面板

★ 应用程序:单击【应用程序】按钮,在下拉菜单中选择【输出】命令并选择一种输出格式,如图2-37所示。

图2-37 【应用程序】菜单调用【输出】命令

执行以上任一命令,均可以打开【输出数据】对话框,如图2-38所示。选择输出路径

和输出类型,如图2-39所示,单击【保存】按钮即可输出完成文件。

图2-38 【输出数据】对话框

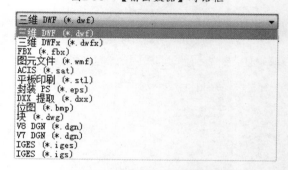

图2-39 【输出类型】列表框

2.2.8 关闭图形

编辑完当前文件后,应将其关闭,调用【关闭】命令的方法如下:

★ 菜单栏:执行【文件】|【关闭】命令。

★ 命令行:在命令行中输入CLOSE。

★ 按钮法:单击菜单栏右侧的【关闭】按钮。

★ 快捷键:按Ctrl+F4组合键。

★ 应用程序1:单击【应用程序】按钮,在下拉菜单中选择【关闭】命令,如图2-40所示。

图2-40 【应用程序】菜单调用【关闭】命令

★ 应用程序2：单击【应用程序】按钮，在下拉菜单中，单击【退出AutoCAD 2014】按钮。

调用【关闭】命令后，如果当前图形文件没有保存，系统将弹出提示对话框，如图2-41所示。在该提示框中，需要保存修改则单击【是】按钮，否则单击【否】按钮，单击【取消】按钮则取消关闭操作。

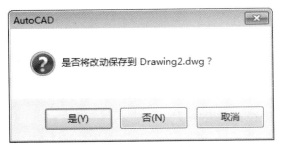

图2-41　提示对话框

2.2.9　修复图形

文件损坏后，可以通过使用命令查找并更正错误来修复部分或全部数据。

在AutoCAD 2014中可以通过以下几种方法启动【修复】命令：

★ 菜单栏：执行【文件】|【图形实用工具】|【修复】命令。

★ 应用程序：单击【应用程序】按钮，在下拉菜单中选择【图形实用工具】命令|【修复】|【修复】命令，如图2-42所示。

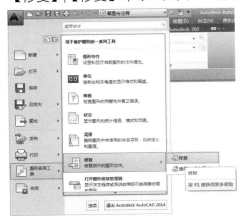

图2-42　【应用程序】菜单调用【修复】命令

执行以上任一命令，系统弹出【选择

文件】对话框，在对话框中选择一个文件，然后单击【打开】按钮。核查后，系统弹出【打开图形-文件损坏】对话框，显示文件的修复信息，如图2-43所示。

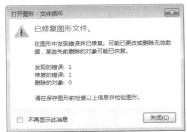

图2-43　【打开图形-文件损坏】对话框

注意：如果将AUDITCTL系统变量设置为1（开），则核查结果将写入核查日志（ADT）文件。

2.2.10　恢复图形

如果在使用AutoCAD的过程中意外退出，用户可以使用手工的方式找回备份的文件。

【案例2-4】：恢复备份文件

01 切换到【工具】/【选项】对话框中的【文件】选项卡，在【搜索路径、文件名和文件位置】列表框找到【自动保存文件位置】选项，展开此选项，便可以看到文件的默认保存路径（C：\User\Administrator.4PMWLM26PZE9PIH\appdata\Local\temp，其中Administrator是系统用户名），如图2-44所示。

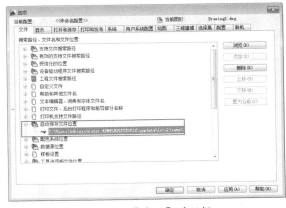

图2-44　【选项】对话框

02 打开【我的电脑】窗口，执行【工具】|【文件夹选项】命令，如图2-45所示。

图2-45 【我的电脑】窗口

03 在弹出【文件夹选项】对话框中选择【查看】选项卡，在【高级设置】列表框中选中【显示隐藏的文件、文件夹和驱动器】单选按钮，取消【隐藏已知文件类型的扩展名】勾选，然后单击【确定】按钮，如图2-46所示，便会将具有隐藏属性的备份文件显示出来，并显示出文件的扩展名。

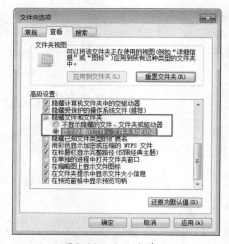

图2-46 显示隐藏项

04 在AutoCAD默认保存路径找到自动保存的文件，因为这些文件的默认扩展名是".s/$"，所以不能直接用AutoCAD将文件打开，需要将其扩展名改为".dwg"之后才能打开，如图2-47所示。

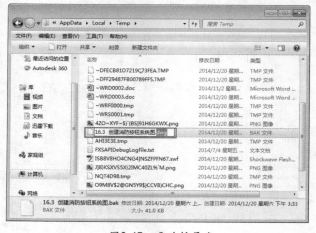

图2-47 更改扩展名

2.3 设置电气绘图环境

利用AutoCAD进行电气设计和制图之前，根据工作需要和用户个人操作习惯设置好AutoCAD的绘图环境，有利于形成统一的设计标准和工作流程。电气绘图环境的设置包括了设置系统参数、设置绘图界限和设置系统单位等内容，下面将分别进行介绍。

2.3.1 设置系统参数

在使用AutoCAD 2014绘图前，经常需要对软件的系统参数进行设置，使其更符合自己的使用习惯，从而提高绘图效率。

设置系统参数主要在【选项】对话框中进行，打开该对话框主要有以下几种方法：

★ 菜单栏：执行【工具】|【选项】命令。

★ 命令行：输入OPTIONS/OP命令。

★ 功能区：在【视图】选项卡中，单击【用户界面】面板中的【选项，'显示选项卡'】按钮。

★ 应用程序：单击【应用程序】按钮，在下拉菜单中单击【选项】按钮，如图2-48所示。

图2-48 【应用程序】菜单调用【选项】按钮

执行以上任意一种方法，都可以打开【选项】对话框，在该对话框中，包含了11个选项卡，各个选项卡中可以设置不同的选项参数。下面将对【选项】对话框中，各个选项卡的功能进行介绍。

★ 【文件】选项卡：用于指定AutoCAD搜索支持文件、驱动程序、菜单文件和其他文件的目录等，其中列表以树状结构显示AutoCAD所使用目录和文件，如图2-49所示。

图2-49 【文件】选项卡

★ 【显示】选项卡：主要用于设置AutoCAD的显示情况。在该选项卡中，可以进行绘图环境显示设置、布局显示设置及控制十字光标的尺寸等设置，如图2-50所示。

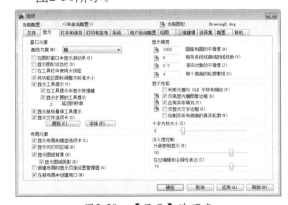

图2-50 【显示】选项卡

★ 【打开和保存】选项卡：主要用于设置AutoCAD中打开和保存文件的相关选项。在其中，用户可以进行图形文件另存为的格式和启用自动保存等设置，如图2-51所示。

★ 【打印和发布】选项卡：主要用于设置

AutoCAD打印和发布的相关选项。在该选项卡中，用户可以进行默认的输出设备和控制打印质量等设置，如图2-52所示。

图2-51 【打开和保存】选项卡

图2-52 【打印和发布】选项卡

★ 【系统】选项卡：用于设置AutoCAD系统。在该选项卡中，可以进行当前三维图形的显示效果、模型选项卡和布局选项卡中的显示列表如何更新等设置，如图2-53所示。

图2-53 【系统】选项卡

★ 【用户系统配置】选项卡：主要用于设置AutoCAD中优化性能的选项。在该选

项卡中，用户可以进行指定鼠标右键的操作模式、指定插入单位等设置，如图2-54所示。

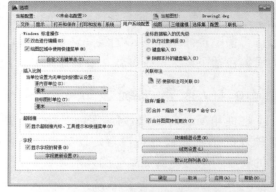

图2-54 【用户系统配置】选项卡

★ 【绘图】选项卡：用于设置AutoCAD中的一些基本编辑选项。在该选项卡中，用户可以进行是否打开自动捕捉标记、改变自动捕捉标记大小等设置，如图2-55所示。

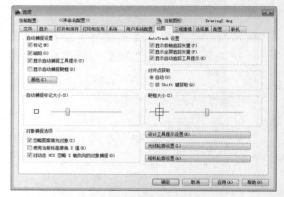

图2-55 【绘图】选项卡

★ 【三维建模】选项卡：用于对三维绘图模式下的三维十字光标、UCS图标、动态输入、三维对象和三维导航等选项进行设置，如图2-56所示。

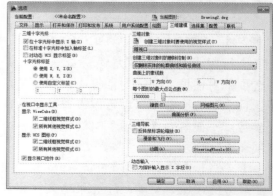

图2-56 【三维建模】选项卡

★ 【选择集】选项卡：用于设置对象选择的方法。用户可以在该选项卡中进行拾取框大小、夹点的大小等设置，如图2-57所示。

置以文件的形式保存起来并随时调用，如图2-58所示。

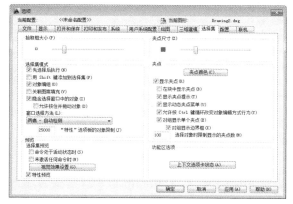

图2-57 【选择集】选项卡

★ 【配置】选项卡：用于控制配置的使用，配置是由用户定义。用户可以将配

图2-58 【配置】选项卡

★ 【联机】选项卡：设置用于使用Autodesk 360联机工作的选项，并提供对存储在云账户中的设计文档的访问。

2.3.2 设置绘图界限

AutoCAD中默认的绘图边界为无限大，可以指定绘制图形时的绘图边界，从而只能在指定的图纸大小空间中进行图形的绘制。执行【图形界限】命令主要有以下两种方法：

★ 菜单栏：执行【格式】|【图形界限】命令。
★ 命令行：输入LIMITS命令。

绘图界限就是AutoCAD的绘图区域，也称图限。通常用于打印的图纸都有一定的规格尺寸，如A3（297mm×420mm）、A4（210mm×297mm）。为了将绘制的图形方便地打印输出，在绘图前应设置好图形界限。

下面以设置一张A3横放图纸为例，命令行的提示如下：

```
命令：LIMITS↙
重新设置模型空间界限：
指定左下角点或[开(ON)/关(OFF)]<0.0000,0.0000>：↙
//此时单击空格键或者Enter键默认坐标原点为图形界限的左下角点。若输入ON并确认，则绘图时图形不能超出图形界
限，若超出系统不予绘出，输入OFF则准予超出界限图形
指定右上角点：420.000,297.000↙                //输入图形界限右上角点并回车，完成界限设置
```

在命令行中输入DS，系统弹出【草图设置】对话框中，选择【捕捉和栅格】选项卡，在此选项卡中取消勾选【显示超出界限的栅格】复选框，如图2-59所示。最后在状态栏中打开【栅格显示】并双击鼠标滚轮即可查看到设置好的图形界限大小，如图2-60所示。

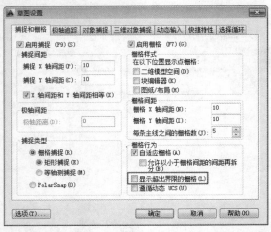

图2-59　【草图设置】对话框

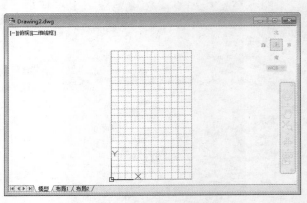

图2-60　查看图形界限大小

注意：打开图形界限检查时，无法在图形界限之外指定点。但因为界限检查只是检查输入点，所以对象（例如圆）的某些部分仍然可能会延伸出图形界限。

2.3.3　设置系统单位

使用【单位】命令，可以控制坐标和角度的显示格式和精度。在AutoCAD中，创建的所有对象都是根据图形单位进行测量的。绘图单位的设置在【图形单位】对话框中进行，打开该对话框主要要有以下几种方法。

★　菜单栏：执行【格式】|【单位】命令。

★　命令行：输入UNITS命令。

执行上述任一命令后，系统弹出如图2-61所示的【图形单位】对话框，该对话框中各选项的含义如下：

★　【角度】选项区域：用于选择角度单位的类型和精确度。

★　【顺时针】复选框：用于设置旋转方向。如选中此选项，则表示按顺时针旋转的角度为正方向，未选中则表示按逆时针旋转的角度为正方向。

★　【插入时的缩放单位】选项区域：用于选择插入图块时的单位，也是当前绘图环境的尺寸单位。

★　【方向】按钮：用于设置角度方向。单击该按钮将弹出如图2-62所示的【方向控制】对话框，在其中可以设置基准角度，即设置0度角。

★　【长度】选项区域：用于选择长度单位的类型和精确度。

图2-61　【图形单位】对话框

图2-62　【方向】对话框

2.4 实例应用

▌2.4.1 绘制光发射机

光发射机的作用是将从复用设备送来的HDB3信码变换成NRZ码；接着将NRZ码编为适合在光缆线路上传输的码型；最后再进行电/光转换，将电信号转换成光信号并耦合进光纤。本实例通过绘制如图2-63所示光发射机图形，主要练习新建图形的方法，以及圆、直线和多段线的绘制方法。

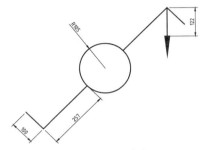

图2-63 光发射机

01 单击【快速访问】工具栏中的【新建】按钮🖾，打开【选择样板】对话框，选择【acadiso. dwt】文件，如图2-64所示，新建空白文件。

02 调用C【圆】命令，绘制半径为105的圆，如图2-65所示。

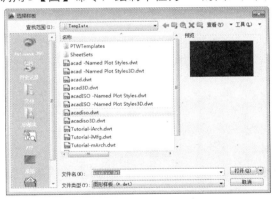

图2-64 【选择样板】对话框

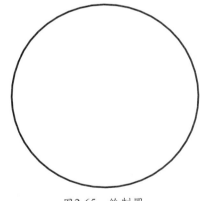

图2-65 绘制圆

03 调用L【直线】命令，配合【对象捕捉】功能，绘制两条直线，如图2-66所示。命令行操作提示如下：

```
命令：LINE✓                              //调用【直线】命令
指定第一个点：✓                          //捕捉圆心点
指定下一点或 [放弃(U)]：@257,257✓        //输入相对坐标值
指定下一点或 [放弃(U)]：@100,-100✓       //输入相对坐标值
指定下一点或 [闭合(C)/放弃(U)]：✓        //完成直线绘制
```

04 调用RO【旋转】命令，将新绘制的两条直线进行旋转复制操作，其旋转角度为180°，如图2-67所示。

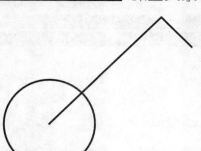

图2-66 绘制直线

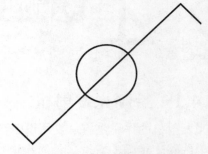

图2-67 旋转复制图形

05 调用TR【修剪】命令，修剪多余的图形，如图2-68所示。

06 调用L【直线】命令，配合【正交】和【对象捕捉】功能，捕捉上方直线的交点，绘制直线，如图2-69所示。

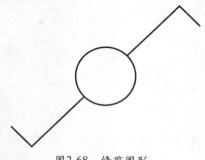

图2-68 修剪图形

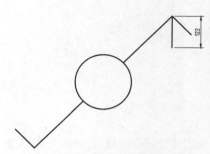

图2-69 绘制直线

07 调用PL【多段线】命令，配合【对象捕捉】功能，捕捉新绘制直线的下端点，绘制多段线，如图2-70所示。命令行提示如下：

```
命令：PL✔                                              //调用【多段线】命令
指定起点：✔                                            //捕捉新绘制直线的下端点
当前线宽为 0.0000
指定下一个点或 [圆弧(A)/半宽(H)/长度(L)/放弃(U)/宽度(W)]：h✔    //选择【半宽（H）】选项
指定起点半宽 <0.0000>：10✔                              //输入起点半宽值
指定端点半宽 <10.0000>：0✔                              //输入端点半宽值
指定下一个点或 [圆弧(A)/半宽(H)/长度(L)/放弃(U)/宽度(W)]：80✔    //输入长度值
指定下一点或 [圆弧(A)/闭合(C)/半宽(H)/长度(L)/放弃(U)/宽度(W)]：✔  //完成多段线绘制
```

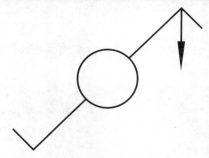

图2-70 最终效果

2.4.2 新建并保存三相变压器

三相变压器是3个相同的容量单相变压器的组合。它有三个铁芯柱，每个铁芯柱都绕着同一相的2个线圈，一个是高压线圈，另一个是低压线圈。本实例通过绘制如图2-71所示三相变压器图形，主要练习新建图形、圆、直线以及多段线的绘制方法。

01 单击【快速访问】工具栏中的【新建】按钮，打开【选择样板】对话框，选择【acadiso.dwt】文件，如图2-72所示，新建空白文件。

02 调用C【圆】命令，绘制半径为37.5的圆，如图2-73所示。

图2-71 三相变压器　　　　　　　　图2-72 【选择样板】对话框

图2-73 绘制圆

03 重复调用C【圆】命令，绘制半径为37.5的圆，如图2-74所示。命令行提示如下：

```
命令: C/CIRCLE✓                                                    //调用【圆】命令
指定圆的圆心或 [三点(3P)/两点(2P)/切点、切点、半径(T)]: from✓         //输入【捕捉自】命令
基点: <偏移>: @-27,-48✓                                           //捕捉圆心点，输入参数
指定圆的半径或 [直径(D)] <37.5000>:✓                                //输入半径值，完成圆绘制
```

04 调用MI【镜像】命令，将新绘制的圆按垂直镜像线进行镜像操作，如图2-75所示。

图2-74 绘制圆　　　　　　　　　　　　　　　　　図2-75 镜像圆

05 调用L【直线】命令，配合【对象捕捉】功能，绘制3条垂直直线，如图2-76所示。

06 调用L【直线】命令，配合【对象捕捉】功能，绘制1条直线，如图2-77所示。命令行提示如下：

```
命令: L/LINE✓                                                      //调用【直线】命令
```

指定第一个点: from↙	//输入【捕捉自】命令
基点: <偏移>: @-10,-11↙	//捕捉最上方垂直直线上端点,输入坐标值
指定下一点或 [放弃(U)]: @21,7↙	//输入坐标值,完成直线绘制
指定下一点或 [放弃(U)]: ↙	

07 调用CO【复制】命令,将新绘制的直线进行复制操作,如图2-78所示。

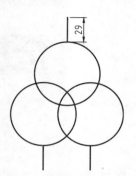

图2-76 绘制3条垂直直线

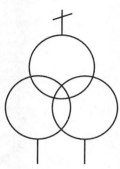

图2-77 镜像圆

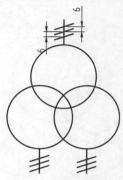

图2-78 复制图形

08 调用L【直线】和M【移动】命令,配合【对象捕捉】功能,在最上方的圆绘制一条垂直直线,尺寸如图2-79所示。

09 调用L【直线】和RO【旋转】命令,配合【对象捕捉】功能,分别绘制两条倾斜直线,尺寸如图2-80所示。

10 调用CO【复制】命令,将新绘制的3条直线进行复制操作,如图2-81所示。

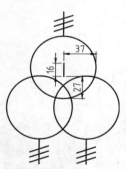

图2-79 绘制直线

图2-80 绘制两条直线

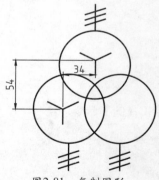

图2-81 复制图形

11 调用PL【多段线】命令,配合【对象捕捉】功能,在右下方的圆内绘制一条多段线,如图2-82所示。其命令行提示如下:·

命令: PL/PLINE↙	//调用【多段线】命令
指定起点: from↙	//输入【捕捉自】命令
基点: <偏移>: @6,10↙	//捕捉右下方圆心点,
	输入坐标值
当前线宽为 0.0000	
指定下一个点或 [圆弧(A)/半宽(H)/长度(L)/放弃(U)/宽度(W)]: @16,-24↙	//指定第1点
指定下一点或 [圆弧(A)/闭合(C)/半宽(H)/长度(L)/放弃(U)/宽度(W)]: @-32,0↙	//指定第2点
指定下一点或 [圆弧(A)/闭合(C)/半宽(H)/长度(L)/放弃(U)/宽度(W)]: @16,24↙	//指定第3点
指定下一点或 [圆·弧(A)/闭合(C)/半宽(H)/长度(L)/放弃(U)/宽度(W)]: ↙	//完成多段线绘制

图2-82 最终效果

图2-83 【图形另存为】对话框

2.5 课后练习

2.5.1 打开NPN型半导体管并加密文件

本小节主要考察【打开】命令、【另存为】命令的应用。

提示步骤如下：

01 单击【快速访问】工具栏中的【打开】按钮，打开"第2课\3.5.1 打开NPN型半导体管并加密文件.dwg"素材文件，如图2-84所示。

02 按快捷键Ctrl+S，打开【图形另存为】对话框，单击对话框右上角的 工具(L) ▼ 按钮，在弹出的下拉菜单中选择【安全选项】选项，如图2-85所示。

图2-84 素材图形

图2-85 【图形另存为】对话框

03 打开【安全选项】对话框，在其中的文本框中输入打开图形的密码，单击【确定】按钮，如图2-86所示。

04 系统弹出【确认密码】对话框，提示用户再次确认上一步设置的密码，此时要输入与上一步完全相同的密码，如图2-87所示，密码设置完成后，系统返回【图形另存为】对话框，设置好保存路径和文件名称，单击【保存】按钮即可保存文件。

图2-86 【安全选项】对话框

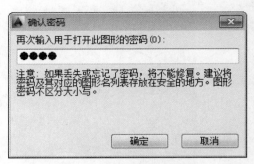

图2-87 【确认密码】对话框

2.5.2 绘制电视插座图形并保存文件

电视插座图形的主要作用是用来表示有线或数字电视用的信号插座。本小节通过绘制如图2-88所示的电视插座图，主要练习【直线】命令、【多行文字】命令以及【保存】命令的应用。

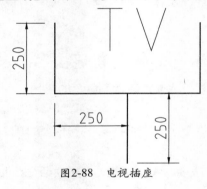

图2-88 电视插座

提示步骤如下：

01 调用L【直线】命令，绘制图形，如图2-89所示。

02 调用MT【多行文字】命令，绘制多行文字，如图2-90所示。

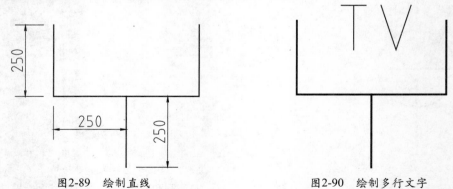

图2-89 绘制直线　　　　　　　图2-90 绘制多行文字

03 单击【快速访问】工具栏中的【保存】按钮，打开【图形另存为】对话框，设置文件名和保存路径，单击【保存】按钮，即可保存图形。

第3课
绘图辅助功能

在绘制图形时，用鼠标定位虽然方便快捷，但精度不高，绘制的图形也不够精确，远远不能满足工程制图的要求。为了解决该问题，AutoCAD 2014提供了一些绘图辅助工具，用于帮助用户精确绘图。本章主要介绍设置辅助功能的方法。

【本课知识】：
1. 掌握草图辅助功能的设置方法。
2. 掌握坐标辅助功能的设置方法。
3. 掌握坐标系辅助功能的设置方法。
4. 掌握图层辅助功能的设置方法。
5. 掌握图形显示辅助功能的设置方法。

3.1 设置草图辅助功能

使用草图辅助功能可以通过捕捉、栅格、正交、极轴追踪以及对象捕捉等功能准确地定位图形对象的某些特殊点（如端点、中点、圆心等）和特殊位置（如水平位置、垂直位置），从而解决快速定位的问题。

3.1.1 设置捕捉功能

【捕捉】辅助功能经常和栅格功能联用。当捕捉功能打开时，光标只能停留在栅格点上，因此此时光标只能移动与栅格间距整数倍的距离。

在AutoCAD 2014中，启动【捕捉】功能有以下几种方法：

★ 快捷键：按F9键（限于切换开、关状态）。
★ 状态栏：单击状态栏上的【捕捉模式】按钮▦（限于切换开、关状态）。
★ 菜单栏：执行【工具】|【绘图设置】命令，在系统弹出的【草图设置】对话框中选择【捕捉与栅格】选项卡，勾选【启用捕捉】复选框。
★ 命令行：在命令行中输入DDOSNAP命令。

在命令行中输入DS并回车，系统弹出【草图设置】对话框，选择【捕捉与栅格】选项卡，勾选【启用捕捉】复选框，如图3-1所示，即可启用【捕捉模式】功能。

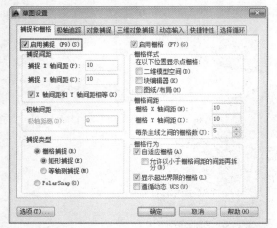

图3-1 勾选【启用捕捉】复选框

在【捕捉和栅格】选项卡中，与【捕捉模式】有关的各选项含义如下：

★ 【启用捕捉】复选框：用于控制捕捉功能的开闭。

★ 【捕捉间距】选项组：用于设置捕捉参数，其中【捕捉X轴间距】与【捕捉Y轴间距】文本框用于确定捕捉栅格点在水平和垂直两个方向上的间距。

★ 【捕捉类型】选项组：用于设置捕捉类型和样式，其中捕捉类型包括【栅格捕捉】和【PolarSnap（极轴捕捉）】。【栅格捕捉】是指按正交位置捕捉位置点，【极轴捕捉】是指按设置的任意极轴角捕捉位置点。

★ 【极轴间距】选项区域：该选项只有在选择【极轴捕捉】捕捉类型时才可用。既可在【极轴距离】文本框中输入距离值，也可在命令行输入SNAP，设置捕捉的有关参数。

3.1.2 设置栅格功能

【栅格】辅助工具是使绘图区显示网格，就像传统的坐标纸一样，按照相等的间距在屏幕上设置栅格点，使用者可以通过栅格点数目来确定距离，从而达到精确绘图的目的。栅格不是图形的一部分，打印时不会被输出。

在AutoCAD 2014中，启动【栅格】功能有以下几种方法：

★ 快捷键：按F7键（限于切换开、关状态）。
★ 状态栏：单击状态栏上的【栅格模式】按钮▦（限于切换开、关状态）。
★ 菜单栏：执行【工具】|【绘图设置】命令，在系统弹出的【草图设置】对话框中选择【捕捉与栅格】选项卡，勾选【启用栅格】复选框。
★ 命令行：在命令行中输入DDOSNAP命令。

在命令行中输入DS并回车，系统弹出【草图设置】对话框，选择【捕捉与栅格】选项卡，勾选【启用栅格】复选框，如图3-2所示，即可启用【栅格】功能，如图3-3所示。

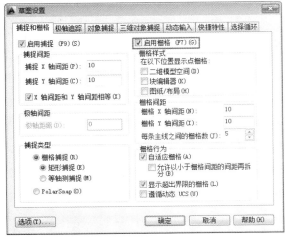

图3-2 勾选【启用栅格】复选框

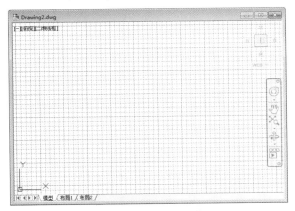

图3-3 启用栅格功能

在【捕捉和栅格】选项卡中，与【栅格模式】有关的各选项含义如下：

★ 【启用栅格】复选框：用于控制是否显示栅格。

★ 【栅格样式】选项组：在二维上下文中设定栅格样式。也可以使用GRIDSTYLE系统变量设定栅格样式。

★ 【栅格X轴间距】文本框：用于设置栅格水平方向上的间距。

★ 【栅格Y轴间距】文本框：用于设置栅格垂直方向上的间距。

★ 【每条主线之间的栅格数】数值框：用于指定主栅格线相对于次栅格线的频率。

★ 【自适应栅格】复选框：用于限制缩放时栅格的密度。

★ 【允许以小于栅格间距的间距再拆分】复选框：用于是否能够以小于栅格间距的间距来拆分栅格。

★ 【显示超出界限的栅格】复选框：用于确定是否显示界限之外的栅格。

★ 【遵循动态UCS】复选框：遵循动态UCS的XY平面而改变栅格平面。

3.1.3 设置极轴追踪

极轴追踪是指在事先给定的极轴角或极轴角的倍数显示一条追踪线，并显示光标所在位置相对上一点的距离和角度。如图3-4所示的虚线即为极轴追踪线。

在AutoCAD 2014中，启动【极轴追踪】功能有以下几种方法：

★ 快捷键：按F10键（限于切换开、关状态）。

★ 状态栏：单击状态栏上的【极轴追踪】按钮（限于切换开、关状态）。

★ 菜单栏：执行【工具】|【绘图设置】命令，在系统弹出的【草图设置】对话框中选择【极轴追踪】选项卡，勾选【启用极轴追踪】复选框，如图3-5所示。

★ 命令行：在命令行中输入DDOSNAP命令。

在【极轴追踪】选项卡中，各选项含义如下：

★ 【启用极轴追踪】复选框：勾选该复选框，即启用极轴追踪功能。

★ 【极轴角设置】选项组：用于设置极轴角的值。

★ 【对象捕捉追踪设置】选项组：用于选择对象追踪模式。用户选中【仅正交追踪】单选项时，仅追踪沿栅格X、Y方向相互垂直的直线；用户选中【用所有极轴角设置追踪】单选项时，将根据极轴角设置进行追踪。

★ 【极轴角测量】选项组：用于计算极轴角。选中【绝对】选项时，以当前坐标系为基准计算极轴角；选中【相对上一段】选项时，以最后创建的线段为基准计算极轴角。

43

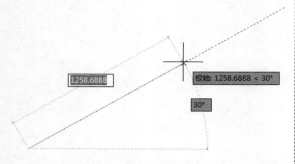

图3-4 勾选【启用捕捉】复选框

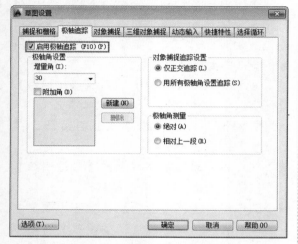

图3-5 勾选【启用极轴】复选框

在【草图设置】对话框中的【极轴追踪】选项卡中，可设置极轴追踪的参数，也可以直接在状态栏中单击右键【极轴追踪】按钮，将显示极轴角度快捷菜单，在该菜单中可以快速设置极轴追踪参数，如图3-6所示。

3.1.4 设置对象捕捉

对象捕捉功能就是当把光标放在一个对象上时，系统自动捕捉到对象上所有符合条件的特征点，并有相应的显示。

在AutoCAD 2014中，启动【对象捕捉】功能有以下几种方法：

★ 快捷键：按F3键（限于切换开、关状态）。

★ 状态栏：单击状态栏上的【对象捕捉】按钮（限于切换开、关状态）。

★ 菜单栏：执行【工具】|【绘图设置】命令，在系统弹出的【草图设置】对话框中选择【对象捕捉】选项卡，勾选【启用对象捕捉】复选框，如图3-7所示。

★ 命令行：在命令行中输入DDOSNAP命令。

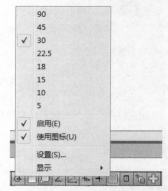

图3-6 极轴角度快捷菜单

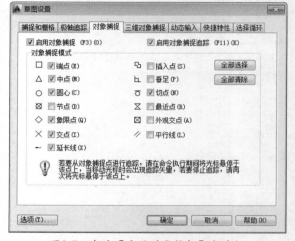

图3-7 勾选【启用对象捕捉】复选框

在【对象捕捉】选项卡中共列出13种对象捕捉点和对应的捕捉标记，其含义如下：

★ 端点（E）：捕捉直线或是曲线的端点。

★ 中点（M）：捕捉直线或是弧段的中心点。

★ 圆心（C）：捕捉圆、椭圆或弧的中心点。

★ 节点（D）：捕捉用POINT命令绘制的点对象。

★ 象限点（Q）：捕捉位于圆、椭圆或是弧段上0°、90°、180°和270°处的点。

★ 交点（I）：捕捉两条直线或是弧段的交点。

★ 延长线（X）：捕捉直线延长线路径上的点。

★ 插入点（S）：捕捉图块、标注对象或外部参照的插入点。

★ 垂足（P）：捕捉从已知点到已知直线的垂线的垂足。

- ★ 切点（N）：捕捉圆、弧段及其他曲线的切点。
- ★ 最近点（R）：捕捉处在直线、弧段、椭圆或曲线上，距离光标最近的特征点。
- ★ 外观交点（A）捕捉两个对象在视图平面上的交点。若两个对象没有直接相交，则系统自动计算其延长后的交点；若两对象在空间上为异面直线，则系统计算其投影方向上的交点。
- ★ 平行线（L）：选定路径上的一点，使通过该点的直线与已知直线平行。

【案例3-1】：使用对象捕捉功能完善变频器图形

01 单击【快速访问】工具栏中的【打开】按钮，打开"3.1.4 设置对象捕捉.dwg"素材文件，如图3-8所示。

02 在状态栏上，右键单击【对象捕捉】按钮，将显示对象捕捉快捷菜单，选择【端点】选项，启用【端点】对象捕捉模式，如图3-9所示。

03 调用L【直线】命令，捕捉左下方端点为直线第一点，如图3-10所示。

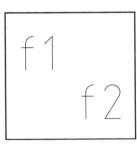

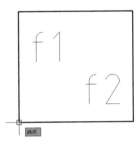

图3-8　素材图形　　　　图3-9　快捷菜单　　　　图3-10　捕捉左下方端点

04 捕捉右上方端点为直线第二点，如图3-11所示，按Enter键结束，即可使用对象捕捉功能绘制直线，如图3-12所示。

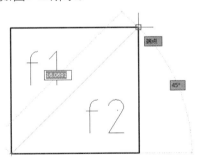
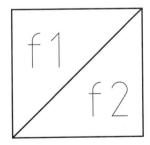

图3-11　捕捉右上方端点　　　　　　　图3-12　绘制直线

注意

　　AutoCAD提供了两种对象捕捉模式：自动捕捉和临时捕捉。【自动捕捉】模式要求使用者预先设置好需要的对象捕捉点，以后当光标移动到这些对象捕捉点附近时，系统就会自动捕捉到这些点。【临时捕捉】模式是一种一次性的捕捉模式。当用户需要临时捕捉某个特征点时，应首先手动设置需要捕捉的特征点，然后进行对象捕捉。这种捕捉设置是一次性的，不能反复使用。在下一次遇到相同的对象捕捉点时，需要再次设置。

3.1.5　设置正交功能

如果需要绘制多条垂直或水平线段，此时可以打开【正交】，将光标限制在水平或垂直轴向上，这样就可以进行快速、准确的绘制。

在AutoCAD 2014中，启动【正交】功能有以下几种方法：

★ 快捷键：按F8键（限于切换开、关状态）。

★ 状态栏：单击状态栏上的【正交模式】按钮（限于切换开、关状态）。

【案例3-2】：使用正交功能完善单片机线路图

01 单击【快速访问】工具栏中的【打开】按钮，打开"3.1.5 设置正交功能.dwg"素材文件，如图3-13所示。

02 单击状态栏中的【正交模式】按钮，启用【正交】功能，调用L【直线】命令，捕捉左上方合适的端点，向下拖曳鼠标，显示正交线，如图3-14所示。

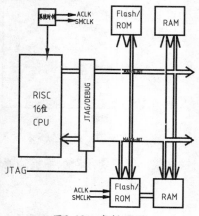

图3-13 素材图形

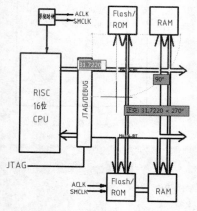

图3-14 显示正交线

03 输入长度50.39，并按Enter键确认，即可使用正交功能绘制直线，如图3-15所示。

04 重新调用L【直线】命令，使用【正交】功能绘制其他直线，尺寸如图3-16所示。

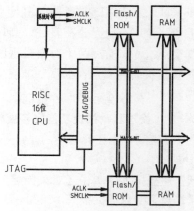

图3-15 绘制直线

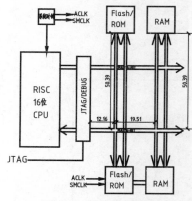

图3-16 绘制其他直线

▌3.1.6 设置动态输入

使用【动态输入】功能可以在指针位置处显示标注输入和命令提示等信息，从而提高绘图效率。

在AutoCAD 2014中，启动【动态输入】功能有以下几种方法：

★ 快捷键：按F12键（限于切换开、关状态）。

★ 状态栏：单击状态栏上的【动态输入】按钮（限于切换开、关状态）。

1. 启用指针输入

在【草图设置】对话框的【动态输入】选项卡中，选择【启用指针输入】复选框，如图 3-17所示。单击【指针输入】选项区的【设置】按钮，打开【指针输入设置】对话框，如图 3-18所示。可以在其中设置指针的格式和可见性。在工具提示中，十字光标所在位置的坐标值将显示在光标旁边。命令提示用户输入点时，可以在工具提示（而非命令窗口）中输入坐标值。

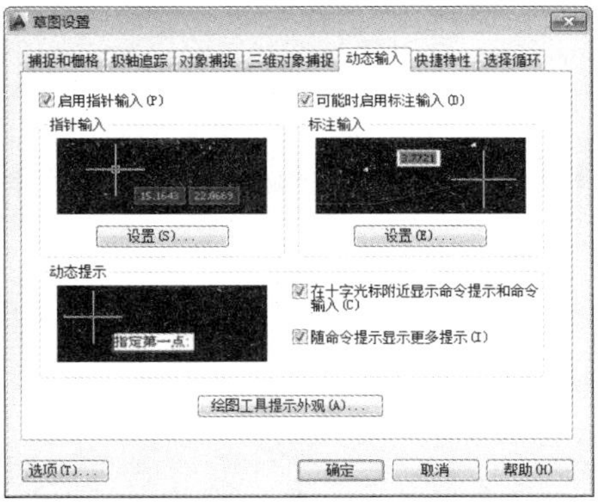

图3-17 【动态输入】选项卡

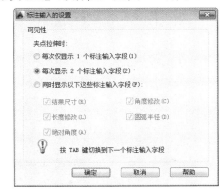

2. 启用标注输入

在【草图设置】对话框的【动态输入】选项卡中，选择【可能时启用标注输入】复选框，启用标注输入功能。单击【标注输入】选项区域的【设置】按钮，打开【标注输入的设置】对话框，如图3-19所示。

图3-19 【标注输入的设置】对话框

3. 显示动态提示

在【动态输入】选项卡中，启用【动态提示】选项组中的【在十字光标附近显示命令提示和命令输入】复选框，可在光标附近显示命令提示。

图3-18 【指针输入设置】对话框

3.2 设置坐标辅助功能

在指定坐标点时，既可以使用直角坐标，也可以使用极坐标。在AutoCAD中，一个点的坐标有绝对坐标、绝对极坐标、相对坐标和相对极坐标4种方法表示。

3.2.1 绝对坐标

绝对坐标以原点（0,0）或（0,0,0）为基点定位所有的点。AutoCAD默认的坐标原点位于绘图窗口左下角。在绝对坐标系中，X轴、Y轴和Z轴在原点（0,0,0）处相交。绘图窗口的任意一点都可以使用（X,Y,Z）来表示，也可以通过输入X、Y、Z坐标值（中间用逗号隔开）来定义点的位置。可使用分数、小数或科学计算法等形式表示点的X、Y、Z坐标值，例如（5,7）、（36.0,10,5）等。如图3-20所示为绝对直角坐标。

【案例3-3】：使用绝对坐标绘制直线

01 单击【快速访问】工具栏中的【打开】按

钮 ，打开"3.2.1 绝对坐标.dwg"素材文件，如图3-21所示。

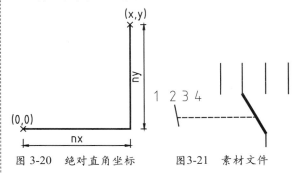

图 3-20 绝对直角坐标 图3-21 素材文件

02 调用【直线】命令，运用绝对坐标绘制直线，如图3-22所示，其命令行提示如下：

```
命令：L/LINE↙                                      //调用【直线】命令
指定第一个点：3424,1283↙                            //输入第一点坐标
指定下一点或 [放弃(U)]：-3,3↙                       //输入第二点绝对坐标，绘制直线
指定下一点或 [放弃(U)]：↙
```

3.2.2 相对坐标

相对坐标是一点（如A点）相对于另一特定点（如B点）的位置。用户可以使用（@x,y）方式输入相对坐标。一般情况下，绘图中常常把上一操作点看作是特定点，后续绘图操作都是相对于上一操作点而进行的。如果上一操作点的坐标是（40,50），通过键盘输入下一点的相对坐标（@20,35），则等于确定了该点的绝对坐标为（60,85）。如图3-23所示为相对直角坐标。

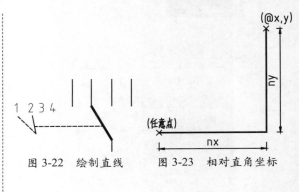

图3-22 绘制直线　　图3-23 相对直角坐标

【案例3-4】：使用相对坐标绘制直线

01 单击【快速访问】工具栏中的【打开】按钮，打开"3.2.2 相对坐标.dwg"素材文件。

02 调用【直线】命令，使用相对坐标绘制直线，如图3-24所示，其命令行提示如下：

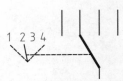

图3-24 绘制直线

```
命令：L/LINE↙                                      //调用【直线】命令
指定第一个点：↙                                     //捕捉左侧交点为直线起点
指定下一点或 [放弃(U)]：@3,3↙                       //输入第二点相对坐标，绘制直线
指定下一点或 [放弃(U)]：↙
```

3.2.3 绝对极坐标

绝对极坐标是以原点作为极点。用户可以输入一个长度距离，后面加一个"＜"符号，再加上一个角度即表示绝对极坐标，绝对极坐标规定X轴正方向为0°，Y轴正方向为90°。例如，12＜30表示该点相对于原点的极径为12，而该点的连线与0°方向（通常为X轴正方向）之间的夹角为30°。如图3-25所示为绝对极坐标。

3.2.4 相对极坐标

相对极坐标通过用相对于某一特定点的极径和偏移角度来表示。相对极坐标是以上一操作点作为极点，而不是以原点作为极点，这也是相对极坐标同绝对极坐标之间的区别。用（@1＜a）来表示相对极坐标，其中@表示相对，1表示极径，a表示角度。例如，@14＜45表示相对于上一操作点的极径为14、角度为45°的点。如图3-26所示为相对极坐标。

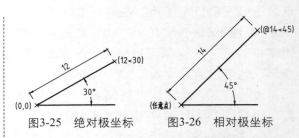

图3-25 绝对极坐标　　图3-26 相对极坐标

【案例3-5】：使用相对极坐标绘制直线

01 单击【快速访问】工具栏中的【打开】按钮，打开"3.2.4 相对极坐标.dwg"素材文件。

02 调用【直线】命令，运用相对极坐标绘制直线，如图3-27所示，其命令行提示如下：

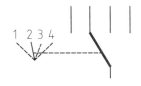

图3-27　绘制直线

```
命令：L/LINE✓                                    //调用【直线】命令
指定第一个点：✓                                   //捕捉左侧交点为直线起点
指定下一点或 [放弃(U)]：@3<69✓                    //输入相对极坐标值，绘制直线
指定下一点或 [放弃(U)]：✓
```

3.2.5　控制坐标显示

在绘图窗口中移动鼠标指针时，状态栏上将会动态显示当前坐标。在AutoCAD 2014中，坐标显示取决于所选择的模式和程序中运行的命令，共有【关】、【绝对】和【相对】3种模式，各种模式的含义分别如下：

★ 【关】模式：显示上一个拾取点的绝对坐标。此时，指针坐标将不能动态更新，只有在拾取一个新点时，显示才会更新。但是，从键盘输入一个新点坐标时，不会改变显示方式，如图3-28所示。

★ 【绝对】模式：显示光标的绝对坐标，该值是动态更新的，默认情况下，显示方式是打开的，如图3-29所示。

★ 【相对】模式：显示一个相对极坐标，当选择该方式时，如果当前处在拾取点状态，系统将显示光标所在位置相对于上一个点的距离和角度。当离开拾取点状态时，系统将恢复到【绝对】模式，如图3-30所示。

1434.8888, 252.2024, 0.0000	1097.8408, 1097.0866, 0.0000	600.5132< 60 , 0.0000
图3-28　【关】模式	图3-29　【绝对】模式	图3-30　【相对】模式

3.3　设置坐标系辅助功能

AutoCAD的图形定位，主要是由坐标系进行确定。要想正确、高效地绘图，必须先了解AutoCAD坐标系的概念，并掌握坐标输入的方法。

3.3.1　世界坐标系

在二维绘图中，默认的坐标系为WCS（World Coordinate System，世界坐标系），用户通常都在该坐标系中进行绘图。在世界坐标系中，X轴是水平的，Y轴是垂直的，Z轴垂直于XY平面，原点是图形左下角X、Y和Z轴的交点，即（0,0,0），如图3-31所示。AutoCAD中的世界坐标系是唯一的，用户不能自行建立，也不能修改原点位置和坐标方向。因此，世界坐标系为用户的图形操作提供了一个不变的参考基准。

3.3.2　用户坐标系

在AutoCAD中，为了能够更好地辅助绘图，经常需要修改坐标系的原点和方向，这时世界坐标系将变为用户坐标系，即UCS。UCS的原点以及X轴、Y轴、Z轴方向都可以移动及旋转，甚至可以依赖于图形中某个特定的对象。尽管在用户坐标系中3个轴之间仍然互相垂直，但是在方向及位置上却更加灵活。另外，UCS没有"口"形标记，如图3-32所示。

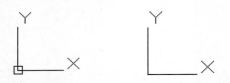

图3-31　世界坐标系　　图3-32　用户坐标系

在AutoCAD 2014中，启动【坐标系】命令有以下几种方法：

★　菜单栏：执行【工具】|【新建UCS】命令。
★　命令行：在命令行中输入UCS命令。
★　功能区：在【视图】选项卡中，单击【坐标】面板中的【UCS】按钮。

在命令行中输入UCS命令并按Enter键结束，其命令行提示如下：

```
命令：_ucs↙                                          //调用【坐标系】命令
当前 UCS 名称：*世界*↙
指定 UCS 的原点或 [面(F)/命名(NA)/对象(OB)/上一个(P)/视图(V)/世界(W)/X/Y/Z/Z 轴(ZA)] <世界>：↙
```

在命令行中各选项的含义如下：

★　**面（F）**：将UCS与实体选定的面对齐。
★　**命名（NA）**：该选项用于保存或恢复命名UCS定义。
★　**对象（OB）**：根据选择的对象创建UCS。新创建的对象将位于新的XY平面上，X轴和Y轴方向取决于用户选择的对象类型。该命令不能用于三维实体、三维网格、视口、多线、面域、样条曲线、椭圆、射线、构造线、引线、多行文字等对象。对于非三维面的对象，新UCS的XY平面与当绘制该对象时生效的XY平面平行，但X轴和Y轴可以进行不同的旋转。
★　**上一个（P）**：退回到上一个坐标系，最多可以返回至前10个坐标系。
★　**视图（V）**：使新坐标系的XY平面与当前视图的方向垂直，Z轴与XY平面垂直，而原点保持不变。
★　**世界（W）**：将当前坐标系设置为WCS世界坐标系。
★　**X/Y/Z**：将坐标系分别绕X、Y、Z轴旋转一定的角度生成新的坐标系，可以指定两个点或输入一个角度值来确定所需角度。
★　**Z轴（ZA）**：在不改变原坐标系Z轴方向的前提下，通过确定新坐标系原点和Z轴正方向上的任意一点来新建UCS。

▊3.3.3　控制坐标系图标显示

使用【坐标系图标】功能可以控制坐标系图标的可见性。启动【坐标系图标】命令有以下几种方法：

★　命令行：在命令行中输入UCSICON命令。
★　功能区：在【视图】选项卡中，单击【坐标】面板中的【UCS图标，特性…】按钮。

执行以上任一命令，均可以打开【UCS图标】对话框，如图3-33所示，在该对话框中，各选项的含义如下：

图3-33　【UCS图标】对话框

★　**【UCS图标样式】选项组**：用于指定二维或三维UCS图标的显示及其外观。
★　**【预览】选项组**：用于显示UCS图标在模型空间中的预览。
★　**【UCS图标大小】选项组**：按视口大小的百分比控制UCS图标的大小。默认值为50，有效范围为5到95。注意，UCS图标的大小与显示它的视口大小成比例。

★ 【UCS图标颜色】选项组：用于控制UCS图标在模型空间视口和布局选项卡中的颜色。

3.3.4 设置正交UCS

在AutoCAD 2014中，使用【坐标系设置】命令，可以从当前USC列表中选择需要使用的正交坐标系。启动【坐标系设置】功能的方法有以下几种：

★ 菜单栏：执行【工具】|【命名UCS】命令。

★ 命令行：在命令行中输入UCSMAN命令。

★ 功能区1：在【视图】选项卡中，单击【坐标】面板中的【UCS，命名UCS…】按钮。

★ 功能区2：在【视图】选项卡中，单击【坐标】面板中的【UCS，UCS设置】按钮。

执行以上任一命令，均可以打开【UCS】对话框，如图3-34所示。在【正交UCS】选项卡中，与【正交UCS】有关的各选项含义如下：

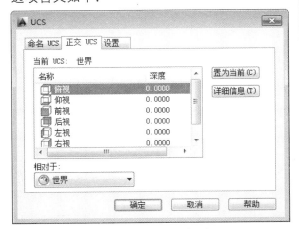

图3-34 【UCS】对话框

★ 【当前UCS】选项组：用于显示当前UCS的名称。

★ 【正交UCS名称】列表框：列出当前图形中定义的六个正交坐标系。正交坐标系是根据【相对于】列表框中指定的UCS定义的。

★ 【置为当前】按钮：单击该按钮，可以

恢复选定的坐标。

★ 【详细信息】按钮：单击该按钮，可以打开【UCS 详细信息】对话框，其中显示了UCS坐标数据，如图3-35所示。

★ 【相对于】列表框：用于定义正交UCS的基准坐标系。默认情况下，WCS是基准坐标系。

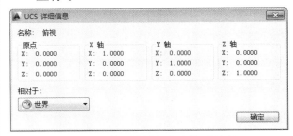

图3-35 【UCS详细信息】对话框

3.3.5 重命名用户坐标系

在【UCS】对话框中的【命名UCS】选项卡中，可以重命名用户坐标系，如图3-36所示为【命名UCS】选项卡。与【命名UCS】有关的各选项含义如下：

★ 【当前UCS】选项组：用于显示当前UCS的名称。

★ 【UCS名称列表】列表框：列出当前图形中定义的UCS，指针指向当前的UCS。

3.3.6 设置UCS的其他选项

在【UCS】对话框中的【设置】选项卡中，可以显示和修改与视口一起保存的UCS图标设置和UCS设置，如图3-37所示。

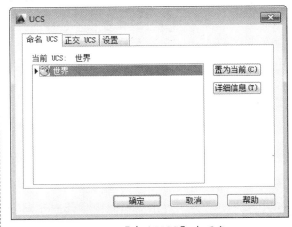

图3-36 【命名UCS】选项卡

图3-37 【设置】选项卡

在【设置】选项卡中，与【设置】有关的各选项含义如下：

★ 【开(0)】复选框：用于显示当前视口中的UCS图标。

★ 【显示于UCS原点（D）】复选框：用于在当前视口中当前坐标系的原点处显示UCS图标。

★ 【应用到所有活动视口（A）】复选框：用于将UCS图标设置应用到当前图形中的所有活动视口。

★ 【允许选择UCS图标（I）】复选框：用于控制当光标移到UCS图标上时该图标是否亮显，以及是否可以通过单击选择它并访问UCS图标夹点。

★ 【UCS与视口一起保存（S）】复选框：用于将UCS与视口一起保存。

★ 【修改UCS时更新平面视图（U）】复选框：用于在修改视口中的坐标系时恢复平面视图。

3.4 设置图层辅助功能

在AutoCAD 2014中，增强的图层管理功能可以帮助用户有效地管理大量的图层。每一个图层都有自身相对应的【状态】、【颜色】、【名称】、【线宽】、【线型】等属性项。正是因为这些不同的属性项，使得图层在图纸上显示出不一样的效果。

3.4.1 图层的概念

为了根据图形的相关属性对图形进行分类，AutoCAD引入了"图层（Layer）"的概念，也就是把线型、线宽、颜色和状态等属性相同的图形对象放进同一个图层，以方便用户管理图形。在绘图前指定每一个图层的线型、线宽、颜色和状态等属性，可使凡具有与之相同属性的图形对象都放到该图层上。而绘图时只需要指定每个图形对象的几何数据和其所在的图层就可以了。这样既简化了绘图过程，又便于图形管理。

在AutoCAD 2014中的绘图过程中，图层是最基本的操作，也是最有用的工具之一，对图形文件中各类实体的分类管理和综合控制具有重要的意义。总的来说，图层具有以下3方面的优点。

★ 节省存储空间。

★ 控制图形的颜色、线条的宽度及线型等属性。

★ 统一控制同类图形实体的显示、冻结等特性。

3.4.2 图层分类原则

在绘制图形之前应该明确有哪些图形以及对应哪些图层。合理分布图层是AutoCAD设计人员的一个良好习惯。多人协同设计时，更应该设计好一个统一规范的图层结构，以便数据交换和共享。切忌将所有的图形对象全部放在同一个图层中。

图层可以按照以下的原则组织。

★ 按照图形对象的使用性质分层。例如：在建筑设计中，可以将墙体、门窗、家具、绿化分属于不同的层。

★ 按照外观属性分层。具有不同线型或线宽的实体应当分属于不同的图层，这是一个很重要的原则。例如：在机械设计中，粗实线（外轮廓线）、虚线（隐藏线）和点划线（中心线）就应该分属于三个不同的层，方便打印控制。

★ 按照模型和非模型分层。AutoCAD制图的过程实际上是建模的过程。图形对象是模型的一部分；文字标注、尺寸标注、图框、图例符号等并不属于模型本身，是设计人员为了便于设计文件的阅读而人为添加的说明性内容。所以模型和非模型应当分属于不同的层。

3.4.3 新建图层

新建图形文件时，AutoCAD会自动创建一个名为0的特殊图层。此时可以根据设计需要新建一个或多个图层，并为新图层命名，同时设置线型、线宽和颜色等主要特性。

在AutoCAD 2014中，启动【图层】功能有以下几种方法：

★ 菜单栏：执行【格式】|【图层】命令。

★ 功能区：在【默认】选项卡中，单击【图层】面板中的【图层特性】按钮 。

★ 命令行：在命令行输入LAYER（或LA）并回车。

执行以上任一命令，均可打开【图层特性管理器】对话框，如图3-38所示。单击对话框上方的【新建】按钮 ，新建图层。默认情况下，创建的图层会以"图层1"、"图层2"等按顺序进行命名。

图3-38 【图层特性管理器】对话框

3.4.4 更改图层名称

为了更直接地了解到该图层上的图形对象，用户通常会以该图层要绘制的图形对象为其重命名，如轴线、门窗等。图层重命名的方法为右键单击所创建的图层，在弹出的快捷菜单中选择【重命名图层】选项，如图

3-39所示，或者直接按F2键，此时名称文本框呈可编辑状态，输入名称即可，也可以在创建新图层时直接输入新名称。

注意：图层名称不能不能包含通配符（＊和？）和空格，也不能与其他图层重名。

图3-39 选择【重命名图层】选项

3.4.5 设置当前图层

当前层是指当前工作状态下所处的图层。当设定图层为当前层后，接下来所绘制的全部对象都将位于该图层中。如果以后想在其他图层中绘图，就需要更改当前层设置。

在AutoCAD中设置当前层有以下几种常用方法：

★ 在【图层特性管理器】对话框中选择目标图层，单击【置为当前】按钮 ，如图3-40所示。

图3-40　通过【图层特性管理器】设置当前图层

★ 在【默认】选项卡中，单击【图层】面板中的【图层控制】下拉列表，选择目标图层，即可将该图层设置为【当前图层】，如图3-41所示。

★ 通过【图层】工具栏的下拉列表，选择目标图层，同样可将其设置为【当前图层】，如图3-42所示。

图3-41　通过功能面板设置当前图层

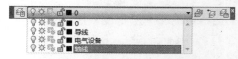

图3-42　【图层】工具栏下拉列表

3.4.6　设置图层特性

合理地设置和运用图层的特性，能够让看图人员更加清楚地认识和理解图形的内容和含义。下面将介绍设置图层特性的方法，以供读者掌握。

1. 设置图层颜色

为图形中的各个图层设置不同的颜色，可以直观地查看图形中各个部分的结构特征。同时，也可以在图形中清楚地区分每一个图层。

2. 设置图层线型

图层线型表示图层中图形线条的特征，不同的线型表示的含义不同，默认情况下是Continuous线型。设置图层的线型有助于清楚地区分不同的图形对象。在AutoCAD中既有简单线型，也有由一些特殊符号组成的复杂线型，可以满足不同行业的要求。

3. 设置图层线宽

线宽设置就是改变图层线条的宽度，通

常在设置好图层的颜色和线型后，还需设置图层的线宽，这样就省去了在打印时再设置线宽的步骤。同时，使用不同宽度的线条表现对象的大小或类型，可以提高图形的表达能力和可读性。

【案例3-6】：　设置控制箱接线图的图层特性

01 单击【快速访问】工具栏中的【打开】按钮，打开"第3.4.6　设置图层特性.dwg"素材文件，如图3-43所示。

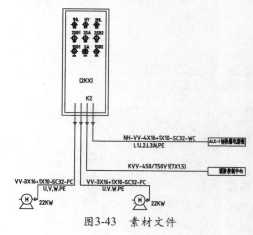

图3-43　素材文件

02 调用LA【图层特性】命令，打开【图层特性管理器】对话框，如图3-44所示。

图3-44 【图层特性管理器】对话框

03 单击对话框上方的【新建】按钮 ，依次创建【文字】、【箭头引线】和【线路】3个图层，如图3-45所示。

图3-45 新建图层

04 单击【文字】图层的【颜色】列，打开【选择颜色】对话框，选择【红色】，如图3-46所示，单击【确定】按钮即可。

图3-46 【选择颜色】对话框

05 单击【线路】图层中的【线型】列，打开【选择线型】对话框，选择【CENTER2】线型，如图3-47所示，单击【确定】按钮即可。

06 单击【箭头引线】图层的【线宽】列，打开【线宽】对话框，选择【0.30mm】选项，如图3-48所示。

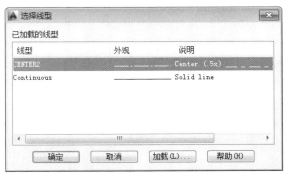

图3-47 【选择线型】对话框

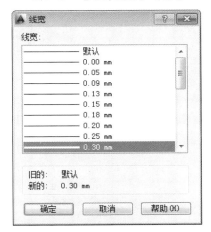

图3-48 【线宽】对话框

07 单击【确定】按钮，完成图层的设置，如图3-49所示。

图3-49 设置图层

08 选择绘图区中的所有文字，将其切换至【文字】图层，其图形效果如图3-50所示。

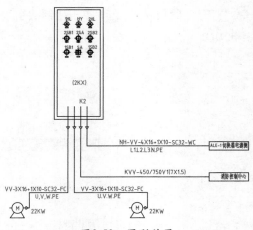

图3-50　图形效果

09 重复上述方法，依次更改其他图形的图层，其最终效果如图3-51所示。

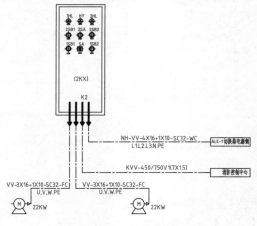

图3-51　最终效果

3.4.7　设置图层状态

图层状态是用户对图层整体特性的开/关设置，包括隐藏或显示、冻结或解冻、锁定或解锁、打印或不打印等。有效地控制图层的状态，可以更好地管理图层上的图形对象。

1. 打开与关闭图层

在绘图的过程中可以将暂时不用的图层关闭，被关闭的图层中的图形对象将不可见，并且不能被选择、编辑、修改以及打印。在AutoCAD中关闭图层的常用方法有以下几种：

★ 在【图层特性管理器】对话框中选中要关闭的图层，单击♀按钮即可关闭选择图层，图层被关闭后该按钮将显示为♀，表明该图层已经被关闭。

★ 在【默认】选项卡中，打开【图层】面

板中的【图层控制】下拉列表，单击目标图层♀按钮即可关闭图层。

★ 打开【图层】工具栏下拉列表，单击目标图层前的♀按钮即可关闭该图层。

当关闭的图层为【当前图层】时，将弹出如图 3-52所示的确认对话框，此时单击【关闭当前图层】即可。

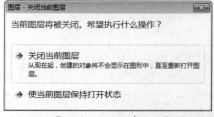

图3-52　【图层-关闭当前图层】对话框

2. 冻结与解冻图层

将长期不需要显示的图层冻结，可以

提高系统运行速度，减少了图形刷新的时间，因为这些图层将不会被加载到内存中。AutoCAD不会在被冻结的图层上显示、打印或重新生成对象。在AutoCAD中冻结图层的常用方法有以下几种：

★ 在【图层特性管理器】对话框中单击要冻结的图层前的【冻结】图标 ☀，即可冻结该图层，图层冻结后将显示为 ❆。

★ 在【默认】选项卡中，打开【图层】面板中的【图层控制】下拉列表，单击目标图层 ☀ 图标即可冻结该图层。

★ 打开【图层】工具栏图层下拉列表，单击目标图层前的 ☀ 图标即可冻结该图层。

如果要冻结的图层为【当前图层】时，将弹出如图 3-53 所示的对话框，提示无法冻结【当前图层】，此时需要将其他图层设置为【当前图层】才能冻结该图层。

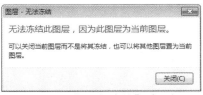

图3-53 【图层-冻结】对话框

3. 锁定与解锁图层

如果某个图层上的对象只需要显示，不需要选择和编辑，那么可以锁定该图层。被锁定图层上的对象不能被编辑、选择和删除，但该层的对象仍然可见，而且可以在该层上添加新的图形对象。在AutoCAD中锁定图层的常用方法有以下几种：

★ 在【图层特性管理器】对话框中单击【锁定】图标 🔓，即可锁定该图层，图层锁定后该图标将显示为 🔒。

★ 在【默认】选项卡中，打开【图层】面板中的【图层控制】下拉列表，单击 🔓 图标即可锁定该图层。

★ 打开【图层控制】下拉列表，单击目标图层前的 🔓 图标即可锁定该图层。

3.5 设置图形显示辅助功能

在使用AutoCAD绘图过程中经常需要对视图进行平移、缩放以及平铺等操作，以方便观察视图并保持绘图的准确性。

3.5.1 平移显示图形

【视图平移】不改变视图图形的显示大小，只改变视图内显示的图形区域，以便于观察图形的组成部分。

在AutoCAD 2014中，启动【平移】功能的常用方法有以下几种：

★ 菜单栏：执行【视图】|【平移】命令。

★ 命令行：在命令行中输入PAN/P命令。

★ 功能区：在【视图】选项卡中，单击【二维导航】面板中的【平移】按钮 ✋ 平移。

★ 导航面板：单击导航面板中的【平移】按钮 ✋。

★ 鼠标滚轮方式：按住鼠标滚轮拖动，可以快速进行视图平移。

视图平移可以分为【实时平移】和【定点平移】两种，其含义如下：

★ 实时平移：光标形状变为手型 ✋ 时，按住鼠标左键拖动可以使图形的显示位置随鼠标移动。

★ 定点平移：通过指定平移起始点和目标点的方式进行平移。

【案例 3-7】：平移显示变频泵电气原理图

01 单击【快速访问】工具栏中的【打开】按钮 📂，打开"3.5.1 平移显示图形.dwg"素材文件，如图3-54所示。

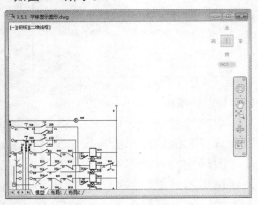

图3-54　素材文件

02 在【视图】选项卡中，单击【二维导航】面板中的【平移】按钮 🖐 平移 ，按住鼠标左键向右上方拖动即可，效果如图3-55所示。

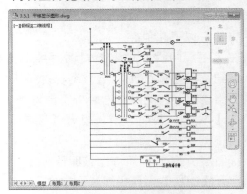

图3-55　平移图形效果

3.5.2　缩放显示图形

图形的显示缩放命令可以调整当前视图大小，既能观察较大的图形范围，又能观察图形的细节，视图缩放不会改变图形的实际大小。

在AutoCAD 2014中，启动【缩放】功能的常用方法有以下几种：

★ 菜单栏：执行【视图】|【缩放】命令。

★ 命令行：在命令行中输入ZOOM/Z命令。

★ 功能区：在【视图】选项卡中，单击【二维导航】面板中的视图缩放工具按钮，如图3-56所示。

★ 导航面板：单击导航面板中的视图缩放工具按钮，如图3-57所示。

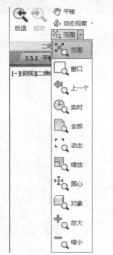

图3-56　【二维导航】面板

图3-57　导航面板

执行【缩放】命令后，命令行操作如下：

```
命令：_zoom↙                                          //调用【缩放】命令
指定窗口的角点，输入比例因子 (nX 或 nXP)，或者
[全部(A)/中心(C)/动态(D)/范围(E)/上一个(P)/比例(S)/窗口(W)/对象(O)] <实时>：↙
```

1. 全部（A）

全部缩放将最大化显示整个模型空间所有图形对象（包括绘图界限范围内、外的所有对

象）和视觉辅助工具（如栅格）。如图 3-58 和图3-59所示为全部缩放前后的对比效果图。

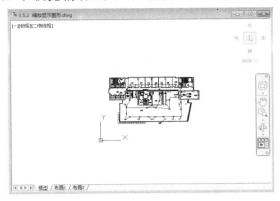

图3-58　全部缩放前

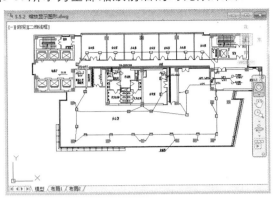

图3-59　全部缩放后

2. 中心（C）

中心缩放需要根据命令行的提示，首先在绘图区内指定一个点，然后设定整个图形的缩放比例，而这个点在缩放之后将成为新视图的中心点。如图3-60和图3-61所示为中心缩放前后的对比效果图。

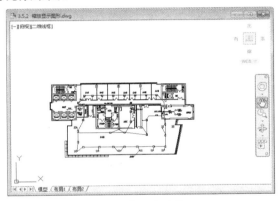

图3-60　中心缩放前

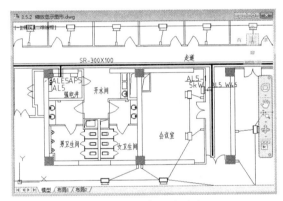

图3-61　中心缩放后

3. 动态（D）

使用动态缩放时，绘图区将显示几个不同颜色的方框，拖动鼠标移动当前视区框到所需位置，然后单击鼠标左键调整方框大小，确定大小后按回车即可将当前视区框内的图形最大化显示。如图3-62和图3-63所示为动态缩放前后的对比效果图。

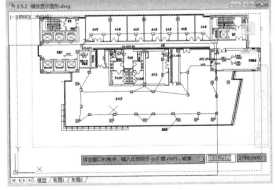

图3-62　动态缩放前

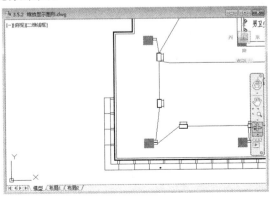

图3-63　动态缩放后

4. 范围（E）

范围缩放能使所有图形对象最大化显示，充满整个视口，如图3-64和图3-65所示为范围缩放前后的对比效果图。

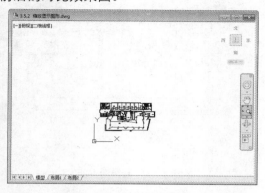
图3-64　范围缩放前

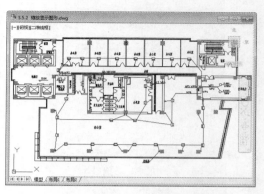
图3-65　范围缩放后

5. 上一个（P）

上一个缩放可以恢复到前一个视图显示的图形状态，如图3-66和图3-67所示为上一个缩放前后的对比效果图。

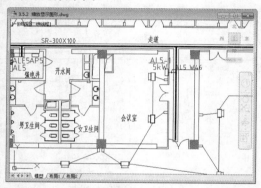
图3-66　上一个缩放前

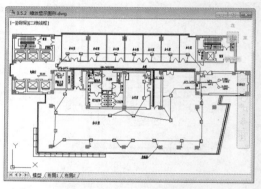
图3-67　上一个缩放后

6. 比例（S）

可以根据输入的值对视图进行比例缩放，输入方法有直接输入数值（相对于图形界限进行缩放）、在数值后加X（相对于当前视图进行缩放）、在数值后加XP（相对于图纸空间单位进行缩放）。在实际工作中，通常直接输入数值进行缩放。如图3-68和图3-69所示为比例缩放前后的对比效果图。

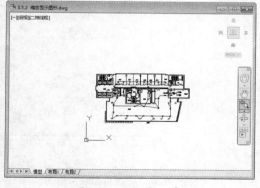
图3-68　比例缩放前

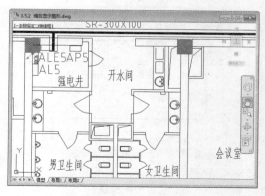
图3-69　比例缩放后

7. 窗口（W）

以矩形窗口指定的区域缩放视图，需要用鼠标在绘图区指定两个角点以确定一个矩形窗口，该窗口区域的图形将放大到整个视图范围。如图 3-70 和图 3-71 所示为窗口缩放前后的对比效果图。

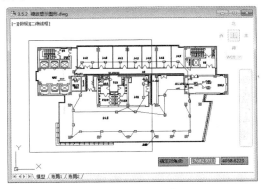

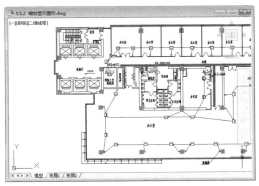

图3-70　窗口缩放前　　　　　　　　　　　　　　图3-71　窗口缩放后

8. 对象（O）

对象缩放方式使选择的图形对象最大化显示在屏幕上，如图 3-72 和图 3-73 所示为对象缩放前后的对比效果图。

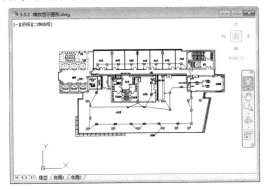

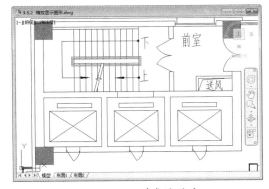

图3-72　窗口缩放前　　　　　　　　　　　　　　图3-73　对象缩放后

9. 实时

该项为默认选项。执行【缩放】命令后直接回车即可使用该选项。在屏幕上会出现一个形状的光标，按住鼠标左键不放向上或向下移动，则可实现图形的放大或缩小。

▌3.5.3　平铺显示图形

在创建图形时，经常需要将图形局部放大以显示细节，同时又需要观察图形的整体效果，这时仅使用单一的视图已经无法满足用户需求了。在AutoCAD中使用新建视口命令，便可将绘制窗口划分为若干个视口，以便于查看图形。各个视口可以独立进行平移和缩放，而且各个视口能够同步地进行图形的绘制编辑。当修改一个视图中的图形，在其他视图中也能够体现。单击视口区域可以在不同视口间切换。

在AutoCAD 2014中，平铺视口的特点如下：

★　每个视口都可以进行平移或缩放，设置捕捉、栅格和用户坐标系等，且每个视口都可以有独立的坐标系。

★　在命令执行期间，可以切换视口，以便在不同的视口中绘图。

★ 可以命名视口的配置，以便在模型空间中恢复视口或者将它们应用到布局。

★ 用户只能在当前视口中工作。要将某个视口设置为当前视口，只需要在视口的任意位置上，单击鼠标左键即可，此时当前视口的边框将加粗显示。

★ 只有在当前视口中鼠标指针才显示为十字形状；当鼠标指针移出当前视口后将会变为箭头形状。

★ 当在平铺视口中工作时，可以全局控制所有视口中的图层可见性。如果在某个视口中关闭了某一图层，系统将关闭所有视口中的相应图层。

在AutoCAD 2014中，启动【新建视口】功能的常用方法有以下几种：

★ 菜单栏：执行【视图】|【视口】|【新建视口】命令。

★ 命令行：在命令行中输入VPORTS命令。

★ 功能区：在【视图】选项卡中，单击【视口模型】面板中的【命名】按钮。

执行上述任意操作后，系统将弹出【视口】对话框，选中【新建视口】选项，如图 3-74 所示。该对话框列出了一个标准视口配置列表，可以用来创建层叠视口，还可以对视图的布局、数量和类型进行设置，最后单击【确定】按钮即可使视口设置生效。

3.5.4 设置视图管理器

【视图管理器】对话框包含了创建、设置、重命名、修改和删除命名视图（包括模型命名视图）、相机视图、布局视图和预设视图等内容。

在AutoCAD 2014中，启动【视图管理器】功能的常用方法有以下几种：

★ 菜单栏：执行【视图】|【命名视图】命令。

★ 命令行：在命令行中输入VIEW命令。

★ 功能区：在【视图】选项卡中，单击【视图】面板中的【视图管理器】按钮。

执行以上任一命令，均将打开【视图管理器】对话框，如图3-75所示。

图3-74 【视口】对话框

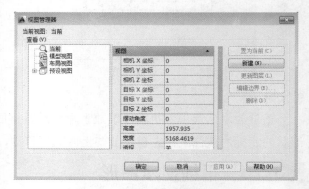

图3-75 【视图管理器】对话框

3.6 实例应用

3.6.1 绘制电式互感器

电式互感器的主要作用是可以把数值较大的一次电流通过一定的变比转换为数值较小的二

次电流，用来进行保护、测量等用途。本实例通过绘制如图3-76所示电式互感器图形，主要练习【对象捕捉】功能、直线、多段线、复制及分解的应用方法。

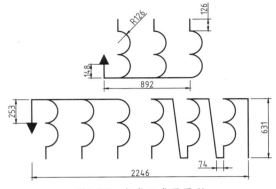

图3-76 电式互感器图形

01 单击【快速访问】工具栏中的【新建】按钮，新建空白文件。

02 调用PL【多段线】命令，绘制一条多段线，如图 3-77所示。其命令行提示如下：

```
命令：PL/PLINE↙                                    //调用【多段线】命令
指定起点：0,0↙                                      //指定起点
当前线宽为 0.0000
指定下一个点或 [圆弧(A)/半宽(H)/长度(L)/放弃(U)/宽度(W)]：@0,-148↙      //指定第二点
指定下一点或 [圆弧(A)/闭合(C)/半宽(H)/长度(L)/放弃(U)/宽度(W)]：@892,0↙  //指定第三点
指定下一点或 [圆弧(A)/闭合(C)/半宽(H)/长度(L)/放弃(U)/宽度(W)]：a↙       //选择【圆弧（A）】选项
指定圆弧的端点或
[角度(A)/圆心(CE)/闭合(CL)/方向(D)/半宽(H)/直线(L)/半径(R)/第二个点(S)/放弃(U)/宽度(W)]：s↙
                                                  //选择【第二点（S）】选项
指定圆弧上的第二个点：@126,126↙                     //指定圆弧第二点
指定圆弧的端点：@-126,126↙                          //指定圆弧端点
指定圆弧的端点或
[角度(A)/圆心(CE)/闭合(CL)/方向(D)/半宽(H)/直线(L)/半径(R)/第二个点(S)/放弃(U)/宽度(W)]：s↙
                                                  //选择【第二点（S）】选项
指定圆弧上的第二个点：@126,126↙                     //指定圆弧第二点
指定圆弧的端点：@-126,126↙                          //指定圆弧端点
指定圆弧的端点或
[角度(A)/圆心(CE)/闭合(CL)/方向(D)/半宽(H)/直线(L)/半径(R)/第二个点(S)/放弃(U)/宽度(W)]：l↙
                                                  //选择【直线（L）】选项
指定下一点或 [圆弧(A)/闭合(C)/半宽(H)/长度(L)/放弃(U)/宽度(W)]：@0,126↙ //指定端点完成多段线绘制。
```

03 调用X【分解】命令，分解多段线；调用CO【复制】命令，选择合适的图形进行复制操作，如图3-78所示。

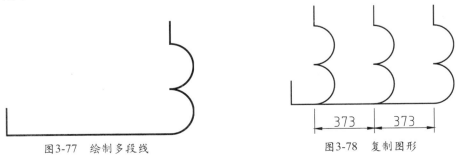

图3-77 绘制多段线　　　　　　　　图3-78 复制图形

04 调用PL【多段线】命令，绘制一条多段线，其尺寸如图3-79所示。

05 调用CO【复制】命令、RO【旋转】命令和M【移动】命令，调整图形，如图3-80所示。

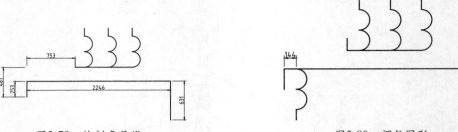

图3-79 绘制多段线　　　　　　　　　　　　　　　　图3-80 调整图形

06 调用CO【复制】命令，将新调整后的图形进行复制操作，如图3-81所示。

07 调用L【直线】命令，结合【对象捕捉】功能，绘制直线，如图3-82所示。

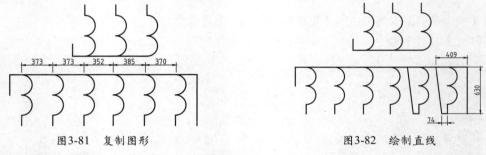

图3-81 复制图形　　　　　　　　　　　　　　　　　图3-82 绘制直线

08 调用TR【修剪】命令，修剪多余的图形，如图3-83所示。

09 调用PL【多段线】命令，结合【对象捕捉】功能，绘制多段线；调用RO【旋转】、CO【复制】和M【移动】命令，复制多段线，如图3-84所示。

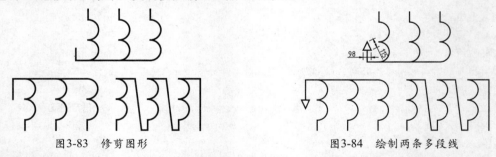

图3-83 修剪图形　　　　　　　　　　　　　　　　　图3-84 绘制两条多段线

10 调用H【图案填充】命令，在新绘制的两条多段线内，填充【SOLID】图案，最终效果如图3-85所示。

▌3.6.2　绘制桥式整流器

　　桥式整流器一种具保护功能的整流器，由两个整流二极管的供应商及两个单向的瞬间电压抑制器所构成，具有保护整流器后端的电子线路的作用。本实例通过绘制如图3-86所示桥式整流器图形，主要练习图层、【对象捕捉】功能、直线、多边形以及修剪的应用方法。

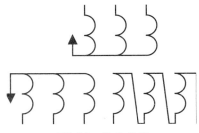

图3-85 最终效果

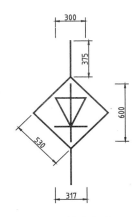

图3-86 桥式整流器

01 单击【快速访问】工具栏中的【新建】按钮，新建空白文件。

02 调用LA【图层特性】命令，打开【图层特性管理器】对话框，新建【电气元件】图层，如图3-87所示。

图3-87 新建图层

03 将【电气元件】图层设置为当前。调用POL【多边形】命令，绘制一个边长为530的四边形，如图3-88所示。

图3-88 绘制四边形

04 调用L【直线】命令，结合【对象捕捉】功能，绘制直线，如图3-89所示。

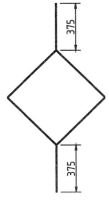

图3-89 绘制直线

05 调用L【直线】命令，结合FROM【捕捉自】和【对象捕捉】功能，在多边形内绘制直线，如图3-90所示。

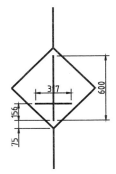

图3-90 绘制直线

06 调用PL【多段线】命令，结合【对象捕捉】和63°【极轴追踪】功能，绘制多段线，最终效果如图3-91所示。

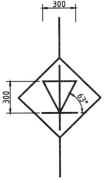

图3-91 最终效果

3.7 课后练习

3.7.1 绘制定时开关

定时开关是多段定时设置的智能控制开关，可用于各种需要按时自动开启和关闭的电器设备。本实例通过绘制如图3-92所示定时开关图形，主要考察【对象捕捉】功能、直线以及圆命令的应用方法。

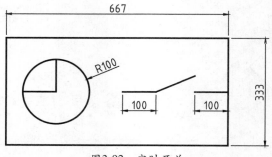

图3-92 定时开关

提示步骤如下：

01 新建空白文件。调用L【直线】命令，绘制直线，如图3-93所示。

02 调用C【圆】命令、【直线】命令，完善内部图形，如图3-94所示。

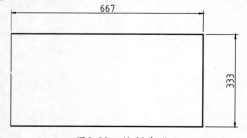

图3-93 绘制直线

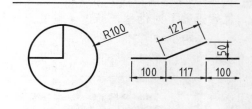

图3-94 完善内部图形

3.7.2 绘制双向三极晶体闸流管

双向三极晶体闸流管具有硅整流器件的特性，能在高电压、大电流条件下工作，且其工作过程可以控制、被广泛应用于可控整流、交流调压、无触点电子开关、逆变及变频等电子电路中。本实例通过绘制如图3-95所示双向三极晶体闸流管图形，主要考察【对象捕捉】功能、多段线以及直线命令的应用方法。

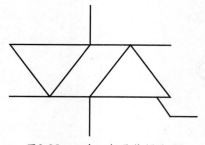

图3-95 双向三极晶体闸流管

提示步骤如下：

01 新建空白文件。调用PL【多段线】命令，结合【极轴追踪】和【对象捕捉】功能，绘制多段线，如图3-96所示。

02 调用L【直线】命令，绘制直线，如图3-97所示。

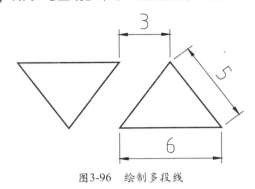

图3-96 绘制多段线

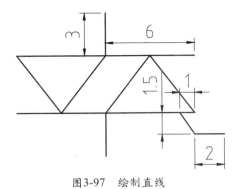

图3-97 绘制直线

第4课
绘制二维电气图形

任何二维图形都是由点、直线、圆、圆弧和矩形等基本元素构成的，只有熟练掌握这些基本元素的绘制方法，才能绘制出各种复杂的图形对象。通过本章的学习，读者将会对二维图形的基本绘制方法有一个全面的了解和认识，并能够熟练使用这些常用的绘图命令。

【本课知识】：

1. 掌握直线和点对象的创建方法。
2. 掌握圆形对象的创建方法。
3. 掌握平面图形对象的创建方法。
4. 掌握图案填充对象的创建方法。

4.1 创建直线和点对象

点是组成图形的最基本元素，通常用来作为对象捕捉的参考点，直线对象则是所有图形的基础。AutoCAD 2014提供了直线和点对象的创建方法。

4.1.1 设置点样式

在AutoCAD中，系统默认情况下绘制的点显示为一个小黑点，不便于用户观察。因此，在绘制点之前一般要进行点样式的设置，使其清晰可见便于之后的绘图操作。

在AutoCAD 2014中，启动【点样式】功能的常用方法主要有以下几种：

★ 菜单栏：执行【格式】|【点样式】命令。

★ 功能区：在【默认】选项卡中，单击【实用工具】面板上的【点样式】按钮。

★ 命令行：在命令行中输入DDPTYPE命令。

执行以上任一命令，均可以打开如图4-1所示的【点样式】对话框。在该对话框中，【点大小】选项组中的【相对于屏幕设置大小】是参考绘图区域的比例来调整点的大小，点的大小是不确定的。另一个【按绝对单位设置大小】是固定点的大小，不会随着视图缩放而改变。

4.1.2 创建单点和多点

单点就是调用一次命令只能指定一个点，而多点是指调用一次命令后可以连续指定多个点，直到按Esc键结束命令为止。单点与多点是AutoCAD中最简单的图形，也是最基本的图形之一。

1. 单点

调用【单点】命令的方法如下：

★ 菜单栏：执行【绘图】|【点】|【单点】命令。

★ 命令行：输入POINT/PO命令。

2. 绘制多点

调用【多点】命令的方法如下：

★ 菜单栏：执行【绘图】|【点】|【多点】命令。

★ 功能区：在【常用】选项卡中，单击【绘图】面板中的【多点】按钮。

【案例4-1】：完善自动开关图形

自动开关是指当通过的电流达到预定值或发生短路、电压不足时自动断开的开关，一般会与传感器等电路器材来配合使用。

01 单击【快速访问】工具栏中的【打开】按钮，打开"第4课\4.1.2 创建单点和多

点.dwg"素材文件，如图4-2所示。

02 单击【实用工具】面板上的【点样式】按钮，打开【点样式】对话框，选择合适的点样式，如图4-3所示。

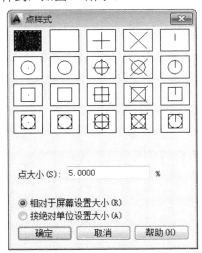

点大小(S): 5.0000 %

◉ 相对于屏幕设置大小(R)
◯ 按绝对单位设置大小(A)

图 4-1 【点样式】对话框

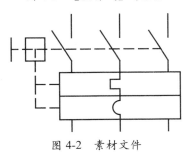

图 4-2 素材文件

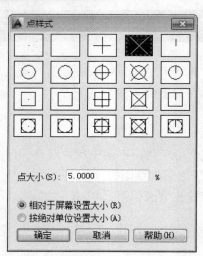

图4-3　选择点样式

03 在命令行中输入PO【单点】命令并回车，配合【端点捕捉】功能，捕捉左上方垂直直线的下端点，创建单点，如图4-4所示。

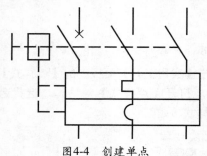

图4-4　创建单点

04 单击【绘图】面板中的【多点】按钮，配合【端点捕捉】功能，依次捕捉其他垂直直线的下端点，创建多点，如图4-5所示。

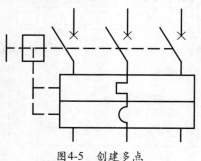

图4-5　创建多点

4.1.3　创建定距等分点

　　定距等分点命令与定数等分点命令类似，所不同的是定距等分需指定点对象间的距离，而不是线段的数目。由于等分距的不确定性，定距等分可能会出现剩余线段。

　　调用【定距等分】命令的方法如下。

★ 菜单栏：执行【绘图】|【点】|【定距等分】命令。

★ 命令行：输入MEASURE/ME命令。

★ 功能区：在【常用】选项卡中，单击【绘图】面板中的【定距等分】按钮。

【案例4-2】：　绘制继电器图形

　　继电器是一种电子控制器件，它具有控制系统（又称输入回路）和被控制系统（又称输出回路），通常应用于自动控制电路中，它实际上是用较小的电流去控制较大电流的一种【自动开关】，故在电路中起着自动调节、安全保护、转换电路等作用。

01 单击【快速访问】工具栏中的【新建】按钮，新建图形文件。

02 调用REC【矩形】命令，绘制一个170×45的矩形，如图4-6所示。

图4-6　绘制矩形

03 单击【实用工具】面板上的【点样式】按钮，打开【点样式】对话框，选择合适的点样式，如图4-7所示。

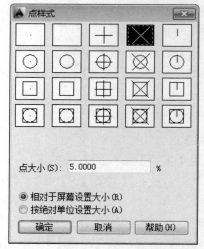

图4-7　选择点样式

04 调用X【分解】命令，分解新绘制矩形，单击【绘图】面板中的【定距等分】按钮，设置【线段长度】为42.5，将上下两条水平直线进行定距等分操作，如图4-8所示。

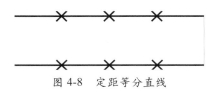

图4-8　定距等分直线

05 调用L【直线】命令，结合【节点捕捉】功能，绘制直线，如图4-9所示。

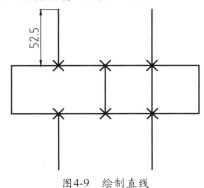

图4-9　绘制直线

06 调用E【删除】命令，删除定距等分点，得到最终效果，如图4-10所示。

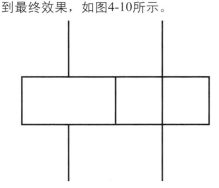

图4-10　最终效果

提示

　　定距等分拾取对象时，光标靠近对象哪一端，就从哪一端开始等分。而且等分点不仅可以等分普通线段，还可以等分圆、矩形、多边形等复杂的封闭图形对象。

▋4.1.4　创建定数等分点

　　绘制定数等分点实际上就是将指定的对象以一定的数量进行等分，从而创建等距离排列的点对象。

　　调用【定数等分】命令的方法如下。

★　菜单栏：执行【绘图】|【点】|【定数等分】命令。

★　命令行：输入DIVIDE/DIV命令。

★　功能区：在【常用】选项卡中，单击【绘图】面板中的【定数等分】按钮。

【案例4-3】：　完善碳堆电阻器图形

　　碳堆电阻器成本较低，电性能和稳定性较差，一般不适于作通用电阻器，但由于它容易制成高阻值的膜，所以主要用作高阻高压电阻器。

01 单击【快速访问】工具栏中的【打开】按钮，打开"第4课\4.1.4　创建定数等分点.dwg"素材文件，如图4-11所示。

02 单击【实用工具】面板上的【点样式】按钮，打开【点样式】对话框，设置点样式。

03 单击【绘图】面板中的【定数等分】按钮，设置【等分数】为4，将矩形的上下两条水平直线进行等分操作，如图4-12所示。

04 调用L【直线】命令，结合【节点捕捉】功能，绘制直线，调用E【删除】命令，删除定数等分点，结果如图4-13所示。

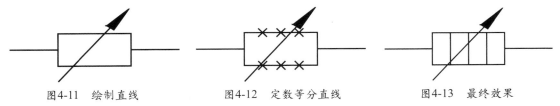

图4-11　绘制直线　　　　　图4-12　定数等分直线　　　　　图4-13　最终效果

▌4.1.5　创建直线

直线段是有限长的，可以找到两个端点，每条线段都是可以单独进行编辑的直线对象。

调用【直线】命令的方法如下：

★ 菜单栏：执行【绘图】|【直线】命令。

★ 命令行：输入LINE/L命令。

★ 功能区：在【常用】选项卡中，单击【绘图】面板中的【直线】按钮 。

【案例4-4】：　绘制熔断器式刀开关图形

熔断器式刀开关具有保护作用，里面装有熔芯，短路和过载都是可以根据熔芯的曲线断开的，该类开关也可以叫做负荷开关，因为它也可以带负荷分断。

01 单击【快速访问】工具栏中的【新建】按钮，新建空白文件。

02 开启正交模式，单击【绘图】面板中的【直线】按钮 ，绘制直线，如图4-14所示。命令行提示如下：

03 重新调用L【直线】命令，绘制其他图形，尺寸如图4-15所示。

图4-14　绘制直线

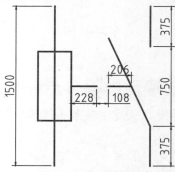

图4-15　绘制其他直线

命令：_line↙	//调用【直线】命令
指定第一个点：↙	//任意捕捉一点，确定直线起点
指定下一点或 [放弃(U)]：@300,0↙	//指定第二点
指定下一点或 [放弃(U)]：@0,-650↙	//指定第三点
指定下一点或 [闭合(C)/放弃(U)]：@-300,0↙	//指定第四点
指定下一点或 [闭合(C)/放弃(U)]:C↙	//选择【闭合（C）】选项，完成直线绘制

4.2　创建圆形对象

在AutoCAD中，圆、圆弧、圆环、椭圆、椭圆弧都是属于曲线对象，绘制方法相对复杂一些。

▌4.2.1　创建圆

圆是工程制图中一种常见的基本图形，在机械工程制图、建筑、园林等多个行业中，它的调用都十分频繁。

调用【圆】命令的方法如下：

★ 菜单栏：执行【绘图】|【圆】命令。

★ 命令行：输入CIRCLE/C命令。

★ 功能区：在【常用】选项卡中，单击【绘图】面板中的【圆】按钮 。

菜单栏中的【绘图】|【圆】子菜单中提供了6种绘制圆的子命令，各子命令的含义如下。

★　圆心、半径：用圆心和半径方式绘制圆。

★　圆心、直径：用圆心和直径方式绘制圆。

★　三点：通过三点绘制圆，系统会提示指定第一点、第二点和第三点。

★　两点：通过两点绘制圆，系统会提示指定圆直径的第一端点和第二端点。

★　相切、相切、半径：通过两个其他对象的切点和输入半径值来绘制圆，系统会提示指定圆的第一切线和第二切线上的点及圆的半径。

★　相切、相切、相切：通过三条切线绘制圆。

【案例4-5】：　完善三相电机图形

三相电机是指当电机的三相定子绕组（各相差120度电角度），通入三相交流电后，将产生一个旋转磁场，该旋转磁场切割转子绕组，从而在转子绕组中产生感应电流（转子绕组是闭合通路）。

01　单击【快速访问】工具栏中的【打开】按钮，打开"第4课\4.2.1　创建圆.dwg"素材文件，如图4-16所示。

02　开启正交模式，单击【绘图】面板中的【三点】按钮，绘制圆，如图4-17所示。命令行提示如下：

```
命令: _circle✓                                    //调用【圆】命令
指定圆的圆心或 [三点(3P)/两点(2P)/切点、切点、半径(T)]: 3P✓   //选择【三点（3P）】选项
指定圆上的第一个点                                  //捕捉左下方角点
指定圆上的第二个点：                                //捕捉中下方角点
指定圆上的第三个点：                                //捕捉右下方交点，完成圆绘制
```

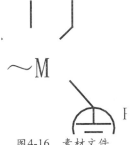
图4-16　素材文件

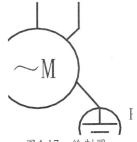
图4-17　绘制圆

在【圆】命令行中，各选项的含义如下：

★　圆心：基于圆心和直径（或半径）绘制圆。

★　三点（3P）：基于圆周上的三点绘制圆。

★　两点（2P）：基于圆直径上的两个端绘制圆。

★　切点、切点、半径（T）：创建相切于三个对象的圆。

4.2.2　创建圆环

圆环是由同一圆心、不同半径的两个同心圆组成的，控制圆环的主要参数是圆心、内直径和外直径。默认情况下圆环的两个圆形中间的面积填充为实心。如果圆环的内直径为0，则圆环为填充圆。

调用【圆环】命令的方法如下：

★　菜单栏：执行【绘图】|【圆环】命令。

★ 命令行：输入DONUT/DO命令。

★ 功能区：在【常用】选项卡中，单击【绘图】面板中的【圆环】按钮◎。

【案例4-6】：创建导流风机图形

　　导流风机是依靠输入的机械能，提高气体压力并排送气体的机械，它是一种从动的流体机械。

01 新建空白文件。调用L【直线】命令，绘制直线，尺寸如图4-18所示。

02 调用C【圆】命令，结合【中点捕捉】和【极轴追踪】功能，在矩形的内部绘制一个半径为132的圆，如图4-19所示。

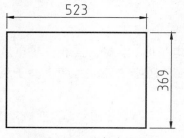

图4-18　绘制直线

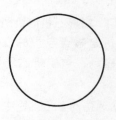

图4-19　绘制圆

03 调用L【直线】命令，结合【中点捕捉】功能，绘制直线，如图4-20所示。

04 调用DO【圆环】命令，结合【对象捕捉】功能，绘制圆环，如图4-21所示。命令行提示如下：

```
命令：DO/DONUT↙                          //调用【圆环】命令
指定圆环的内径 <0.5000>：10↙             //输入内径参数
指定圆环的外径 <1.0000>：50↙             //输入外径参数
指定圆环的中心点或 <退出>：↙              //捕捉直线左端点，完成圆环绘制
```

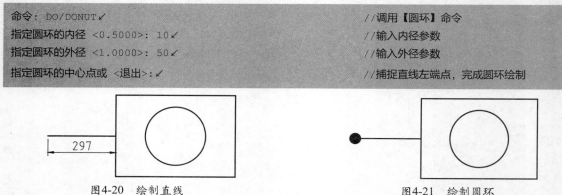

图4-20　绘制直线

图4-21　绘制圆环

05 调用CO【复制】命令，将新绘制的圆环和直线进行复制操作，如图4-22所示。

06 调用MT【多行文字】命令，在圆内部绘制多行文字；调用SPL【样条曲线】命令，绘制样条曲线，最终效果如图4-23所示。

　　技巧：AutoCAD在默认情况下绘制的圆环为实心图形，可以通过【FILL】命令控制填充的可见性。

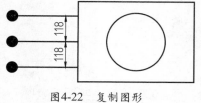

图4-22　复制图形

图4-23　绘制圆环

▌4.2.3　创建椭圆

　　椭圆是平面上到定点距离与到定直线间距离之比为常数的所有点的集合。

　　调用【椭圆】命令的方法如：

★　菜单栏：执行【绘图】|【椭圆】命令。

★　命令行：输入ELLIPSE/EL命令。

★　功能区：在【常用】选项卡中，单击【绘图】面板中的【椭圆】按钮 🔘。

【案例4-7】：　创建液位开关图形

液位开关，也称水位开关，液位传感器，顾名思义，就是用来控制液位的开关。

01　新建空白文件。调用LA【图层】命令，创建【虚线】图层，并设置其【线型】为【DASHED】，如图4-24所示。

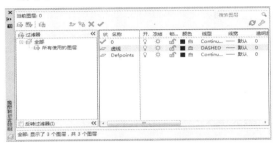

图4-24　创建图层

02　调用L【直线】命令，绘制直线，其尺寸如图4-25所示。

03　调用PL【多段线】命令，绘制【宽度】为0.2的多段线，如图4-26所示。

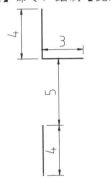

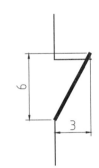

图4-25　绘制直线　　　　　　　　　　　图4-26　绘制多段线

04　调用L【直线】命令，绘制直线，其尺寸如图4-27所示。

05　调用EL【椭圆】命令，结合【对象捕捉】功能，捕捉新绘制直线交点，绘制椭圆，如图4-28所示。命令行提示如下：

命令：_ellipse✓	//调用【椭圆】命令
指定椭圆的轴端点或 [圆弧(A)/中心点(C)]：_c✓	//选择【中心点（C）】选项
指定椭圆的中心点：✓	//捕捉新绘制直线的交点
指定轴的端点：0.8✓	//指定短轴长度
指定另一条半轴长度或 [旋转(R)]：1.7✓	//指定长轴长度，完成椭圆绘制

06　调用TR【修剪】命令，修剪多余的图形，将修剪后的水平直线切换至【虚线】图层，最终效果如图4-29所示。

在命令行中，各选项的含义如下：

★　轴端点：根据两个端点定义椭圆的第一条轴。第一条轴的角度确定了整个椭圆的角度。第一条轴既可定义椭圆的长轴也可定义短轴。

★　圆弧（A）：创建一段椭圆弧。

★　中心点（C）：使用中心点、第一个轴的端点和第二个轴的长度来创建椭圆。可以通过单击所需距离处的某个位置或输入长度值来指定距离。

图4-27 绘制直线 　　　图4-28 绘制椭圆 　　　图4-29 最终效果

4.2.4 创建圆弧

圆弧是圆的一部分，圆弧的创建方式很多，在执行【圆弧】命令时，选择不同的选项，创建圆弧的方法也不同。圆弧不仅有圆心、半径，还有起点和端点。

调用【圆弧】命令的方法如下：

★ 菜单栏：执行【绘图】|【圆弧】命令。

★ 命令行：输入ARC/A命令。

★ 功能区：在【常用】选项卡中，单击【绘图】面板中的【圆弧】按钮 。

菜单栏中的【绘图】|【圆弧】子菜单中提供了11种绘制圆弧的子命令，各子命令的含义如下：

★ 三点：通过指定圆弧上的三点绘制圆弧，需要指定圆弧的起点、通过的第二个点和端点。

★ 起点、圆心、端点：通过指定圆弧的起点、圆心、端点绘制圆弧。

★ 起点、圆心、角度：通过指定圆弧的起点、圆心、包含角绘制圆弧。

★ 起点、圆心、长度：通过指定圆弧的起点、圆心、弦长绘制圆弧。

★ 起点、端点、角度：通过指定圆弧的起点、端点、包含角绘制圆弧。

★ 起点、端点、方向：通过指定圆弧的起点、端点和圆弧的起点切向绘制圆弧。

★ 起点、端点、半径：通过指定圆弧的起点、端点和圆弧半径绘制圆弧。

★ 圆心、起点、端点：通过指定圆弧的圆心、起点、端点方式绘制圆弧。

★ 圆心、起点、角度：通过指定圆弧的圆心、起点、圆心角方式绘制圆弧。

★ 圆心、起点、长度：通过指定圆弧的圆心、起点、弦长方式绘制圆弧。

★ 继续：绘制其他直线或非封闭曲线后，执行菜单栏中的【绘图】|【圆弧】|【继续】命令，系统将自动以刚才所绘制对象的终点作为即将绘制的圆弧的起点。

★ **【案例4-8】： 创建火警电话图形**

火警电话图形是一类安全标志图形，用于提示消防安全标示的设置信息，引起人们对不安全因素的注意，预防发生事故。

01 新建图形文件，调用L【直线】命令，绘制直线，尺寸如图4-30所示。

02 重新调用L【直线】和M【移动】命令，绘制其他直线图形，如图4-31所示。

03 调用A【圆弧】命令，结合【对象捕捉】功能，绘制圆弧，如图4-32所示。命令行提示如下：

```
命令：_arc✓                                          //调用【圆弧】命令
圆弧创建方向：逆时针(按住 Ctrl 键可切换方向)。
指定圆弧的起点或 [圆心(C)]：✓                          //捕捉内部左侧直线的左端点
指定圆弧的第二个点或 [圆心(C)/端点(E)]：@200,200✓       //指定第二点
```

指定圆弧的端点：✓   //捕捉内部右侧直线的右端点

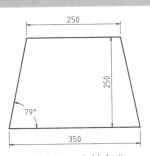

图4-30 绘制直线

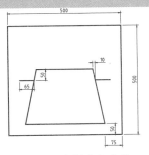

图4-31 绘制其他直线

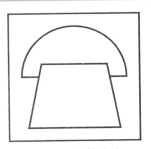

图4-32 绘制圆弧

【圆弧】命令的命令行选项含义如下：

★ 起点：使用圆弧周线上的三个指定点绘制圆弧。第一个点为起点。

★ 圆心（C）：通过指定圆弧所在圆的圆心开始。

4.3 创建平面图形对象

在AutoCAD中，平面图形对象包括有多线、矩形、多段线以及样条曲线等，下面将分别进行介绍。

4.3.1 创建多线

多线由多条平行线组合而成，平行线之间的距离可以随意设置，极大地提高绘图效率。【多线】命令一般用于绘制建筑墙体与电子路线图等。

调用【多线】命令的方法如下：

★ 菜单栏：执行【绘图】|【多线】命令。

★ 命令行：输入MLINE/ML命令。

【案例4-9】：创建双管格栅灯图形

双管格栅灯是一种照明灯具，适合安装在有吊顶的写字间。

01 新建图形文件，调用L【直线】和M【移动】命令，绘制直线，尺寸如图4-33所示。

02 调用ML【多线】命令，绘制多线，如图4-34所示。命令行提示如下：

命令：ML/MLINE✓	//调用【多线】命令
当前设置：对正 = 上，比例 = 1.00，样式 = STANDARD	
指定起点或 [对正(J)/比例(S)/样式(ST)]：s✓	//选择【比例（S）】选项
输入多线比例 <1.00>：112.5✓	//输入比例参数
当前设置：对正 = 上，比例 = 112.50，样式 = STANDARD	
指定起点或 [对正(J)/比例(S)/样式(ST)]：j✓	//选择【对正（J）】选项
输入对正类型 [上(T)/无(Z)/下(B)] <上>：z✓	//选择【无（Z）】选项
当前设置：对正 = 无，比例 = 112.50，样式 = STANDARD	
指定起点或 [对正(J)/比例(S)/样式(ST)]：✓	//指定左侧短垂直直线中点
指定下一点：✓	//指定右侧短垂直直线中点
指定下一点或 [放弃(U)]：✓	//按回车键结束，完成绘制

【多线】命令行选项含义如下：

★ 起点：指定多线的下一个顶点。

★ 对正（J）：设置绘制多线段时相对于输入点的偏移位置。

★ 比例（S）：控制多线的全局宽度。该比例不影响线型比例。

★ 样式（ST）：指定多线的样式。

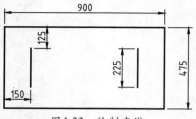

图4-33　绘制直线

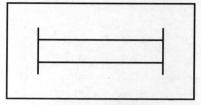

图4-34　绘制多线

4.3.2　编辑多线

除了可以使用【分解】等命令编辑多线以外，还可以在AutoCAD中自带的【多线编辑工具】对话框中编辑。

启动【编辑多线】功能的常用方法有以下几种：

★ 菜单栏：执行【修改】|【对象】|【多线】命令。

★ 命令行：输入MLEDIT命令。

执行以上任一命令，均可以打开【多线编辑工具】对话框，如图4-35所示。

图4-35　【多线编辑工具】对话框

在【多线编辑工具】对话框中，各选项的含义如下：

★ 【十字闭合】按钮：在两条多线之间创建闭合的十字交点。

★ 【十字打开】按钮：在两条多线之间创建打开的十字交点，打断将插入第一条多线的所有元素和第二条多线的外部元素。

★ 【十字合并】按钮：在两条多线之间进行创建合并的十字交点，选择多线的次序并不重要。

★ 【T形闭合】按钮：在两条多线之间创建闭合的T形交点，将第一条多线修剪或延伸到第二条多线的交点处。

★ 【T形打开】按钮：在两条多线之间创建打开的T形交点，将第一条多线修剪或延伸到第二条多线的交点处。

★ 【T形合并】按钮：在两条多线之间创建合并的T形交点，将多线修剪或延伸到与另一条多线的交点处。

★ 【角点结合】按钮：在多线之间创建角点结合，将多线修剪或延伸到其交点处，使其合成一个角点。

★ 【添加顶点】按钮 ║▸：向多线上添加一个顶点。

★ 【删除顶点】按钮 ▸║：从多线上删除一个顶点。

★ 【单个剪切】按钮 ║·║：在选定多线元素中创建可见打断。

★ 【全部剪切】按钮 ║·║：创建穿过整条多线的可见打断，将多线剪切为两个部分。

★ 【全部接合】按钮 ║·║：将已被剪切的多线线段重新接合起来。

▌4.3.3　创建矩形

　　【矩形】命令可以创建矩形形状的闭合多段线，在创建矩形对象时，可以指定长度、宽度、面积和旋转的参数，也可以控制矩形上的角点类型，如圆角、倒角或直角。

　　调用【矩形】命令的方法如下：

★ 菜单栏：执行【绘图】|【矩形】命令。

★ 命令行：输入RECTANG/REC命令。

★ 功能区：在【默认】选项卡中，单击【绘图】面板中的【矩形】按钮 ▢。

【案例4-10】：　创建嵌入式方格栅顶灯

　　嵌入式方格栅顶灯图形是一种照明灯具图形，其光源一般是日光灯管。

01 新建图形文件，调用REC【矩形】命令，绘制矩形，如图4-36所示。命令行提示如下：

```
命令: _rectang↙                                              //调用【矩形】命令
指定第一个角点或 [倒角(C)/标高(E)/圆角(F)/厚度(T)/宽度(W)]: ↙      //指定矩形第一角点
指定另一个角点或 [面积(A)/尺寸(D)/旋转(R)]: @500,-500↙           //指定矩形第二角点, 完成绘制
```

02 调用O【偏移】命令，将新绘制的矩形向内偏移58，如图4-37所示。

03 调用X【分解】命令，分解内部矩形，调用O【偏移】命令，修改【偏移距离】为128，偏移图形，最终效果如图4-38所示。

图4-36　绘制矩形

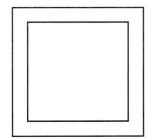
图4-37　偏移图

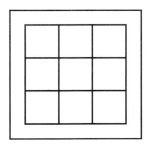
图4-38　最终效果

　　在【矩形】命令行中各选项含义如下：

★ 倒角（C）：设置矩形的倒角距离，需指定矩形的两个倒角距离。

★ 标高（E）：指定矩形的平面高度，默认情况下，矩形在XY平面内。

★ 圆角（F）：指定矩形的圆角半径。

★ 厚度（T）：设置矩形的厚度，一般在创建矩形时，经常使用该选项。

★ 宽度（W）：为要创建的矩形指定多段线的宽度。

★ 面积（A）：用于设置矩形的面积来绘制图形。

★ 尺寸（D）：可以通过设置长度和宽度尺寸来绘制矩形。

★ 旋转（R）：用于绘制倾斜的矩形。

▌4.3.4　创建多段线

　　多段线是由多条可以改变线宽的线段或是圆弧相连而成的复合体。

调用【多段线】命令的方法如下：

★ 菜单栏：执行【绘图】|【多段线】命令。

★ 命令行：输入PLINE/PL命令。

★ 功能区：在【默认】选项卡中，单击【绘图】面板中的【多段线】按钮 。

【案例4-11】： 创建火灾发声警报器图形

火灾发声警报器能以两总线制方式挂接本公司生产的EI系列剩余电流式电气火灾监控探测器，接收并显示火灾报警信号和剩余电流监测信息，发出声、光报警信号。

01 新建图形文件，调用L【直线】命令，结合【极轴追踪】功能，绘制直线，尺寸如图4-39所示。

02 调用REC【矩形】命令，结合【捕捉自】和【对象捕捉】功能，绘制矩形，尺寸如图4-40所示。

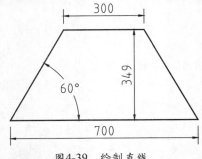

图4-39 绘制直线

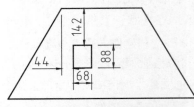

图4-40 绘制矩形

03 调用PL【多段线】命令，绘制多段线，如图4-41所示。命令行提示如下：

```
命令: PL/PLINE✓                                                  //调用【多段线】命令
指定起点: from✓                                                  //调用【捕捉自】命令
基点: <偏移>: @0,-20✓                                            //捕捉矩形右上方端点
当前线宽为 0.0000
指定下一个点或 [圆弧(A)/半宽(H)/长度(L)/放弃(U)/宽度(W)]: @160,20✓            //输入端点参数
指定下一点或 [圆弧(A)/闭合(C)/半宽(H)/长度(L)/放弃(U)/宽度(W)]: @-40,-88✓       //输入端点参数
指定下一点或 [圆弧(A)/闭合(C)/半宽(H)/长度(L)/放弃(U)/宽度(W)]: @-120,20✓        //输入端点参数
指定下一点或 [圆弧(A)/闭合(C)/半宽(H)/长度(L)/放弃(U)/宽度(W)]: ✓                //按回车键结束
```

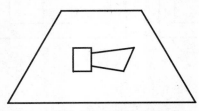

图4-41 绘制多段线

图4-42 绘制矩形

在【多段线】命令行各选项含义如下：

★ 圆弧（A）：将圆弧段添加到多段线中。

★ 半宽（H）：指定从宽多段线线段的中心到其一边的宽度。

★ 长度（L）：在与上一线段相同的角度方向上绘制指定长度的直线段。如果上一线段是圆弧，将绘制与该圆弧段相切的新直线段。

★ 放弃（U）：删除最近一次添加到多段线上的直线段。

★ 宽度（W）：指定下一条直线段的宽度。

4.3.5 创建样条曲线

样条曲线是一种能够自由编辑的曲线，在曲线的周围显示控制点，可以通过调整曲线上的起点、控制点来控制曲线形状。样条曲线既可以是二维曲线，也可以是三维曲线，适用于表达各种具有不规则变化曲率半径的曲线。

调用【样条曲线】命令的方法如下：

★ 菜单栏：执行【绘图】|【样条曲线】命令。

★ 命令行：输入SPLINE/SPL命令。

★ 功能区：在【默认】选项卡中，单击【绘图】面板中的【样条曲线拟合】按钮 或是【样条曲线控制点】按钮 。

【案例4-12】： 创建整流器图形

整流器是把交流电转换成直流电的装置，可用于供电装置及侦测无线电信号等。整流器可以由真空管、引燃管、固态矽半导体二极管、汞弧等制成。

01 新建图形文件，调用REC【矩形】命令，绘制一个500×500的矩形，如图4-42所示。

02 调用L【直线】命令，结合【对象捕捉】功能，绘制直线，尺寸如图4-43所示。

03 调用SPL【样条曲线】命令，绘制样条曲线，如图4-44所示。命令行提示如下：

```
命令：SPL/SPLINE↙                              //调用【样条曲线】命令
当前设置：方式=拟合    节点=弦
指定第一个点或 [方式(M)/节点(K)/对象(O)]：     //指定第一点
输入下一个点或 [起点切向(T)/公差(L)]：          //指定第二点
输入下一个点或 [端点相切(T)/公差(L)/放弃(U)]：   //指定第三点
输入下一个点或 [端点相切(T)/公差(L)/放弃(U)/闭合(C)]：↙  //指定第四点，按回车键结束，完成绘制
```

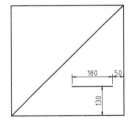

图4-43 绘制直线

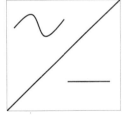

图4-44 绘制样条曲线

【样条曲线】命令行各选项含义如下：

★ 第一个点：指定样条曲线的第一个点，或者是第一个拟合点或者是第一个控制点，具体取决于当前所用的方法。

★ 方式（M）：控制是使用拟合点还是使用控制点来创建样条曲线。

★ 节点（K）：指定节点参数化，它是一种计算方法，用来确定样条曲线中连续拟合点之间的零部件曲线如何过渡。

★ 对象（O）：将二维或三维的二次或三次样条曲线拟合多段线转换成等效的样条曲线。根据DELOBJ系统变量的设置，保留或放弃原多段线。

4.4 创建图案填充对象

【图案填充】命令可以对封闭区域进行图案填充。在指定图案填充边界

时，可以在闭合区域中任选一点，由AutoCAD自动搜索闭合边界，或通过选择对象来定义边界。

4.4.1 认识图案填充

在工程制图中，填充图案主要被用于表达各种不同的工程材料，例如在建筑剖面图中，为了清楚表现物体中被剖切的部分，在横断面上应该绘制表示建筑材料的填充图案；在机械零件的剖视图和剖面图上，为了分清零件的实心和空心部分，国标规定被剖切到的部分应绘制填充图案，不同的材料采用不同填充图案。

1. 图案边界

在进行图案填充的时候，首先得确定填充图案的边界，边界由构成封闭区域的对象来确定，而且作为边界的对象在当前图层上必须全部可见。

2. 孤岛

图案填充时，我们通常将位于一个已定义好的填充区域内的封闭区域称为孤岛。在调用图案填充命令时，AutoCAD系统允许用户以拾取点的方式确定填充边界，即在所要填充的区域内任意拾取一点，系统就会自动确定填充边界，同时也确定该边界内的孤岛。如果用户以选择对象的方式确定填充边界，则必须确切地选取这些孤岛。

4.4.2 创建图案填充

在AutoCAD 2014中，调用【图案填充】命令的方法如下：

★ 菜单栏：执行【绘图】|【图案填充】命令。

★ 命令行：输入HATCH/H命令。

★ 功能区：在【默认】选项卡中，单击【绘图】面板中的【图案填充】按钮。

【案例 4-13】：创建自带照明的应急照明灯

应急照明灯是一种能在正常照明电源发生故障时，能有效地照明和显示疏散通道，或能持续照明而不间断工作的一类灯具。

01 新建图形文件，调用REC【矩形】命令，绘

制一个7×7的矩形，调用O【偏移】命令，将新绘制的矩形向内偏移1，如图4-45所示。

02 调用L【直线】命令，结合【端点捕捉】功能，绘制内部矩形的对角线，尺寸如图4-46所示。

03 调用E【删除】命令，删除内部矩形，如图4-47所示。

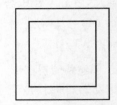

图4-45　绘制并偏移矩形

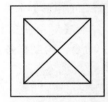

图4-46　绘制对角线　图4-47　删除图形

04 调用C【圆】命令，捕捉对角线的交点为圆心，绘制半径为1的圆，如图4-48所示。

05 调用H【图案填充】命令，打开【图案填充创建】选项卡，选择【SOLID】图案，如图4-49所示。

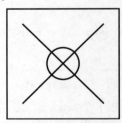

图4-48　绘制圆

图4-49　选择【SOLID】图案

06 在绘制的圆内，单击鼠标，即可创建图案填充，如图4-50所示。

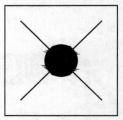

图4-50　创建图案填充

4.4.3　编辑图案填充

在为图形填充了图案后，如果对填充效果不满意，还可以通过图案填充编辑命令对其进行编辑。编辑内容包括填充比例、旋转角度和填充图案等方面。

在AutoCAD 2014中，调用【编辑图案填充】命令的方法如下：

★ 菜单栏：执行【修改】|【对象】|【图案填充】命令。

★ 命令行：输入HATCHEDIT命令。

★ 功能区：在【默认】选项卡中，单击【修改】面板中的【编辑填充图案】按钮。

★ 绘图区：在绘图区双击图案填充对象。

★ 右键快捷的方式：选中要编辑的对象，单击鼠标右键，在弹出的快捷菜单中选择【图案填充编辑】选项。

【案例 4-14】：编辑预作用报警阀图形

预作用报警阀是由两阀叠加而成，故它同时兼备湿式阀与雨淋阀的功能，其预作用系统通常由供水设施（消防水泵）、预作用装置（侧腔压力控制系统通常采用电动控制系统）、信号蝶阀、水流指示器及装有闭式喷头的闭式管网等组成。

01　单击【快速访问】工具栏中的【打开】按钮，打开"第4课\4.4.3　编辑图案填充.dwg"素材文件，如图4-51所示。

图4-51　素材文件

02　单击【修改】面板中的【编辑图案填充】

按钮，选择图案填充对象，打开【图案填充编辑】对话框，如图4-52所示。

图4-52　【图案填充编辑】对话框

03　单击【样例】右侧的按钮，打开【填充图案选项板】对话框，选择【SOLID】图案，如图4-53所示。

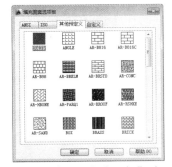

图4-53　【填充图案选项板】对话框

04　依次单击【确定】按钮，即可编辑图案填充，最终图形效果如图4-54所示。

图4-54　编辑图案后的效果

4.5　实例应用

4.5.1　绘制食堂配电箱接线图

配电箱接线图的主要作用是将食堂用电归纳到一个总的电路分配箱中，然后从总电路分配箱中进行单线路分配。本实例通过绘制如图4-55所示食堂配电箱接线图，主要练习多段线、直线、复制、修剪等命令的应用方法。

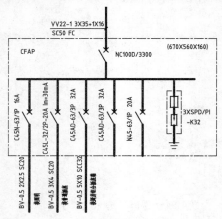

图4-55　食堂配电箱接线图

01　单击【快速访问】工具栏中的【新建】按钮，打开【选择样板】对话框，选择【acadiso.dwt】样板文件，如图4-56所示，单击【打开】按钮，新建文件。

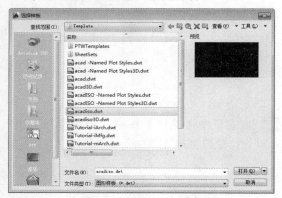

图4-56　【选择样板】对话框

02　调用LA【图层】命令，打开【图层特性管理器】对话框，依次新建【标注】、【电气元件】、【框图】、【文字】和【线路】图层，如图4-57所示。

图4-57　新建图层

03　调用ST【文字样式】命令，打开【文字样式】对话框，在【Standard】样式中修改字体，如图 4-58所示，单击【应用】和【关闭】按钮，完成文字样式设置。

图4-58　【文字样式】对话框

04　将【电气元件】图层置为当前，调用PL【多段线】命令，修改【宽度】为15，绘制断路器符号，尺寸如图4-59所示。

05　调用PL【多段线】命令，修改【宽度】为15，绘制图形，尺寸如图4-60所示。

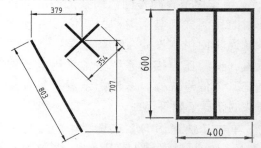

图4-59　绘制断路器符号 图4-60　绘制电气元件

06　调用PL【多段线】命令，修改【宽度】为15，绘制图形；再次修改【起始宽度】为55，【终止宽度】为0，绘制图形，如图4-61所示。

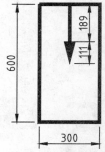

图4-61　绘制电气元件

07　将【线路】图层置为当前。调用L【直线】命令，绘制线路图形，尺寸如图4-62所示。

08　调用O【偏移】命令，将左下方的垂直直线进行偏移操作，尺寸如图4-63所示。

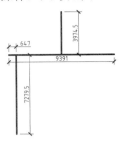

图4-62　绘制图形

图4-63　偏移图形

09 调用CO【复制】命令，将断路器符号进行复制操作，如图4-64所示。

10 调用CO【复制】命令和M【移动】命令，将其他的电气元件复制到线路图中，如图4-65所示。

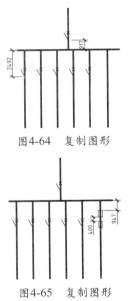

图4-64　复制图形

图4-65　复制图形

11 将【电气元件】图层置为当前。调用L【直线】和O【偏移】命令，绘制直线，尺寸如图4-66所示。

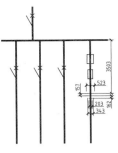

图4-66　绘制直线

12 将【框图】图层置为当前。调用REC【矩形】和M【移动】命令，绘制矩形，如图4-67所示。

13 调用TR【修剪】命令，修剪多余的图形，如图4-68所示。

14 将【文字】图层置为当前。调用MT【多行文字】命令，创建相应的多行文字，尺寸如图4-69所示。

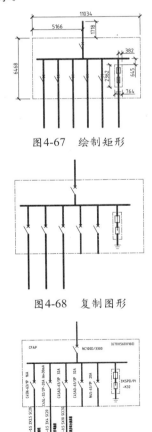

图4-67　绘制矩形

图4-68　复制图形

图4-69　创建多行文字

15 调用MLD【多重引线】命令，创建多重引线，如图4-70所示。

16 将【0】图层置为当前。调用PL【多段线】命令和【L】直线命令，完善图形，最终效果如图4-71所示。

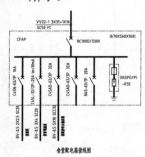

图4-70　创建多重引线

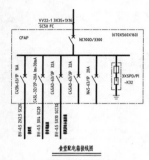

图4-71　最终效果

4.5.2　绘制住户多媒体配电箱接线图

住户多媒体配电箱接线图的主要作用是将所有住户的多媒体接线用电归纳到一个总的电路分配箱中，然后从总电路分配箱中进行单线路分配到各住户。本实例通过绘制如图4-72所示住户多媒体配电箱接线图，主要练习矩形、多行文字、多段线、直线、移动、复制以及修剪命令的应用方法。

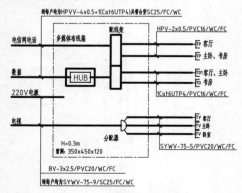

图4-72　住户多媒体配电箱接线图

01 新建空白文件。调用LA【图层】命令，打开【图层特性管理器】按钮，依次新建【标注】、【电气元件】、【框图】、【文字】和【线路】图层；调用ST【文字样式】命令，打开【文字样式】对话框，在【Standard】样式中修改字体，单击【应用】和【关闭】按钮，完成文字样式设置。

02 将【电气元件】图层置为当前。调用REC【矩形】命令，修改【宽度】为20，绘制1097×560的矩形，如图4-73所示。

图4-73　绘制矩形

03 调用MT【多行文字】命令，输入"HUB"，完成集线器的创建，效果如图4-74所示。

图4-74　创建集线器

04 调用PL【多段线】命令，修改【宽度】为15，绘制多段线；调用MT【多行文字】命令，输入"TD1"，完成单孔信息插座的绘制，如图4-75所示。

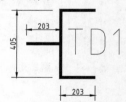

图4-75　绘制单孔信息插座图

05 调用CO【复制】命令，复制三份单孔信息插座图形，分别双击文字进行编辑修改，完成如图4-76所示的电话用户插座、如图4-77所示的电视用户终端以及如图4-78所示的数据插座的绘制。

图4-76　绘制电话用户插座　图4-77　绘制电视用户终端

图4-78 绘制数据插座

06 调用L【直线】命令和A【三点圆弧】命令，结合【对象捕捉】功能，绘制图形，并将新绘制图形的【线宽】修改为【0.30mm】，如图4-79所示。

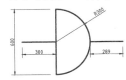

图4-79 绘制图形

07 调用RO【旋转】命令，将最右侧的水平直线，分别进行53°和-53°的旋转复制，完成三路分配器的绘制，如图4-80所示。

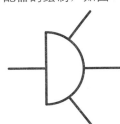

图4-80 绘制三路分配器

08 将【线路】图层置为当前，调用L【直线】命令，绘制一条长度为9839的水平直线；调用O【偏移】命令，将新绘制的水平直线依次向下偏移，如图4-81所示。

图4-81 绘制并偏移图形

09 调用REC【矩形】命令，结合【临时点捕捉】和【对象捕捉】功能，绘制矩形，如图4-82所示。

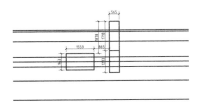

图4-82 绘制矩形

10 调用M【移动】命令和CO【复制】命令，将电气元件插入到线路图中，如图4-83所示。

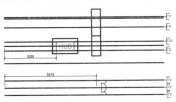

图4-83 移动并复制图形

11 调用TR【修剪】命令，修剪多余的图形，如图4-84所示。

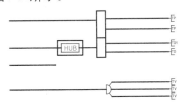

图4-84 修剪图形

12 将【框图】图层置为当前。调用REC【矩形】命令，结合【对象捕捉】功能，绘制矩形，如图 4-85所示。

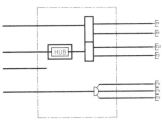

图4-85 绘制矩形

13 将【文字】图层置为当前。调用MLD【多重引线】命令，在相应的位置依次创建多重引线对象，其图形效果如图4-86所示。

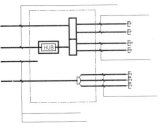

图4-86 创建多重引线

14 调用MT【多行文字】命令，在相应的文字创建多行文字，如图 4-87所示。

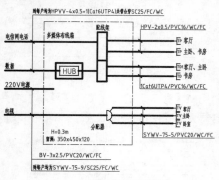

图4-87　创建多行文字

15 将【0】图层置为当前。调用PL【多段线】命令和L【直线】命令，完善图形，最终效果如图 4-88所示。

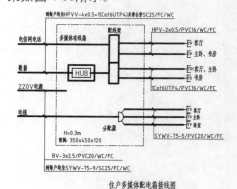

图4-88　最终效果

4.6 课后练习

4.6.1　绘制压电式传声器

　　压电式传声器是基于压电效应的传感器。是一种自发电式和机电转换式传感器。它的优点是频带宽、灵敏度高、信噪比高、结构简单、工作可靠和重量轻等。本实例通过绘制如图 4-89所示压电式传声器图形，主要考察圆、矩形、直线以及多段线命令的应用方法。

图4-89　压电式传声器

提示步骤如下：

01 新建空白文件。调用C【圆】命令，绘制圆，如图4-90所示。

02 调用L【直线】命令，绘制直线，如图4-91所示。

03 调用REC【矩形】命令和PL【多段线】命令，完善图形，如图4-92所示。

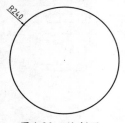

图4-90　绘制圆

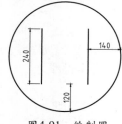

图4-91　绘制圆

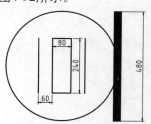

图4-92　最终效果

4.6.2 绘制三相自耦变压器

三相自耦变压器是指原绕组和副绕组间除了有磁的联系外，还有电联系的变压器，三相自耦变压器与普通变压器的工作原理基本相同。本实例通过绘制如图4-93所示三相自耦变压器图形，主要考察多段线、复制以及直线命令的应用方法。

图4-93　三相自耦变压器

提示步骤如下：

01 新建空白文件。调用PL【多段线】命令，绘制多段线，如图4-94所示。

02 调用CO【复制】命令，复制多段线，如图4-95所示。

03 调用L【直线】命令，绘制直线，最终效果如图4-96所示。

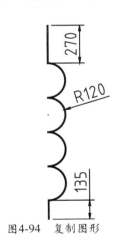

图4-94　复制图形

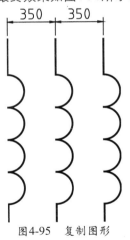

图4-95　复制图形

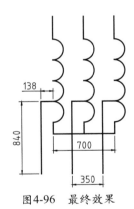

图4-96　最终效果

第5课
编辑二维电气图形

在AutoCAD中，单纯地使用绘图命令或绘图工具只能绘制一些基本的图形，为了绘制复杂图形，很多情况下都必须借助图形编辑命令。本章主要介绍了编辑二维图形的基本方法，使用编辑命令，能够方便地改变图形的大小、位置、方向、数量及形状，从而绘制出更为复杂的图形。通过本章的学习，我们能够全面掌握二维图形的基本编辑方法。

【本课知识】：

1. 掌握图形对象的选择方法。
2. 掌握图形位置的修改方法。
3. 掌握图形形状的修改方法。

5.1 选择图形对象

在AutoCAD 2014中编辑图形之前，首先需要选择编辑对象。AutoCAD用虚线亮显所选的对象，这些对象就构成了选择集。选择集可以包含单个对象，也可以包含复杂的对象编组。

5.1.1 选择单个对象

选择单个对象一般使用点选方式，它也是最简单、最常用的一种选择方式。直接用十字光标在绘图区中单击需要选择的对象，如图5-1所示，选择柱子上的一条直线。如果连续单击其他对象则可同时选择多个对象，如图5-2所示。

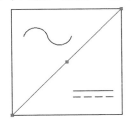 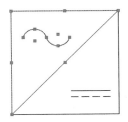

图5-1 选择单个图形　　图5-2 同时选择多个图形

5.1.2 选择多个对象

在AutoCAD 2014中，有时需要选择多个对象进行编辑操作，而如果一个一个地单击完成多个对象选择操作，这将是一项很麻烦的编辑操作，不仅花费操作者的时间和精力，而且还影响工作效率。能够同时选择多个对象就显得非常有必要了。

在命令行中输入SELECT命令，或在调用其他命令过程中命令行出现"选择对象："提示时，输入"？"，命令行将显示相关提示，输入不同的选项将使用不同的选择方法。

> 需要点或窗口(W)/上一个(L)/窗交(C)/框(BOX)/全部(ALL)/栏选(F)/圈围(WP)/圈交(CP)/编组(G)/添加(A)/
> 删除(R)/多个(M)/前一个(P)/放弃(U)/自动(AU)/单个(SI)/子对象(SU)/对象(O)：

1. 窗口框选图形

窗口选择对象是指按住鼠标左键向右上方或右下方拖动，框住需要选择的对象。此时绘图区将出现一个实线的矩形方框，释放鼠标后，被方框完全包围的对象将被选中，如图5-3所示，虚线显示部分为被选择的部分。

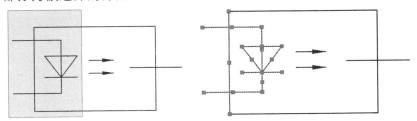

图5-3 窗口框选图形

2. 窗交选择图形

窗交选择对象的选择方向正好与窗口选择相反，它是按住鼠标左键向左上方或左下方拖动，框住需要选择的对象。此时绘图区将出现一个虚线的矩形方框，释放鼠标后，与方框相交和被方框完全包围的对象都将被选中，如图5-4所示，虚线显示部分为被选择的部分。

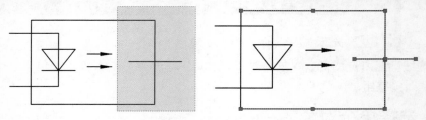

图5-4　窗交选择图形

3. 栏选图形

栏选图形即在选择图形时拖拽出任意折线，凡是与折线相交的图形对象均被选中，如图5-5所示，虚线显示部分为被选择的部分。使用该方式选择连续性对象非常方便，但栏选线不能封闭或相交。

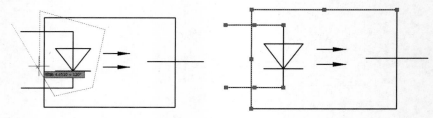

图5-5　栏选图形

4. 圈围选择图形

圈围对象是一种多边形窗口选择方法，与窗口选择对象的方法类似。不同的是，圈围方法可以构造任意形状的多边形，完全包含在多边形区域内的对象才能被选中，如图5-6所示，虚线显示部分为被选择的部分。

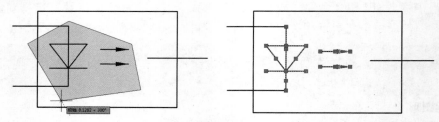

图 5-6　圈围选择图形

5. 圈交选择图形

圈交对象是一种多边形窗交选择方法，与窗交选择对象的方法类似。不同的是，圈交方法可以构造任意形状的多边形，以及绘制任意闭合但不能与选择框自身相交或相切的多边形，且选择多边形中与它相交的所有对象，如图5-7所示的虚线的显示部分为被选择的部分。

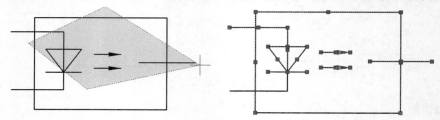

图5-7　圈交选择图形

5.1.3　全选图形对象

使用【全选】功能，可以选择整张图纸中解冻图层上的所有对象。

在AutoCAD 2014中，启动【全选】功能的常用方法有以下几种。

★　功能区：在【默认】选项卡中，单击【实用工具】面板中的【全部选择】按钮。

★　快捷键：按Ctrl+A组合键。

执行以上任一命令，均可以选择全部图形，如图5-8所示。

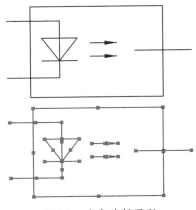

图5-8　全部选择图形

5.1.4　快速选择图形

快速选择是指可以根据对象的图层、线型、颜色、图案填充等特性和类型创建选择集，继而可以准确快速的从复杂的图形中选择满足某种特性的图形对象。

在AutoCAD 2014中，启动【快速选择】功能的常用方法有以下几种：

★　菜单栏：执行【工具】|【快速选择】命令。

★　命令行：在命令行中输入QSELECT命令。

★　功能区：在【默认】选项卡中，单击【实用工具】面板的【快速选择】按钮。

【案例 5-1】：　通过【快速选择】修改控制系统框

01　单击【快速访问】工具栏中的【打开】按钮，打开"第5课\5.1.4　快速选择图形.dwg"素材文件，如图5-9所示。

02　单击【实用工具】面板的【快速选择】按钮，打开【快速选择】对话框，在【特

性】列表框中，选择【图层】选项，在【值】列表框中，选择【文字】选项，如图5-10所示。

03　单击【确定】按钮，即可快速选择图形，如图5-11所示。

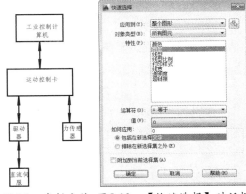

图5-9　素材文件　图5-10　【快速选择】对话框

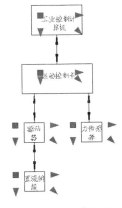

图5-11　快速选择图形

04　在【特性】面板中，单击【对象颜色】列表框，选择【红】选项，如图5-12所示。

05　按Esc键退出，即可更改选择图形的颜色，最终效果如图5-13所示。

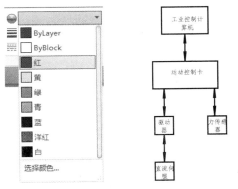

图5-12　选择【红】选项　图5-13　最终效果

在【快速选择】对话框中，各选项的含

义如下：

★ 应用到：选择所设置的过滤条件是应用到整个图形还是当前的选择集。如果当前图形中已有一个选择集，则可以选择【当前选择】。

★ 【选择对象】按钮：单击该按钮将临时关闭【快速选择】对话框，允许用户选择要对其应用过滤条件的对象。

★ 对象类型：指定包含在过滤条件中的对象类型，如果过滤条件应用到整个图形，则该列表框中将列出整个图形中所有可用的对象类型。如果图形中已有一个选择集，则该列表框中将只列出该选择集中的对象类型。

★ 特性：指定过滤器的对象特性。

★ 运算符：控制过滤器中对象特性的运算范围。

★ 值：指定过滤器的特性值。

★ 如何应用：指定将符合过滤条件的对象包括在新选择集内还是排除在外。

★ 【附加到当前选择集】复选框：指定创建的选择集替换还是附加到当前选择集。

5.1.5 过滤选择图形

在AutoCAD 2014中，如果需要在复杂的图形中选择某个指定对象，可以采用过滤选择集进行选择。在命令行中输入FILTER命令，并按回车键，可以打开【对象选择过滤器】对话框，如图5-14所示。

在【对象选择过滤器】对话框中，各选项的含义如下：

★ 过滤器特性列表：显示组成当前过滤器的过滤器特性列表。

★ 【选择过滤器】列表框：单击其右侧的下拉按钮，在弹出的下拉列表中，选择要过滤的对象类型。

★ 【X、Y、Z】数值框：可以选择或输入对应的关系运算符。

★ 【添加到列表】按钮：单击该按钮，可以将选择的过滤器及附加条件添加到过滤器列表框中。

★ 【替换】按钮：单击该按钮，可以将当前【选择过滤器】选项区中的设置代替过滤器列表框中选定的过滤器。

★ 【添加选定对象】按钮：单击该按钮，可以向过滤器列表中添加图形中的一个选定对象。

★ 【编辑项目】按钮：单击该按钮，可以将选定的过滤器特性移动到【选择过滤器】区域进行编辑，已编辑的过滤7器将替换选定的过滤器特性。

★ 【删除】按钮：单击该按钮，可以从当前过滤器中删除选定的过滤器特性。

★ 【清除列表】按钮：单击该按钮，可以从当前过滤器中删除所有列出的特性。

★ 【命名过滤器】选项组：单击该按钮，可以显示、保存和删除过滤器。

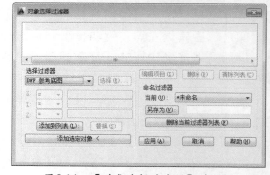

图5-14 【对象选择过滤器】对话框

5.2 修改图形的位置

在绘制图形时，若绘制的图形位置错误，通过移动、旋转、缩放以及删除命令，可以调整图形的位置。

5.2.1 移动图形

移动命令是指图形对象的位置平行移动，移动过程中图形的大小、形状和角度都是不改变的。

在AutoCAD 2014中，启动【移动】功能的常用方法有以下几种：

★ 菜单栏：执行【修改】|【移动】命令。

★ 命令行：在命令行中输入MOVE/M命令。

★ 功能区：在【默认】选项卡中，单击【修改】面板中的【移动】按钮✛。

【案例5-2】：通过【移动】修改低压电气图

01 单击【快速访问】工具栏中的【打开】按钮，打开"第5课\5.2.1 移动图形.dwg"素材文件，如图5-15所示。

02 单击【修改】面板中的【移动】按钮✛，移动图形，如图5-16所示。命令行提示如下：

```
命令：_move↙                              //调用【移动】命令
选择对象：指定对角点：找到 48 个↙        //框选右下方所有图形
选择对象：
指定基点或 [位移(D)] <位移>：↙           //捕捉选择图形的左上方端点
指定第二个点或 <使用第一个点作为位移>：@-55,52↙   //输入第二点坐标，完成移动
```

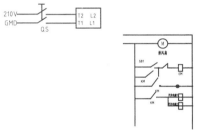

图5-15 素材文件

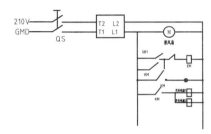

图5-16 移动图形效果

注意：使用Move（移动）命令移动图形将改变图形的实际位置，从而使图形产生物理上的变化；使用Pan（实时平移）命令移动图形只能在视觉上调整图形的显示位置，并不能使图形发生物理上的变化。

5.2.2 旋转图形

【旋转】命令是将图形对象绕一个固定的点(基点)旋转一定的角度。在调用命令的过程中，需要确定的参数有：旋转对象、旋转基点和旋转角度。逆时针旋转的角度为正值，顺时针旋转的角度为负值。

在AutoCAD 2014中，启动【旋转】功能的常用方法有以下几种：

★ 菜单栏：执行【修改】|【旋转】命令。

★ 命令行：在命令行中输入ROTATE/RO命令。

★ 功能区：在【默认】选项卡中，单击【修改】面板中的【旋转】按钮↻。

【案例5-3】：旋转带隔离变压器的电源插座

电源插座上带隔离变压器是在使用某些电器时为了人身安全而加设的。其接入的方法是：首选把隔离变压器的一边接头接入电源插座，另一边接一个插座，在从隔离变压器接入的插座上就可以插接维修的家用电器了。

01 单击【快速访问】工具栏中的【打开】按钮，打开"第5课\5.2.2 旋转图形.dwg"素材文件，如图5-17所示。

02 单击【修改】面板中的【旋转】按钮 ⟳，旋转图形，如图5-18所示。命令行提示如下：

命令: _rotate✓	//调用【旋转】命令
UCS 当前的正角方向: ANGDIR=逆时针 ANGBASE=0	
选择对象: 指定对角点: 找到 4 个✓	//框选右侧的图形
选择对象:指定基点: ✓	//捕捉选择图形的上方交点
指定旋转角度, 或 [复制(C)/参照(R)] <0>: -30✓	//输入角度参数, 完成旋转操作

在【旋转】命令行中，各选项含义如下：

★ 旋转角度：逆时针旋转的角度为正值，顺时针旋转的角度为负值。

★ 复制（C）：创建要旋转的对象的副本，即保留源对象。

★ 参照（R）：按参照角度和指定的新角度旋转对象。

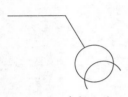

图5-17　素材文件

图5-18　旋转图形效果

▌5.2.3　缩放图形

　　【缩放】命令是将已有图形对象以基点为参照，进行等比例缩放，它可以调整对象的大小，使其在一个方向上按要求增大或缩小一定的比例。在调用命令的过程中，需要确定的参数有缩放对象、基点和比例因子。比例因子也就是缩小或放大的比例值，比例因子大于1时，放大图形，反之则缩小图形。

　　在AutoCAD 2014中，启动【缩放】功能的常用方法有以下几种：

★ 菜单栏：执行【修改】|【缩放】命令。

★ 命令行：在命令行中输入SCALE/SC命令。

★ 功能区：在【默认】选项卡中，单击【修改】面板中的【缩放】按钮 ▢。

【案例5-4】：　缩放聚光灯图形

　　聚光灯指使用聚光镜头或反射镜等聚成的光。反射灯的点光型比较简单，对于超近摄影，利用显微镜用照明装置或幻灯机照明，可获效果较好的点光照明。

01 单击【快速访问】工具栏中的【打开】按钮，打开"第5课\5.2.3 缩放图形.dwg"素材文件，如图5-19所示。

02 单击【修改】面板中的【缩放】按钮 ▢，缩放图形，如图5-20所示。命令行提示如下：

命令: _scale✓	//调用【缩放】命令
选择对象: 指定对角点: 找到 2 个	
选择对象: 找到 1 个, 总计 3 个✓	//选择圆和对角线对象
选择对象:	
指定基点: ✓	//捕捉圆心点为基点
指定比例因子或 [复制(C)/参照(R)]: 0.3✓	//输入比例参数, 完成缩放操作

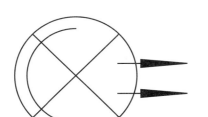 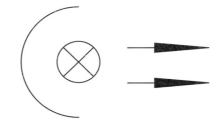

图5-19　素材文件　　　　　　　　　　　图5-20　缩放图形效果

在【缩放】命令行中，各选项含义如下：

★ 比例因子：缩小或放大的比例值，比例因子大于1时，缩放结果是放大图形；比例因子小于1时，缩放结果是缩小图形；比例因子为1时图形不变。

★ 复制（C）：创建要缩放的对象的副本，即保留源对象。

★ 参照（R）：按参照长度和指定的新长度缩放所选对象。

5.2.4　删除图形

通过选择集的设置，用户可以根据习惯来改变拾取框、夹点显示以及选择视觉效果等。

在AutoCAD 2014中，启动【删除】功能的常用方法有以下几种：

★ 菜单栏：执行【修改】|【删除】命令。

★ 命令行：在命令行中输入ERASE/E命令。

★ 功能区：在【默认】选项卡中，单击【修改】面板中的【删除】按钮 ⊙。

★ 快捷键：按Delete键。

【案例5-5】： **删除带保护接点电源插座**

带保护节点电源插座是一种带有保护装置的插座，其保护接点可以从外面直接取出进行维护更换。

01 单击【快速访问】工具栏中的【打开】按钮，打开"第5课\5.2.4　删除图形.dwg"素材文件，如图5-21所示。

02 单击【修改】面板中的【删除】按钮 ⊙，删除图形，如图5-22所示。命令行提示如下：

命令：_erase✓	//调用【删除】命令
选择对象：指定对角点：找到 12 个✓	//选择圆弧内的图形，按回车键结束即可
选择对象：	

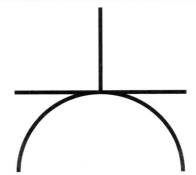

图5-21　素材文件　　　　　　　　　　　图5-22　删除图形效果

5.3 修改图形的形状

在绘图过程中，常常需要对图形对象进行修改。在AutoCAD 2014中，可以使用延伸、拉长、拉伸以及修剪等命令对图形进行修改操作。

5.3.1 打断图形

【打断】命令是指把原本是一个整体的线条分离成两段。该命令只能打断单独的线条，而不能打断组合形体，如图块等。

在AutoCAD 2014中，启动【打断】功能的常用方法有以下几种：

★ 菜单栏：执行【修改】|【打断】命令。

★ 命令行：在命令行中输入BREAK/BR命令。

★ 功能区：在【默认】选项卡中，单击【修改】面板中的【打断】按钮🔳或【打断于点】按钮🔳。

根据打断点数量的不同，【打断】命令可以分为打断和打断于点。

1. 打断

打断即是指在线条上创建两个打断点，从而将线条断开。在调用命令的过程中，需要输入的参数有打断对象、打断第一点和第二点。第一点和第二点之间的图形部分则被删除。如图5-23所示即为将圆打断后的前后效果。

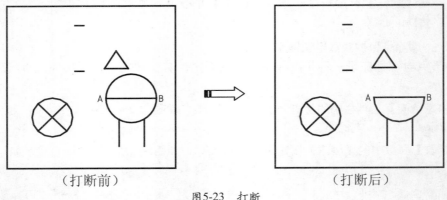

（打断前）　　　　　　　　　　　　（打断后）

图5-23　打断

2. 打断于点

打断于点是指通过指定一个打断点，将对象断开。在调用命令的过程中，需要输入的参数有打断对象和第一个打断点。打断对象之间没有间隙。

【案例 5-6】：打断传声器插座图形

传声器插座是一种可以将声音信号转换为电信号的能量转换器件的插座图形。

01 单击【快速访问】工具栏中的【打开】按钮，打开"第5课\5.3.1 打断图形.dwg"素材文件，如图5-24所示。

02 单击【修改】面板中的【打断】按钮🔳，打断图形，如图5-25所示。命令行提示如下：

命令：_break✓	//调用【打断】命令
选择对象：✓	//选择矩形对象
指定第二个打断点 或 [第一点(F)]：f✓	//选择【第一点（F）】选项
指定第一个打断点：✓	//指定矩形左上方端点
指定第二个打断点：✓	//指定矩形右上方端点即可

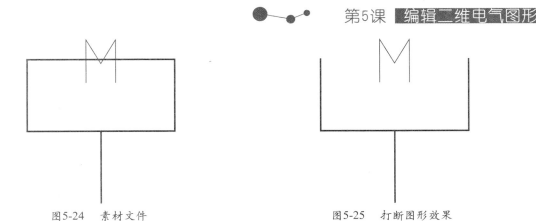

图5-24 素材文件   图5-25 打断图形效果

5.3.2 合并图形

【合并】命令是指将独立的图形对象合并为一个整体。它可以将多个对象进行合并，合并对象包括圆弧、椭圆弧、直线、多段线和样条曲线等。在执行合并命令时，直线对象必须共线，但它们之间可以有间隙；圆弧对象必须位于同一假想的圆上，它们之间可以有间隙；多段线可以与直线、多段线或圆弧合并，但对象之间不能有间隙，并且必须位于同一平面上。

在AutoCAD 2014中，启动【合并】功能的常用方法有以下几种：

★ 菜单栏：执行【修改】|【合并】命令。

★ 命令行：在命令行中输入JOIN/J命令。

★ 功能区：在【默认】选项卡中，单击【修改】面板中的【合并】按钮 ⊶。

【案例5-7】： 合并监听器图形

监听器的工作原理是在系统信道上把语音信号信道进行编码、加密、交织，形成突发脉冲串，经调制后发射。

01 单击【快速访问】工具栏中的【打开】按钮，打开"第5课\5.3.2 合并图形.dwg"素材文件，如图5-26所示。

02 单击【修改】面板中的【合并】按钮 ⊶，合并图形，如图5-27所示。命令行提示如下：

```
命令：_join↙                                    //调用【合并】命令
选择源对象或要一次合并的多个对象：找到 1 个↙      //选择上方短直线
选择要合并的对象：找到 1 个，总计 2 个↙          //选择下方短直线
选择要合并的对象：
2 条直线已合并为 1 条直线                        //按回车键结束，完成操作
```

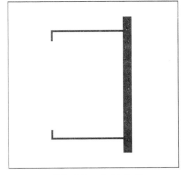

图5-26 素材文件

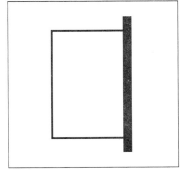

图5-27 合并图形效果

5.3.3 修剪图形

【修剪】命令是将超出边界的多余部分修剪删除掉。与橡皮擦的功能相似，修剪操作可以修剪直线、圆、弧、多段线、样条曲线和射线等。在调用命令的过程中，需要设置的参数有修剪边界和修剪对象两类。要注意的是，在选择修剪对象时光标所在的位置。需要删除哪一部分，则在该部分上单击。

在AutoCAD 2014中，启动【修剪】功能的常用方法有以下几种：

★ 菜单栏：执行【修改】|【修剪】命令。

★ 命令行：在命令行中输入TRIM/TR命令。

★ 功能区：在【默认】选项卡中，单击【修改】面板中的【修剪】按钮 ⊹ 。

【案例 5-8】： 修剪多位开关图形

多位开关图形具有多个操作位置和多对触点，在不同的操作位置上，触点的通断状态是不同的。

01 单击【快速访问】工具栏中的【打开】按钮，打开"第5课\5.3.3 修剪图形.dwg"素材文件，如图5-28所示。

02 单击【修改】面板中的【修剪】按钮 ⊹ ，修剪图形，如图5-29所示。命令行提示如下：

```
命令：_trim↙                                          //调用【修剪】命令
当前设置:投影=UCS，边=无
选择剪切边...
选择对象或 <全部选择>：指定对角点：找到 10 个↙        //选择所有图形
选择对象：
选择要修剪的对象，或按住 Shift 键选择要延伸的对象，或
[栏选(F)/窗交(C)/投影(P)/边(E)/删除(R)/放弃(U)]：↙   //指定要修剪的边
```

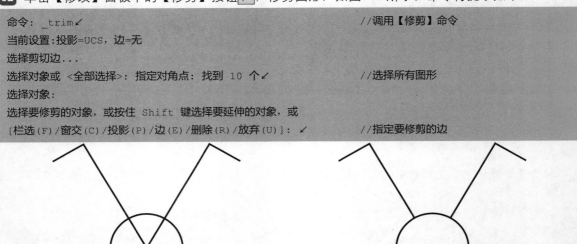

图5-28 素材文件   图5-29 修剪图形效果

在【修剪】命令行中，各选项的含义如下：

★ 栏选（F）：选择与选择栏相交的所有对象。选择栏是一系列临时线段，它们是用两个或多个栏选点指定的。选择栏不构成闭合环。

★ 窗交（C）：选择矩形区域（由两点确定）内部或与之相交的对象。

★ 投影（P）：指定修剪对象时使用的投影方式。

★ 边（E）：确定对象是在另一对象的延长边处进行修剪，还是仅在三维空间中与该对象相交的对象处进行修剪。

★ 删除（R）：删除选定的对象。此选项提供了一种用来删除不需要的对象的简便方式，而无须退出 TRIM 命令。

5.3.4 延伸图形

【延伸】命令是将没有和边界相交的部分延伸补齐，它和【修剪】命令是一组相对的命

令。在调用命令的过程中，需要设置的参数有延伸边界和延伸对象两类。

在AutoCAD 2014中，启动【延伸】功能的常用方法有以下几种：

★ 菜单栏：执行【修改】|【延伸】命令。

★ 命令行：在命令行中输入EXTEND/EX命令。

★ 功能区：在【默认】选项卡中，单击【修改】面板中的【延伸】按钮─/。

【案例5-9】： 延伸云台摄像机中的直线

云台摄像机就是带有云台的摄像机。它带有承载摄像机进行水平和垂直两个方向转动的装置，把摄像机装云台上能使摄像机从多个角度进行摄像。

01 单击【快速访问】工具栏中的【打开】按钮，打开"第5课\5.3.4 延伸图形.dwg"素材文件，如图5-30所示。

02 单击【修改】面板中的【延伸】按钮─/，延伸图形，如图5-31所示。命令行提示如下：

```
命令：_extend↙                                    //调用【延伸】命令
当前设置：投影=UCS，边=无
选择边界的边...
选择对象或 <全部选择>：找到 1 个↙               //选择要作为边界的对象
选择对象：
选择要延伸的对象，或按住 Shift 键选择要修剪的对象，或
[栏选(F)/窗交(C)/投影(P)/边(E)/放弃(U)]：↙      //选择要延伸的边
```

图5-30 素材文件

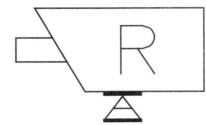

图5-31 延伸图形效果

在【延伸】命令行中，各选项的含义如下：

★ 栏选（F）：用栏选的方式选择要延伸的对象。

★ 窗交（C）：用窗交方式选择要延伸的对象。

★ 投影（P）：用以指定延伸对象时使用的投影方式，即选择进行延伸的空间。

★ 边（E）：指定是将对象延伸到另一个对象的隐含边或是延伸到三维空间中与其相交的对象。

★ 放弃（U）：放弃上一次的延伸操作。

5.3.5 分解图形

使用【分解】命令可以将某些特殊的对象分解成多个独立的部分，以便于更具体的编辑。主要用于将复合对象，如矩形、多段线、填充图案和块等还原成一般对象。

在AutoCAD 2014中，启动【分解】功能的常用方法有以下几种：

★ 菜单栏：执行【修改】|【分解】命令。

★ 命令行：在命令行中输入EXPLODE/X命令。

★ 功能区：在【默认】选项卡中，单击【修改】面板中的【分解】按钮。

注意：分解命令不能分解用MINSERT和外部参照插入的块以及外部参照依赖的块。分解一个包含属性的块将删除属性值并重新显示属性定义。

5.3.6 倒角图形

使用【倒角】命令可以将两条非平行直线或多段线以一斜线相连。

在AutoCAD 2014中，启动【倒角】功能的常用方法有以下几种：

★ 菜单栏：执行【修改】|【倒角】命令。

★ 命令行：在命令行中输入CHAMFER/CHA命令。

★ 功能区：在【默认】选项卡中，单击【修改】面板中的【倒角】按钮◻。

【案例 5-10】： 倒角扬声器图形

扬声器是扬声器单元的简称，又称【喇叭】。是电声换能器件，在电声领域很常见。扬声器在电声系统中是一个较薄弱的组件，却又是一个重要组。

01 单击【快速访问】工具栏中的【打开】按钮，打开"第5课\5.3.6 倒角图形.dwg"素材文件，如图5-32所示。

02 单击【修改】面板中的【倒角】按钮◻，倒角图形，如图5-33所示。命令行提示如下：

```
命令：CHAMFER↙                                              //调用【倒角】命令
("修剪"模式) 当前倒角距离 1 = 0.0000，距离 2 = 0.0000
选择第一条直线或 [放弃(U)/多段线(P)/距离(D)/角度(A)/修剪(T)/方式(E)/多个(M)]:d↙
                                                           //选择【距离（D）】选项
指定 第一个 倒角距离 <0.0000>: 125↙                          //输入第一距离参数
指定 第二个 倒角距离 <125.0000>: 325↙                         //输入第二距离参数
选择第一条直线或 [放弃(U)/多段线(P)/距离(D)/角度(A)/修剪(T)/方式(E)/多个(M)]:m↙
                                                           //选择【多个（M）】选项
选择第一条直线或 [放弃(U)/多段线(P)/距离(D)/角度(A)/修剪(T)/方式(E)/多个(M)]: ↙
                                                           //选择需要倒角的边
选择第二条直线，或按住 Shift 键选择直线以应用角点或 [距离(D)/角度(A)/方法(M)]:↙
                                                           //选择需要倒角的边即可
```

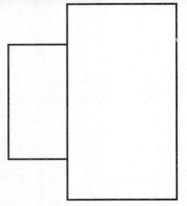

图5-32 素材文件

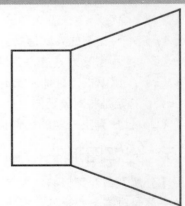

图5-33 倒角图形效果

在【倒角】命令行中，各选项的含义如下：

★ 多线段（P）：对整个二维多段线倒角。相交多段线线段在每个多段线顶点被倒角。倒角成为多段线的新线段。如果多段线包含的线段过短以至于无法容纳倒角距离，则不对这些线段倒角。

★ 距离（D）：设定倒角至选定边端点的距离。如果将两个距离均设定为零，CHAMFER将延伸或修剪两条直线，以使它们终止于同一点。

★ 角度（A）：用第一条线的倒角距离和第二条线的角度设定倒角距离。

★ 修剪（T）：控制CHAMFER是否将选定的边修剪到倒角直线的端点。

★ 方式（E）：控制CHAMFER使用两个距离还是一个距离和一个角度来创建倒角。

★ 多个（M）：为多组对象的边倒角。

5.3.7 拉伸图形

拉伸对象是一种使用于未被定义为块的对象。拉伸被定义为块的对象，必须先将其进行打散操作。拉伸图形时，选定部分将被移动，如果选定部分与原图相连接，那么拉伸的图形保持与原图形的连接关系。

在AutoCAD 2014中，启动【拉伸】功能的常用方法有以下几种：

★ 菜单栏：执行【修改】|【拉伸】命令。

★ 命令行：在命令行中输入STRETCH/S命令。

★ 功能区：在【默认】选项卡中，单击【修改】面板中的【拉伸】按钮。

【案例 5-11】：拉伸立式明装风机盘管

立式明装风机盘管具有效率高、能量足、风量大、噪音低、安全可靠以及寿命长等特点，广泛应用于酒店、写字楼、商场、医院、餐厅、展览厅等低噪声场所，更能满足人们对舒适性的要求。

01 单击【快速访问】工具栏中的【打开】按钮，打开"第5课\5.3.7 拉伸图形.dwg"素材文件，如图5-34所示。

02 单击【修改】面板中的【拉伸】按钮，拉伸图形，如图5-35所示。命令行提示如下：

```
命令：_stretch↙                                    //调用【拉伸】命令
以交叉窗口或交叉多边形选择要拉伸的对象...
选择对象：指定对角点：找到 9 个↙                      //框选图形
选择对象：
指定基点或 [位移(D)] <位移>：↙                       //指定图形右上方端点
指定第二个点或 <使用第一个点作为位移>：293.5↙          //输入参数值，按回车键结束
```

注意：在使用【拉伸】命令进行拉伸时，STRETCH仅移动位于交叉选择内的顶点和端点，不更改位于交叉选择外的顶点和端点，不修改三维实体等信息。

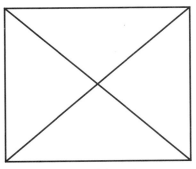

图5-34 素材文件

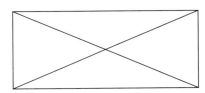

图5-35 拉伸图形效果

5.3.8 拉长图形

【拉长】命令主要用于改变圆弧的角度，或改变非封闭对象的长度，包括直线、圆弧、非闭合多段线、椭圆弧和非封闭样条曲线。

在AutoCAD 2014中，启动【拉长】功能的常用方法有以下几种：

★ 菜单栏：执行【修改】|【拉长】命令。

★ 命令行：在命令行中输入LENGTHEN/LEN命令。

★ 功能区：在【默认】选项卡中，单击【修改】面板中的【拉长】按钮 。

【案例5-12】：拉长电加热器图形

电加热器是一种国际流行的高品质长寿命电加热设备。用于对流动的液态、气态介质的升温、保温、加热。当加热介质在压力作用下通过电加热器加热腔，采用流体热力学原理均匀地带走电热元件工作中所产生的巨大热量，使被加热介质温度达到用户工艺要求。

01 单击【快速访问】工具栏中的【打开】按钮，打开"第5课\5.3.8 拉长图形.dwg"素材文件，如图5-36所示。

02 单击【修改】面板中的【拉长】按钮 ，拉长图形，如图5-37所示。命令行提示如下：

图5-36 素材文件

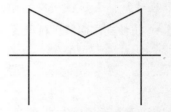

图5-37 拉长图形效果

```
命令：_lengthen↙                                          //调用【拉长】命令
选择对象或 [增量(DE)/百分数(P)/全部(T)/动态(DY)]: de↙    //选择【增量（DE）】选项
输入长度增量或 [角度(A)] <0.0000>: 202↙                   //输入长度增量参数
选择要修改的对象或 [放弃(U)]: ↙                            //选择需要拉长的边对象
```

在【拉长】命令行中，各选项的含义如下：

★ 增量（DE）：可以以指定的增量修改对象的长度，该增量从距离选择点最近的端点处开始测量。

★ 百分比（P）：通过指定对象总长度的百分数设定对象长度。

★ 全部（T）：通过指定从固定端点测量的总长度的绝对值来设定选定对象的长度。

★ 动态（DY）：打开动态拖动模式，通过拖动选定对象的端点之一来更改其长度，其他端点保持不变。

5.3.9 圆角图形

圆角与倒角类似，它是将两条相交的直线通过一个圆弧连接起来。【圆角】命令的使用也可分为两步：第一步确定圆角大小，通常【半径】确定；第二步选定两条需要圆角的边。

在AutoCAD 2014中，启动【圆角】功能的常用方法有以下几种：

★ 菜单栏：执行【修改】|【圆角】命令。

★ 命令行：在命令行中输入FILLET/F命令。

★ 功能区：在【默认】选项卡中，单击【修改】面板中的【圆角】按钮 。

【案例5-13】：圆角指纹识别器图形

指纹识别器是一种利用指纹采集头及其配套软件结合起来的为加强个人电脑加密程度的高科技安全产品，其主要作用包括实施开机保密、屏幕保护保密及文件、目录保密等。

01 单击【快速访问】工具栏中的【打开】按钮，打开"第5课\5.3.9 圆角图形.dwg"素材文件，如

图5-38所示。

02 单击【修改】面板中的【圆角】按钮，圆角图形，如图5-39所示。命令行提示如下：

命令：_fillet✓	//调用【圆角】命令
当前设置：模式 = 修剪，半径 = 75.0000	
选择第一个对象或 [放弃(U)/多段线(P)/半径(R)/修剪(T)/多个(M)]：r✓	//选择【半径（R）】选项
指定圆角半径 <75.0000>：75✓	//输入半径参数
选择第一个对象或 [放弃(U)/多段线(P)/半径(R)/修剪(T)/多个(M)]：✓	//选择第一圆角边对象
选择第二个对象，或按住 Shift 键选择对象以应用角点或 [半径(R)]：✓	//选择第二圆角边对象

03 单击【修改】面板中的【圆角】按钮，修改【半径】为5，圆角图形，得到最终效果，如图5-40所示。

图5-38　素材文件　　　　图5-39　圆角图形效果1　　　　图5-40　最终图形效果

在【圆角】命令行中，各选项的含义如下：

★ 多段线（P）：在二维多段线中两条直线段相交的每个顶点处插入圆角圆弧。

★ 半径（R）：可以定义圆角圆弧的半径。

★ 修剪（T）：控制FILLET是否将选定的边修剪到圆角圆弧的端点。

★ 多个（M）：可以给多个对象集加圆角。

5.3.10　复制图形

使用【复制】命令，可以一次复制出一个或多个相同的对象，使复制更加方便、快捷。

在AutoCAD 2014中，启动【复制】功能的常用方法有以下几种：

★ 菜单栏：执行【修改】|【复制】命令。

★ 命令行：在命令行中输入COPY/CO命令。

★ 功能区：在【默认】选项卡中，单击【修改】面板中的【复制】按钮。

【案例 5-14】：复制接触器图形

接触器指利用线圈流过电流产生磁场，使触头闭合，以达到控制负载的电器。因为可快速切断交流与直流主回路和可频繁地接通与大电流控制电路的装置，所以经常将电动机作为控制对象，也可用作控制工厂设备、电热器、工作母机和各样电力机组等电力负载，并作为远距离控制装置。

01 单击【快速访问】工具栏中的【打开】按钮，打开"第5课\5.3.10 复制图形.dwg"素材文件，如图5-41所示。

02 单击【修改】面板中的【复制】按钮，复制图形，如图5-42所示。命令行提示如下：

命令：_copy✓	//调用【复制】命令
选择对象：指定对角点：找到 4 个✓	//选择左侧接触器图形
选择对象：	

当前设置： 复制模式 = 多个	
指定基点或 [位移(D)/模式(O)] <位移>:↙	//指定水平直线左端点
指定第二个点或 [阵列(A)] <使用第一个点作为位移>:↙	//指定水平直线右端点，按回车键结束

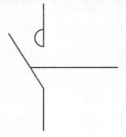

图5-41　素材文件

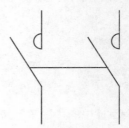

图5-42　复制图形效果

在【复制】命令行中，各选项的含义如下：

★ 位移（D）：使用坐标指定相对距离和方向。指定的两点定义一个矢量，指示复制对象的放置离原位置有多远以及以哪个方向放置。

★ 模式（O）：控制命令是否自动重复（COPYMODE 系统变量）。

★ 阵列（A）：快速复制对象以呈现出指定数目和角度的效果。

▌▌5.3.11　偏移图形

【偏移】命令是指保持选择对象的形状、在不同位置以指定距离或通过点，新建一个与所选对象平行的图形。

在AutoCAD 2014中，启动【偏移】功能的常用方法有以下几种：

★ 菜单栏：执行【修改】|【偏移】命令。

★ 命令行：在命令行中输入OFFSET/O命令。

★ 功能区：在【默认】选项卡中，单击【修改】面板中的【偏移】按钮△。

【案例 5-15】：　偏移三管荧光灯图形

三管荧光灯图形是由【直线】和【偏移】命令绘制而成，其主要作用是用于照明。

01 单击【快速访问】工具栏中的【打开】按钮，打开"第5课\5.3.11　偏移图形.dwg"素材文件，如图5-43所示。

02 单击【修改】面板中的【偏移】按钮△，偏移图形，如图5-44所示。命令行提示如下：

命令：_offset↙	//调用【偏移】命令
当前设置：删除源=否　图层=源　OFFSETGAPTYPE=0	
指定偏移距离或 [通过(T)/删除(E)/图层(L)] <117.0000>: 117↙	//输入偏移距离参数
选择要偏移的对象，或 [退出(E)/放弃(U)] <退出>:↙	//选择水平直线
指定要偏移的那一侧上的点，或 [退出(E)/多个(M)/放弃(U)] <退出>:↙	//指定偏移方向

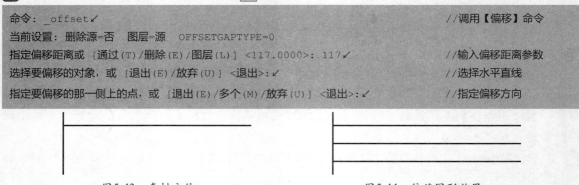

图5-43　素材文件　　　　　　　　　　　图5-44　偏移图形效果

03 单击【修改】面板中的【偏移】按钮△，偏移图形，如图5-45所示。命令行提示如下：

命令：_offset↙	//调用【偏移】命令
当前设置：删除源=否　图层=源　OFFSETGAPTYPE=0	

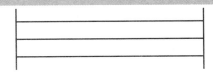

指定偏移距离或 [通过(T)/删除(E)/图层(L)] <117.0000>: t↙	//选择【通过(T)】选项
选择要偏移的对象,或 [退出(E)/放弃(U)] <退出>:↙	//选择垂直直线
指定通过点或 [退出(E)/多个(M)/放弃(U)] <退出>:↙	//捕捉中间水平直线的右端点,按Enter键结束

图5-45 素材文件

在【偏移】命令行中,各选项的含义如下:

★ 通过（T）：创建通过指定点的对象。

★ 删除（E）：偏移源对象后将其删除。

★ 图层（L）：确定将偏移对象创建在当前图层上还是源对象所在的图层上。

5.3.12 镜像图形

使用【镜像】命令可以生成与所选对象相对称的图形。在镜像对象时需要指出镜像线,镜像线是任意方向的,所选对象将根据镜像线进行对称,并且可以选择删除或保留源对象。

在AutoCAD 2014中,启动【镜像】功能的常用方法有以下几种:

★ 菜单栏：执行【修改】|【镜像】命令。

★ 命令行：在命令行中输入MIRROR/MI命令。

★ 功能区：在【默认】选项卡中,单击【修改】面板中的【镜像】按钮 ⚎。

【案例5-16】：镜像双绕组变压器图形

双绕组变压器用于连接电力系统中的两个电压等级。

01 单击【快速访问】工具栏中的【打开】按钮,打开"第5课\5.3.12 镜像图形.dwg"素材文件,如图5-46所示。

02 单击【修改】面板中的【镜像】按钮 ⚎,镜像图形,如图5-47所示。命令行提示如下:

命令: MIRROR↙	//调用【镜像】命令
选择对象: 指定对角点: 找到 6 个↙	//选择左侧图形
选择对象: 指定镜像线的第一点: 指定镜像线的第二点:↙	//指定中间垂直直线上下端点
要删除源对象吗?[是(Y)/否(N)] <N>:↙	//按Enter键结束

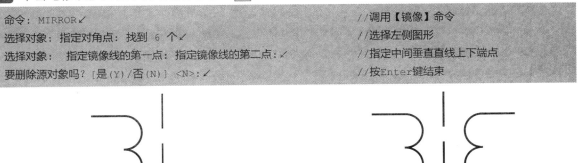

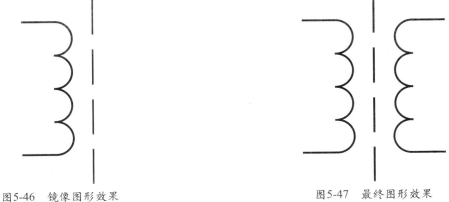

图5-46 镜像图形效果   图5-47 最终图形效果

5.3.13 阵列图形

阵列命令是指将选择的对象复制多个并按一定规律进行排列。阵列图形包括矩形阵列图形、路径阵列图形和极轴阵列图形。

1. 矩形阵列

矩形阵列就是将图形呈现矩形进行排列，多用于多重复制那些呈形状排列的图形。

在AutoCAD 2014中，启动【矩形阵列】功能的常用方法有以下几种：

★ 菜单栏：执行【修改】|【阵列】|【矩形阵列】命令。

★ 命令行：在命令行中输入ARRAY/AR或ARRAYRECT命令。

★ 功能区：在【默认】选项卡中，单击【修改】面板中的【矩形阵列】按钮🔠。

执行以上任一命令，均可以打开【阵列创建】选项卡，如图5-48所示。

默认 插入 注释 布局 参数化 视图 管理 输出 插件 Autodesk 360	阵列创建				
	列数: 4	行数: 3	级别: 1		
矩形	介于: 76.6516	介于: 76.6516	介于: 1.0000	关联 基点	关闭阵列
	总计: 229.9547	总计: 153.3032	总计: 1.0000		
类型	列	行 ▼	层级	特性	关闭

图5-48 【阵列创建】选项卡

【案例 5-17】： 矩形阵列试验接线柱

试验接线柱指装于功率放大器和音箱上专供与音箱线连接的接线端子，主要由【直线】、【矩形】、【偏移】、【圆】以及【矩形阵列】命令绘制而成。

01 单击【快速访问】工具栏中的【打开】按钮，打开"第5课5.3.13 阵列图形1.dwg"素材文件，如图5-49所示。

02 单击【修改】面板中的【矩形阵列】按钮🔠，矩形阵列图形，如图5-50所示。命令行提示如下：

```
命令: _arrayrect↙                                        //调用【矩形阵列】命令
选择对象: 找到 1 个↙                                     //选择圆对象
选择对象:
类型 = 矩形   关联 = 是
选择夹点以编辑阵列或 [关联(AS)/基点(B)/计数(COU)/间距(S)/列数(COL)/行数(R)/层数(L)/退出(X)] <退出>
: col↙                                                   //选择【列数（COL）】选项
输入列数数或 [表达式(E)] <4>: 2↙                          //输入列数参数值
指定 列数 之间的距离或 [总计(T)/表达式(E)] <76.6516>: 365↙  //输入列数距离值
选择夹点以编辑阵列或 [关联(AS)/基点(B)/计数(COU)/间距(S)/列数(COL)/行数(R)/层数(L)/退出(X)] <退出
>: r↙                                                    //选择【行数（R）】选项
输入行数数或 [表达式(E)] <3>: 4↙                          //输入行数参数值
指定 行数 之间的距离或 [总计(T)/表达式(E)] <76.6516>: -182.5↙    //输入行数距离值，按回车键结束
```

在【矩形阵列】命令行中，各选项的含义如下：

★ 关联（AS）：指定阵列中的对象是关联的还是独立的。

★ 基点（B）：定义阵列基点和基点夹点的位置。

★ 计数（COU）：指定行数和列数并使用户在移动光标时可以动态观察结果（一种比"行和列"选项更快捷的方法）。

★ 间距（S）：指定行间距和列间距并使用户在移动光标时可以动态观察结果。

★ 列数（COL）：编辑列数和列间距。

★ 行数（R）：指定阵列中的行数、它们之间的距离以及行之间的增量标高。

★ 层数（L）：指定三维阵列的层数和层间距。

图5-49　素材文件　　　　图5-50　矩形阵列图形

2．环形阵列

极轴阵列即环形阵列，是以某一点为中心点进行环形复制，阵列结果是使阵列对象沿中心点的四周均匀排列成环形。

在AutoCAD 2014中，启动【环形阵列】功能的常用方法有以下几种：

★　菜单栏：执行【修改】|【阵列】|【环形阵列】命令。

★　命令行：在命令行中输入ARRAYPOLAR命令。

★　功能区：在【默认】选项卡中，单击【修改】面板中的【环形阵列】按钮。

执行以上任一命令，均可以打开【阵列创建】选项卡，如图5-51所示。

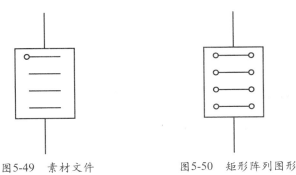

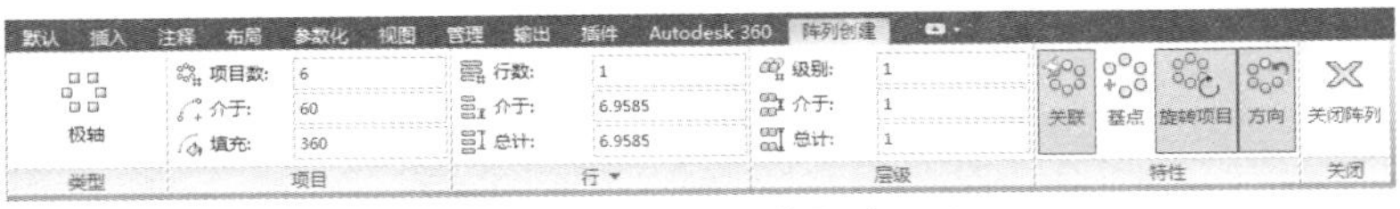

图5-51　【阵列创建】选项卡

【案例5-18】：　环形阵列专用电路事故照明灯

专用电路的事故照明灯主要用于检修专用电路时使用情况，其圆形是通过【圆】、【图案填充】、【多段线】以及【环形阵列】命令绘制而成。

①　单击【快速访问】工具栏中的【打开】按钮，打开"第5课\5.3.13　阵列图形2.dwg"素材文件，如图5-52所示。

②　单击【修改】面板中的【环形阵列】按钮，环形阵列图形，如图5-53所示。命令行提示如下：

```
命令：_arraypolar✓                                              //调用【环形阵列】命令
选择对象：指定对角点：找到 1 个✓                                //选择直线对象
选择对象：
类型 = 极轴  关联 = 是
指定阵列的中心点或 [基点(B)/旋转轴(A)]：✓                       //捕捉圆心点
选择夹点以编辑阵列或 [关联(AS)/基点(B)/项目(I)/项目间角度(A)/填充角度(F)/行(ROW)/层(L)/旋转项目
(ROT)/退出(X)]<退出>：i                                         //选择【项目（I）】选项
输入阵列中的项目数或 [表达式(E)] <6>：4✓                        //输入项目参数
选择夹点以编辑阵列或 [关联(AS)/基点(B)/项目(I)/项目间角度(A)/填充角度(F)/行(ROW)/层(L)/旋转项目
(ROT)/退出(X)] <退出>：✓                                        //按Enter键结束即可
```

在【环形阵列】命令行中，各选项的含义如下：

★　旋转轴（A）：指定由两个指定点定义的旋转轴。

★　项目（I）：使用值或表达式指定阵列中的项目数。

★　项目间角度（O）：每个对象环形阵列后相隔的角度。

★　填充角度（F）：对象环形阵列的总角度。

★　旋转项目（ROT）：控制在阵列项时是否旋转项。

图5-52 素材文件

图5-53 环形阵列图形效果

3. 路径阵列

路径阵列可沿曲线阵列复制图形，通过设置不同的基点，能得到不同的阵列结果。在园林设计中，使用路径阵列可快速复制园路与街道旁的树木，或者草地中的汀步图形。

在AutoCAD 2014中，启动【路径阵列】功能的常用方法有以下几种：

★ 菜单栏：执行【修改】|【阵列】|【路径阵列】命令。

★ 命令行：在命令行中输入ARRAYPATH命令。

★ 功能区：在【默认】选项卡中，单击【修改】面板中的【路径阵列】按钮 。

执行以上任一命令，均可以打开【阵列创建】选项卡，如图5-54所示。

图5-54 【阵列创建】选项卡

【案例 5-19】：路径阵列加湿器

加湿器是一种增加房间湿度的家用电器。加湿器可以给指定房间加湿，也可以与锅炉或中央空调系统相连给整栋建筑加湿。

01 单击【快速访问】工具栏中的【打开】按钮，打开"第5课\5.3.13 阵列图形3.dwg"素材文件，如图5-55所示。

02 单击【修改】面板中的【路径阵列】按钮 ，路径阵列图形，如图5-56所示。命令行提示如下：

```
命令：_arraypath↙                                      //调用【路径阵列】命令
选择对象：指定对角点：找到 3 个↙                        //选择内部图形
类型 = 路径   关联 = 是
选择路径曲线：↙                                         //选择内部水平直线
选择夹点以编辑阵列或 [关联(AS)/方法(M)/基点(B)/切向(T)/项目(I)/行(R)/层(L)/对齐项目(A)/Z 方向(Z)/
退出(X)] <退出>：↙                                     //按回车键结束
```

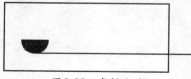

图5-55 素材文件

图5-56 路径阵列图形效果

在【路径阵列】命令行中，各选项的含义如下：

★ 关联（AS）：指定是否创建阵列对象，或者是否创建选定对象的非关联副本。

★ 方法（M）：控制如何沿路径分布项目。

★ 基点（B）：定义阵列的基点。路径阵列中的项目相对于基点放置。

★ 切向（T）：指定阵列中的项目如何相对于路径的起始方向对齐。
★ 项目（I）：根据方法设置，指定项目数或项目之间的距离。
★ 行（R）：指定阵列中的行数、它们之间的距离以及行之间的增量标高。
★ 层（L）：指定三维阵列的层数和层间距。
★ 对齐项目（A）：指定是否对齐每个项目以与路径的方向相切。对齐相对于第一个项目的方向。
★ Z方向（Z）：控制是否保持项目的原始z方向或沿三维路径自然倾斜项目。

5.4 实例应用

5.4.1 绘制别墅干线系统图

别墅干线系统图用来讲解对别墅楼层照明配电箱供电，其干线采取了放射式与树干式相结合的供电方式。本实例通过绘制如图5-57所示别墅干线系统图，主要练习多段线、直线、复制、修剪等命令的应用方法。

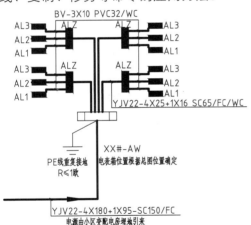

图5-57　别墅干线系统图

01 新建空白文件。调用LA【图层】命令，打开【图层特性管理器】对话框，依次新建【标注】、【电气元件】、【框图】、【文字】和【线路】图层。

02 将【电气元件】图层置为当前，调用REC【矩形】命令，绘制一个300×900的矩形；调用H【图案填充】命令，在新绘制的矩形内填充【SOLID】图案，如图5-58所示。

图5-58　绘制分电表箱

03 调用REC【矩形】命令，绘制一个597×240的矩形；调用H【图案填充】命令，在新绘制的矩形内填充【SOLID】图案，如图5-59所示。

图5-59　绘制照明配电箱

04 调用REC【矩形】命令，绘制一个1650×360的矩形；调用X【分解】命令，分解新绘制矩形；调用O【偏移】命令，偏移图形，尺寸如图5-60所示。

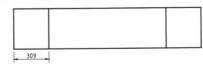

图5-60　绘制总电表箱

05 调用L【直线】命令，结合【对象捕捉】和【临时捕捉】功能，绘制接地元件，尺寸如图5-61所示。

111

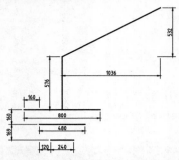

图5-61　绘制总电表箱

06 将【线路】图层置为当前。调用L【直线】命令，绘制两条相互垂直的直线，如图5-62所示。

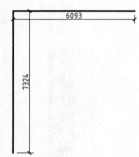

图5-62　绘制直线

07 调用O【偏移】命令，将新绘制的水平直线向下偏移，尺寸如图5-63所示。

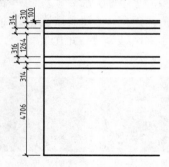

图5-63　偏移图形

08 调用O【偏移】命令，将新绘制的垂直直线向右偏移，尺寸如图5-64所示。

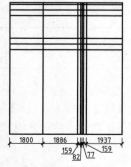

图5-64　偏移图形

09 调用CO【复制】命令、M【移动】命令，在线路图中插入电气元件，如图5-65所示。

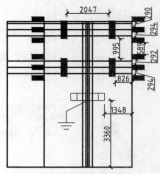

图5-65　调整图形

10 调用TR【修剪】命令和E【删除】命令，修剪图形，如图5-66所示。

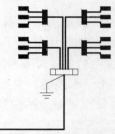

图5-66　修剪图形

11 调用PL【多段线】命令，修改【宽度】为200和1，绘制多段线，如图5-67所示。

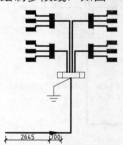

图5-67　绘制多段线

12 将【文字】图层置为当前。调用MLD【多重引线】命令，绘制多重引线，如图5-68所示。

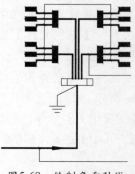

图5-68　绘制多重引线

13 调用MT【多行文字】命令，创建多行文字对象，如图5-69所示。

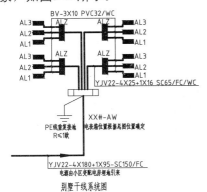

图5-69 绘制多行文字

14 将【0】图层置为当前。调用PL【多段线】命令和L【直线】命令，完善图形，如图5-57所示。

5.4.2 绘制锅炉房电气平面图

锅炉房电气平面图主要讲解在锅炉房平面图中如何布置弯管防潮壁灯、天棚灯以及配电箱的供电线路情况。本实例通过绘制如图5-70所示锅炉房电气平面图，主要练习多段线、圆、直线、修剪以及图案填充等命令的应用方法。

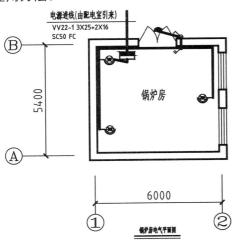

图5-70 锅炉房电气平面图

01 单击【快速访问】工具栏中的【打开】按钮🗁，打开"第5课\5.4.2 绘制锅炉房电气平面图.dwg"素材文件，如图5-71所示。

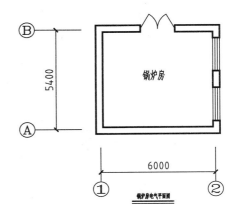

图5-71 素材文件

02 将【电气元件】图层置为当前，调用PL【多段线】命令，修改【宽度】为15，绘制多段线，尺寸如图5-72所示。

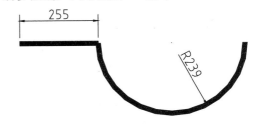

图5-72 绘制多段线

03 调用C【圆】命令，结合【对象捕捉】功能，绘制圆，如图5-73所示。

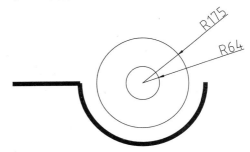

图5-73 绘制圆

04 调用L【直线】命令，结合【极轴追踪】和【对象捕捉】功能，绘制对角线，如图5-74所示。

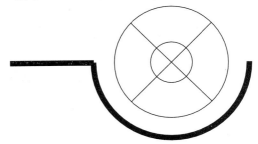

图5-74 绘制对角线

05 调用TR【修剪】命令，修剪多余的图形；调用H【图案填充】命令，在小圆内填充【SOLID】图案，完成弯管防潮壁灯的绘制，如图5-75所示。

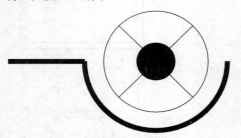

图5-75 绘制弯管防潮壁

06 调用C【圆】命令，绘制一个半径为88的圆；调用L【直线】和RO【旋转】命令，结合【对象捕捉】功能，绘制直线，完成密封单极开关，如图5-76所示。

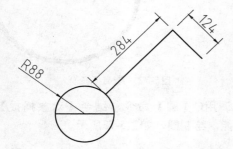

图5-76 绘制密封单极开关

07 调用CO【复制】命令，将绘制的密封单极开关复制一份，将复制后的图形修改为密封双极开关，如图5-77所示。

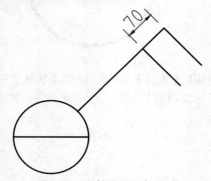

图5-77 绘制密封双极开关

08 调用PL【多段线】命令，修改【宽度】为

15，绘制多段线，调用H【图案填充】命令，在新绘制的图形内填充【SOLID】图案，完成天棚灯的绘制，如图5-78所示。

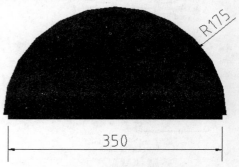

图5-78 绘制天棚灯

09 调用REC【矩形】命令，修改【宽度】为15，绘制一个700×350的矩形；调用PL【多段线】命令，连接矩形的左右中点，绘制多段线；调用H【图案填充】命令，在矩形的上部填充【SOLID】图案，完成照明配电箱绘制，如图5-79所示。

图5-79 绘制照明配电箱

10 调用CO【复制】命令、M【移动】命令、RO【旋转】命令和MI【镜像】命令，将绘制的电气元件布置到电力平面图中，如图5-80所示。

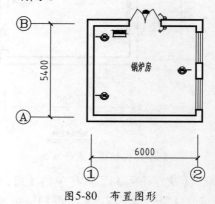

图5-80 布置图形

11 将【线路】图层置为当前。调用L【直线】命令，绘制线段，连接电气元件，如图5-81所示。

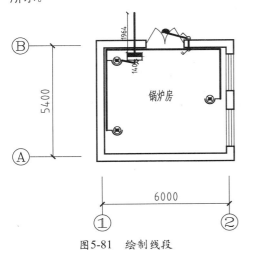

图5-81 绘制线段

12 将【文字】图层置为当前。调用MLD【多重引线】命令和MT【多行文字】命令，标注图形，如图5-82所示。

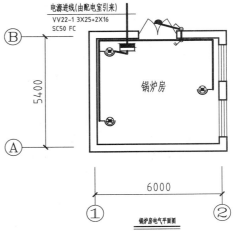

图5-82 标注图形

5.5 课后练习

5.5.1 绘制压控震荡器

压控震荡器是指输出频率与输入控制电压有对应关系的振荡电路，其特性用输出角频率$\omega 0$与输入控制电压uc之间的关系曲线来表示。本实例通过绘制如图5-83所示压控震荡器，主要考察圆、矩形、直线以及多段线命令的应用方法。

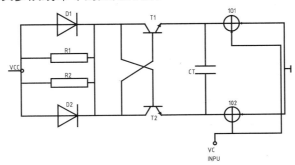

图5-83 压控震荡器

提示步骤如下：

01 新建空白文件。调用L【直线】命令和PL【多段线】命令，绘制PNP半导体管，如图5-84所示。

02 调用L【直线】命令，绘制二极管，尺寸如图5-85所示。

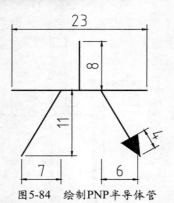

图5-84 绘制PNP半导体管

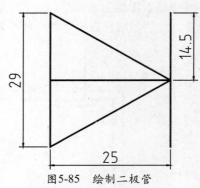

图5-85 绘制二极管

03 调用C【圆】命令和L【直线】命令，绘制电气元件，如图5-86所示。

04 调用L【直线】命令和REC【矩形】命令，绘制电阻器，尺寸如图5-87所示。

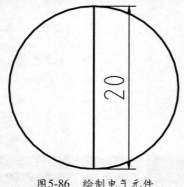

图5-86 绘制电气元件

图5-87 绘制电阻器

05 调用L【直线】命令，绘制线路图，如图5-88所示。

06 调用CO【复制】命令、M【移动】命令等，将绘制的电气元件插入到线路图中，如图5-89所示。

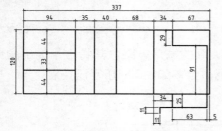

图5-88 绘制线路图

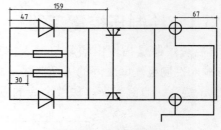

图5-89 绘制线路图

07 调用L【直线】命令、C【圆】命令和H【图案填充】命令，绘制图形细节部分，如图5-90所示。

08 调用TR【修剪】命令，修剪图形，如图5-91所示。

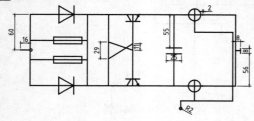

图5-90 绘制图形细节部分

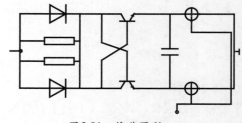

图5-91 修剪图形

09 将【文字】图层置为当前。调用MT【多行文字】命令，在绘图区中创建多行文字，如图5-83所示。

5.5.2　绘制照明指示回路设计

照明指示回路一般指由电源、开关、照明灯具等构成的电流通路。本实例通过绘制如图5-92所示照明指示回路设计图形，主要考察多段线、复制以及直线命令的应用方法。

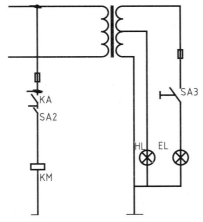

图5-92　照明指示回路设计

提示步骤如下：

01 新建空白文件。调用C【圆】命令和L【直线】命令，结合【极轴追踪】和【对象捕捉】功能，绘制信号灯，如图5-93所示。

02 调用REC【矩形】命令，结合【对象捕捉】功能，绘制电气元件，如图5-94所示。

03 调用PL【多段线】命令和MI【镜像】命令，结合【对象捕捉】功能，绘制电感器，如图5-95所示。

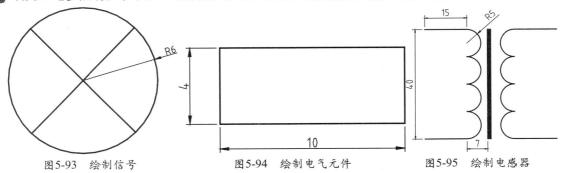

图5-93　绘制信号　　　　图5-94　绘制电气元件　　　　图5-95　绘制电感器

04 调用REC【矩形】命令，结合【对象捕捉】功能，绘制电气元件，如图5-96所示。

05 调用L【直线】命令，结合【对象捕捉】功能，绘制电气元件，如图5-97所示。

06 调用L【直线】命令，结合【对象捕捉】功能，绘制电气元件，如图5-98所示。

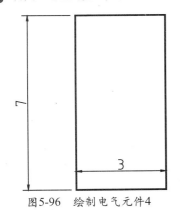
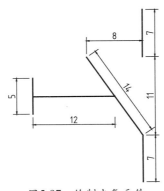
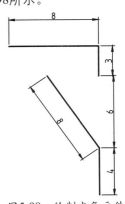

图5-96　绘制电气元件4　　　图5-97　绘制电气元件　　　图5-98　绘制电气元件

07 调用L【直线】命令，绘制线路图，如图5-99所示。

08 调用CO【复制】命令、M【移动】命令等，将绘制的电气元件插入到线路图中，如图5-100所示。

09 调用C【圆】命令和H【图案填充】命令，绘制连接点；调用TR【修剪】命令，修剪图形，如图5-101所示。

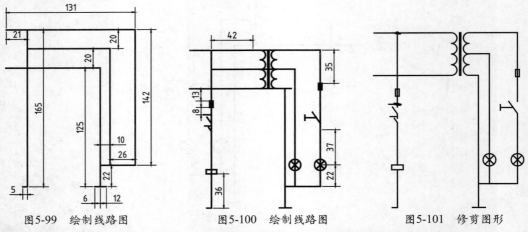

图5-99 绘制线路图　　　　图5-100 绘制线路图　　　　图5-101 修剪图形

10 将【文字】图层置为当前。调用MT【多行文字】命令，在绘图区中创建多行文字。

第6课
使用与管理外部参照

【外部参照】与【块】有相似之处，但是以外部参照方式将图形插入到某一图形后，被插入图形文件的信息并不直接加入到主图形中，主图形只是记录参照的关系。本章将详细介绍使用与管理外部参照的方法。

【本课知识】：
1. 掌握外部参照的使用方法。
2. 掌握外部参照的管理方法。

6.1 使用外部参照

在使用外部参照之前，首先需要对外部参照的基础知识有一定的了解，然后再根据需要插入DWG、图像、DWF、DGN以及PDF格式的图形文件。

6.1.1 认识外部参照

外部参照就是把已有的图形文件插入到当前图形中，但外部参照不同于块。当打开有外部参照的图形文件时，系统会询问并自动将各个外部参照图形重新调入，然后在当前图形中显示出来。外部参照功能不但使用户可以利用一组子图形构造复杂的主图形，而且还允许单独对这些子图形进行各种修改。

如果把图形作为块插入另一个图形，块定义和所有相关联的几何图形都将存储在当前图形数据库中。修改原图形后，块不会随之更新。插入的块如果被分解，则同其他图形没有本质区别，相当于将一个图形文件中的图形对象复制和粘贴到另一个图形文件中。而外部参照提供了另一种更为灵活的图形引用方法。使用外部参照可以将多个图形链接到当前图形中，并且作为外部参照的图形会随原图形的修改而更新。

当一个图形文件被作为外部参照插入到当前图形时，外部参照中每个图形的数据仍然分别保存在各自的源图形文件中，当前图形中所保存的只是外部参照的名称和路径。因此，外部参照不会明显地增加当前图形的文件大小，从而可以节省磁盘空间，也利于保持系统的性能。无论一个外部参照文件多么复杂，AutoCAD都会把它作为一个单一对象来处理，而不允许进行分解。用户可对外部参照进行比例缩放、移动、复制、镜像或旋转等操作，还可以控制外部参照的显示状态，但这些操作都不会影响到源图形文件。

6.1.2 使用DWG外部参照

附着外部参照的目的是帮助用户用其他图形来补充当前图形，主要用在需要附着一个新的外部参照文件或将一个已附着的外部参照文件的副本附着在文件中。

在AutoCAD 2014中，插入【DWG参照】功能的方法主要有以下几种：

★ 菜单栏：执行【插入】|【DWG参照】命令。

★ 命令行：在命令行中输入XATTACH命令。

★ 功能区：在【插入】选项卡中，单击【参照】面板中的【附着】按钮。

【案例 6-1】： 附着三相自耦变压器图形

01 单击【快速访问】工具栏中的【新建】按钮，新建空白文件。

02 在【插入】选项卡中，单击【参照】面板中的【附着】按钮，打开【选择参照文件】对话框，如图6-1所示。

03 选择"6.1.2 使用DWG外部参照.dwg"图形文件，单击【打开】按钮，即可打开【附着外部参照】对话框，如图6-2所示。

04 单击【确定】按钮，在绘图区中任意指定插入点，即可插入DWG参照，如图6-3所示。

在【附着外部参照】对话框中，各选项的含义如下：

★ 【预览】选项组：用于预览需要插入外部参照的图形。

★ 【附着型】单选钮：在图形中附着型的外部参照时，如果其中嵌套有其他外部参照，则将嵌套的外部参照包括在内。

★ 【覆盖型】单选钮：在图形中附着覆盖外部参照时，则任何嵌套在其中的覆盖外部参照都将被忽略，而且其本身也不能显示。

★ 【比例】选项组：用于设置外部参照图形的插入大小。

★ 【插入点】选项组：用于设置外部参照图形的插入点。

★ 【路径类型】选项组：选择完整（绝对）路径、相对路径或无路径，（外部参照文件必须与当前图形文件位于同一个文件夹中）。

★ 【在屏幕上指定】复选框：允许用户在命令提示下或通过定点设备输入。

图6-1　【选择参照文件】对话框

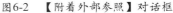

图6-2　【附着外部参照】对话框

图6-3　图形效果

6.1.3　使用BMP外部参照

附着图形参照与外部参照一样，其图像由一些称为像素的小方块或点的矩形栅格组成，附着后的图像像图块一样作为一个整体，用户可以对其进行多次重新附着。

在AutoCAD 2014中，插入【光栅图像参照】功能的方法主要有以下几种：

★ 菜单栏：执行【插入】|【光栅图像参照】命令。

★ 命令行：在命令行中输入IMAGEATTACH命令。

　　【案例6-2】：　附着插座图像参照

01 新建文件。在【插入】选项卡中，单击【参照】面板中的【附着】按钮，打开【选择参照文件】对话框，选择"6.1.3　使用BMP外部参照.bmp"图形文件，单击【打开】按钮，即可打开【附着图像】对话框，如图6-4所示。

02 单击【确定】按钮，在绘图区中任意指定插入点，即可插入图像参照，如图6-5所示。

图6-4　【附着图像】对话框

图6-5　图形效果

6.1.4　使用DWF外部参照

使用DWF外部参照与使用DWG参照的操作步骤类似。DWF格式文件是一种从DWG格式文件创建的高度压缩的文件格式。可以将DWF文件作为参考底图附着到图形文件上，通过附着DWF文件，用户可以参照该文件而不增加图形文件的大小。

在AutoCAD 2014中，插入【DWF外部参照】功能的方法主要有以下几种：

★ 菜单栏：执行【插入】|【DWF参考底图】命令。

★ 命令行：在命令行中输入DWFATTACH命令。

【案例 6-3】： 附着温度开关断断DWF图形

01 新建文件。在【插入】选项卡中，单击【参照】面板中的【附着】按钮 ，打开【选择参照文件】对话框，选择 "6.1.4 使用DWF外部参照.dwf" 图形文件，单击【打开】按钮，即可打开【附着DWF参考底图】对话框，如图6-6所示。

02 单击【确定】按钮，在绘图区中任意指定插入点，即可插入DWF参照，如图6-7所示。

图6-6 【附着DWF参考底图】对话框

图6-7 图形效果

6.1.5 使用DGN外部参照

DGN格式文件是MicroStation绘图软件生成的文件，该文件格式对精度、层数以及文件和单元的大小并不限制，另外，该文件中的数据都经过快速优化、检验及压缩，有利于节省存储空间。

在AutoCAD 2014中，插入【DGN外部参照】功能的方法主要有以下几种：

★ 菜单栏：执行【插入】|【DGN参考底图】命令。

★ 命令行：在命令行中输入DGNATTACH命令。

【案例 6-4】： 附着可变均衡器DGN图形

01 新建文件。在【插入】选项卡中，单击【参照】面板中的【附着】按钮 ，打开【选择参照文件】对话框，选择 "6.1.5 使用DGN外部参照.dgn" 图形文件，单击【打开】按钮，即可打开【附着DGN参考底图】对话框，如图6-8所示。

02 单击【确定】按钮，在绘图区中任意指定插入点，即可插入DGN参照，如图6-9所示。

图6-8 【附着DGN参考底图】对话框

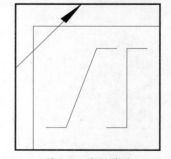

图6-9 图形效果

6.1.6 使用PDF外部参照

PDF格式文件是Adobe公司设计的可移植电子文件格式。其不管是在Windows、Unix还是Mac OS操作系统中都是通用的。这一性能使它成为在Internet上进行电子文档发行和数字化信息传播的理想格式。PDF具有许多其他电子文档格式无法相比的优点。PDF文件格式可以将文字、字型、格式、颜色及独立于设备和分辨率的图形图像等封装在一个文件中，支持特长文件，集成度和安全可靠性都较高。

在AutoCAD 2014中，插入【PDF外部参照】功能的方法主要有以下几种：

★ 菜单栏：执行【插入】|【PDF参考底图】命令。

★ 命令行：在命令行中输入PDFATTACH命令。

6.2 管理外部参照

在AutoCAD中，可在【外部参照】选项板中对附着或裁剪的外部参照进行编辑和管理，或通过【参照管理器】对话框对当前已打开的外部参照进行有效管理，分别介绍如下：

6.2.1 编辑外部参照

在AutoCAD 2014中，用户可以使用【在位编辑参照】命令编辑当前图形中的外部参照，也可以重新定义当前图形中的块定义。

启动【在位编辑参照】功能的方法主要有以下几种：

★ 菜单栏：执行【工具】|【外部参照和块在位编辑】|【在位编辑参照】命令。

★ 命令行：在命令行中输入REFEDIT命令。

★ 功能区：在【插入】选项卡中，单击【参照】面板中的【在位编辑参照】按钮 编辑参照 。

【案例6-5】：编辑压控震荡器外部参照图形

01 单击【快速访问】工具栏中的【打开】按钮 ，打开"第6课\6.2.1 编辑外部参照.dwg"素材文件，如图6-10所示。

02 单击【参照】面板中的【在位编辑参照】按钮 编辑参照 ，选择外部参照图形，打开【参照编辑】对话框，如图6-11所示。

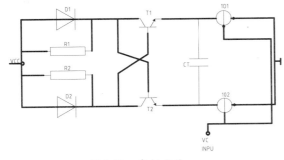

图6-10 素材文件

图6-11 【参照编辑】对话框

在【参照编辑】对话框中，各选项的含义如下：

★ 参照名：显示选定要进行在位编辑的参照以及选定参照中嵌套的所有参照。

★ 预览：显示当前选定参照的预览图像。

★ 路径：显示选定参照的文件位置。如果选定参照是一个块，则不显示路径。

★ 自动选择所有嵌套的对象：控制嵌套对象是否自动包含在参照编辑任务中。

★ 提示选择嵌套的对象：控制是否在参照编辑任务中逐个选择嵌套对象。

03 点选【提示选择嵌套的对象】单选钮，单击【确定】按钮，在绘图区中，选择嵌套对象，如图6-12所示。

04 按回车键结束，即可编辑外部参照，图形效果如图6-13所示。

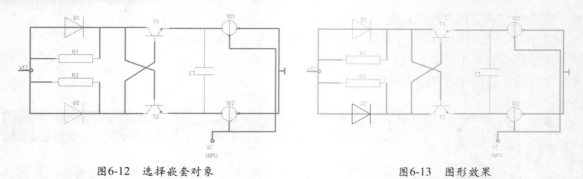

图6-12 选择嵌套对象   图6-13 图形效果

6.2.2 剪裁外部参照

使用【剪裁】命令可以定义剪裁边界。剪裁边界后，只显示边界内的外部参照部分，而不对外部参照定义本身起作用。

启动【剪裁】功能的方法主要有以下几种：

★ 菜单栏：执行【修改】|【剪裁】|【外部参照】命令。

★ 命令行：在命令行中输入CLIP命令。

★ 功能区：在【插入】选项卡中，单击【参照】面板中的【剪裁】按钮。

【案例 6-6】： 剪裁可视对讲摄像机参照图形

`01` 单击【快速访问】工具栏中的【打开】按钮，打开"第6课\6.2.2 剪裁外部参照.dwg"素材文件，如图6-14所示。

`02` 单击【参照】面板中的【剪裁】按钮，选择外部参照图形，进行剪裁操作，如图6-15所示。命令行提示如下：

```
命令: _clip                                           //调用【剪裁】命令
选择要剪裁的对象: 找到 1 个                               //选择外部参照
输入剪裁选项
[开(ON)/关(OFF)/剪裁深度(C)/删除(D)/生成多段线(P)/新建边界(N)] <新建边界>:  //选择【新建边界（N）】
选项
外部模式 – 边界外的对象将被隐藏。
指定剪裁边界或选择反向选项:
[选择多段线(S)/多边形(P)/矩形(R)/反向剪裁(I)] <矩形>:              //选择【矩形（R）】选项
指定第一个角点:                                        //指定左上方端点
指定对角点:                                           //指定下方中点，按Enter结束
```

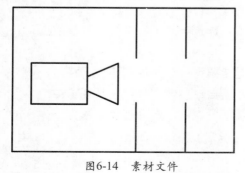

图6-14 素材文件

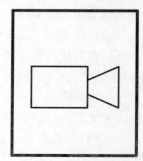

图6-15 图形效果

在【剪裁】命令行中各选项的含义如下。

★ 开（ON）：显示当前图形中外部参照或块的被剪裁部分。

★ 关（OFF）：显示当前图形中外部参照或块的完整几何图形，忽略剪裁边界。

★ 剪裁深度（C）：在外部参照或块上设定前剪裁平面和后剪裁平面，系统将不显示由边界和指定深度所定义的区域外的对象。

★ 删除（D）：为选定的外部参照或块删除剪裁边界。

★ 生成多段线（P）：自动绘制一条与剪裁边界重合的多段线。

★ 新建边界（N）：定义一个矩形或多边形剪裁边界，或者用多段线生成一个多边形剪裁边界。

6.2.3 拆离外部参照

当插入一个外部参照后，如果需要删除该外部参照，可以将其拆离。

启动【外部参照】功能的方法主要有以下几种：

★ 菜单栏：执行【插入】|【外部参照】命令。

★ 命令行：在命令行中输入XREF命令。

★ 功能区：在【插入】选项卡中，单击【参照】面板中的【外部参照】按钮。

【案例6-7】：拆离会议室插座布置图中的参照

01 单击【快速访问】工具栏中的【打开】按钮，打开"第6课\6.2.3 拆离外部参照.dwg"素材文件，如图6-16所示。

02 单击【参照】面板中的【外部参照】按钮，打开【外部参照】选项板，选择【插座1】文件，如图6-17所示。

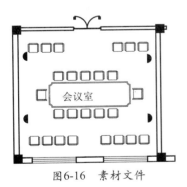
图6-16　素材文件

图6-17　【外部参照】选项板

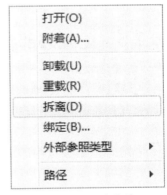
图6-18　快捷菜单

03 右键单击，打开快捷菜单，选择【拆离】选项，如图6-18所示，即可拆离外部参照，图形效果如图6-19所示。

在【外部参照】选项板中，各选项的含义如下。

★ 【附着DWG】按钮：【外部参照】选项板顶部的第一个工具按钮，使用户可以从列表中选择附着DWG、DWF、DGN、PDF或图像。

★ 【刷新】下拉菜单：该下拉菜单显示以下两个选项，分别是【刷新】和【重载所有参照】选项。

★ 【文件参照】列表框：在该列表框中，显示了当前图形中的各个外部参照的名称，可以将显示设置为以列表图或树状图结构显示模式。

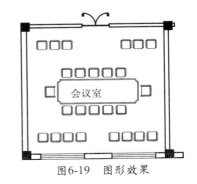
图6-19　图形效果

6.2.4　卸载外部参照

使用卸载外部参照并不删除外部参照的定义，而仅仅取消外部参照的图形显示（包括其所有的副本）。

【案例 6-8】：卸载办公室插座平面图中的参照

01 单击【快速访问】工具栏中的【打开】按钮，打开"第6课\6.2.4 卸载外部参照.dwg"素材文件，如图6-20所示。

02 单击【参照】面板中的【外部参照】按钮，打开【外部参照】选项板，选择【插座2】文件，右键单击，打开快捷菜单，选择【卸载】选项，如图6-21所示。

03 则【已加载】状态变成【已卸载】状态，如图6-22所示，卸载外部参照后的图形效果如图6-23所示。

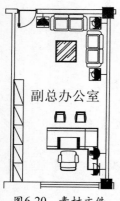   

图6-20　素材文件　　图6-21　选择【卸载】选项　　图6-22　【已卸载】状态　　图6-23　图形效果

6.2.5　重载外部参照

运用【重载】功能，重载外部参照图形，可以改变原图形文件。

【案例 6-9】：重载卧室照明平面图中的参照

01 单击【快速访问】工具栏中的【打开】按钮，打开"第6课\6.2.5 重载外部参照.dwg"素材文件，如图6-24所示。

02 单击【参照】面板中的【外部参照】按钮，打开【外部参照】选项板，选择【线路图】文件，右键单击，打开快捷菜单，选择【重载】选项，如图6-25所示。

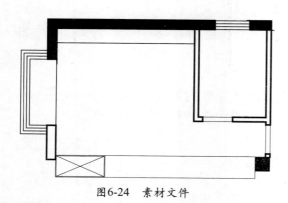

图6-24　素材文件

图6-25　选择【重载】选项

03 则【已卸载】状态变成【已加载】状态，如图6-26所示，加载外部参照后的图形效果如图6-27所示。

图6-26 【已加载】状态

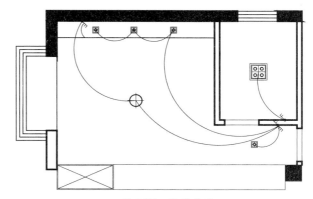

图6-27 图形效果

6.2.6 绑定外部参照

在AutoCAD中，将外部参照与最终图形一起存储，要求图形总是保持在一起，对参照图形的任何修改将持续反映在最终图形中。要防止修改参照图形时更新归档图形，可将外部参照绑定到最终图形，这样可以使外部参照成为图形中的固有部分，而不再是外部参照文件。

启动【绑定】功能的方法主要有以下几种：

★ 菜单栏：执行【修改】|【对象】|【外部参照】|【绑定】命令。

★ 命令行：在命令行中输入XBIND命令。

执行以上任一命令，均可以打开【外部参照绑定】对话框，如图6-28所示。

图6-28 【外部参照绑定】对话框

6.3 实例应用

6.3.1 绘制两居室插座平面图

两居室插座平面图主要用来表示房间、客厅、厨房、阳台以及卫生间等空间的插座布置图，并将布置好的插座图形与配电箱中各供电线路进行连接。本小节通过绘制如图6-29所示的两居室插座平面图，主要考察【直线】命令、【圆】命令及【多边形】等命令的应用。

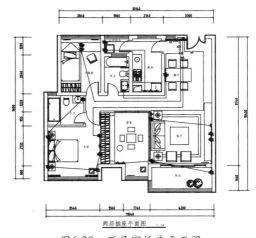

图6-29 两居室插座平面图

01 单击【快速访问】工具栏中的【打开】按钮
，打开"第6课\6.3.1 绘制两居室插座平面图.dwg"素材文件，如图6-30所示。

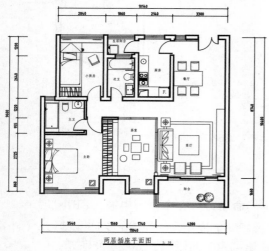

图6-30 素材文件

02 将【电气元件】图层置为当前。调用REC
【矩形】命令、L【直线】命令和H【图案
填充】命令，绘制配电箱，如图6-31所示。

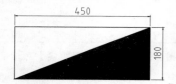

图6-31 绘制配线箱

03 在【插入】选项卡中，单击【参照】面板
中的【附着】按钮，打开【选择参照文
件】对话框，选择"三相插座.dwg"图形文
件，如图6-32所示。

图6-32 【选择参照文件】对话框

04 单击【打开】按钮，即可打开【附着外部参
照】对话框，如图6-33所示。

图6-33 【附着外部参照】对话框

05 单击【确定】按钮，在绘图区中任意指定插
入点，即可插入DWG参照，如图6-34所示。

图6-34 插入DWG参照

06 重复上述方法，依次将"电话网络插座"、
"电话插座"和"电视插座"图形作为DWG
外部参照插入到图形中，如图6-35所示。

图6-35 插入外部参照

07 调用CO【复制】命令、M【移动】命令、
RO【旋转】命令，在平面图中布置电气元
件，如图6-36所示。

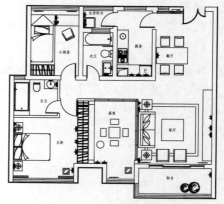

图6-36 布置电气元件

08 将【DQ-000电气】图层置为当前。调用PL【多段线】命令，从配电箱引出一条线连接到餐厅位置，如图6-37所示。

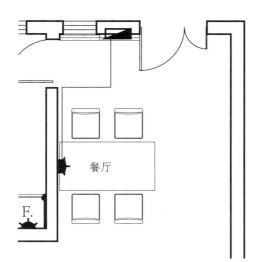

图6-37 引出连接线

09 继续调用L【直线】命令，连接插座，如图6-38所示。

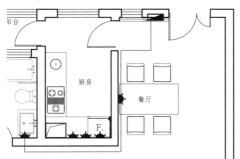

图6-38 连接插座

10 调用MT【多行文字】命令，在连线上输入回路编号，如图6-39所示。

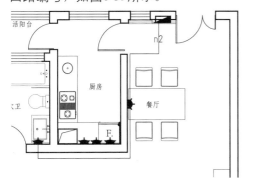

图6-39 输入回路编号

11 此时回路编号与连线重叠。调用TR【修剪】命令，将与编号重叠的连线部分修剪，如图6-40所示。

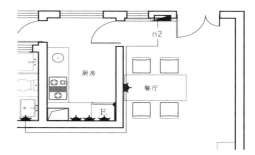

图6-40 修剪图形

12 使用同样的方法，完成其他插座连线的绘制，效果如图6-41所示。

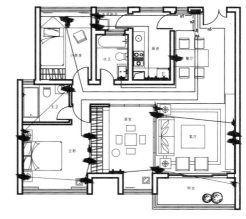

图6-41 绘制其他插座连线

6.3.2 绘制食堂电气平面图

本小节通过绘制图6-42所示的食堂电气平面图，主要考察【矩形】命令、【圆】命令及【多段线】等命令的应用。

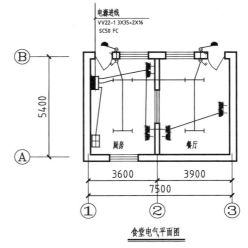

图6-42 食堂电气平面图

01 单击【快速访问】工具栏中的【打开】按钮
📂，打开"第6课\6.3.2 绘制食堂电气平面
图.dwg"素材文件，如图6-43所示。

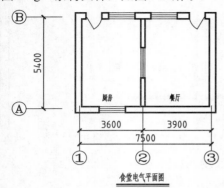

图6-43 素材文件

02 将【电气元件】图层置为当前。调用REC
【矩形】命令、L【直线】命令和H【图案
填充】命令，绘制配电箱，如图6-44所示。

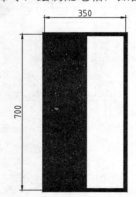

图6-44 绘制配线箱

03 在【插入】选项卡中，单击【参照】面板
中的【附着】按钮🔳，插入"天棚灯"参
照，如图6-45所示。

图6-45 插入【天棚灯】参照

04 在【插入】选项卡中，单击【参照】面板
中的【附着】按钮🔳，插入"密封单极开
关"和"密封双极开关"参照图形，如图
6-46和图6-47所示。

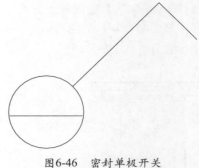

图6-46 密封单极开关

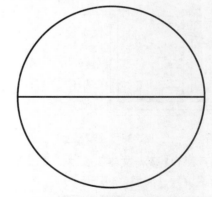

图6-47 密封双极开关

05 调用C【圆】命令，绘制一个半径为200
的圆；调用L【直线】命令，连接直线，
如图6-48所示。

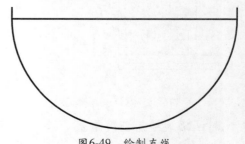

图6-48 绘制图形

06 调用TR【修剪】命令，修剪图形；调用L
【直线】命令，绘制两条长度为20的垂直
直线，如图6-49所示。

图6-49 绘制直线

07 调用L【直线】命令，绘制直线，如图6-50所示。

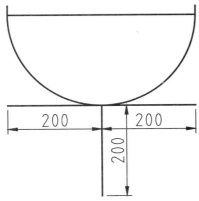

图6-50 绘制直线

08 调用H【图案填充】命令，填充图形，如图6-51所示。

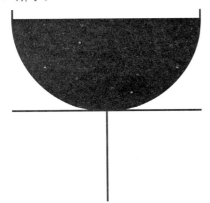

图6-51 填充图形

09 调用CO【复制】命令，将绘制的插座向右复制一份，调用E【删除】命令，删除水平直线，完成双联暗装插座的绘制，如图6-52所示。

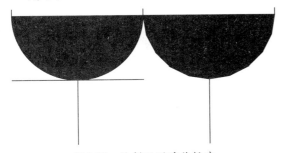

图6-52 绘制双联暗装插座

10 调用PL【多段线】命令，修改【宽度】为10，绘制灯具图形，如图6-53所示。

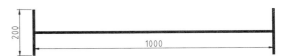

图6-53 绘制灯具图形

11 调用REC【矩形】命令，修改【宽度】为15，绘制一个384×640的矩形；调用L【直线】命令，结合【中点捕捉】功能，绘制直线，如图6-54所示。

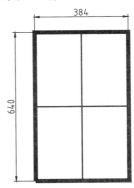

图6-54 绘制电气元件

12 调用CO【复制】命令、M【移动】命令、RO【旋转】命令，在平面图中布置电气元件，如图6-55所示。

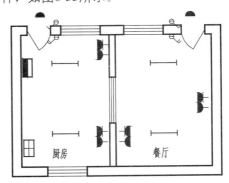

图6-55 布置电气元件

13 调用PL【多段线】命令，修改【宽度】为10，绘制线路图，如图6-56所示。

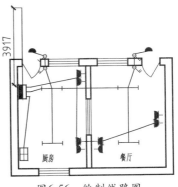

图6-56 绘制线路图

14 调用MLD【多重引线】命令,引出多重引线;调用MT【多行文字】命令,添加文字,图形效果如图6-57所示。

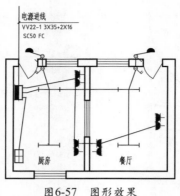

图6-57　图形效果

6.4 课后练习

6.4.1　绘制切换片

切换片的接触点采用线簧孔,安全可靠,断路操作简单方便,主要用于电力自动化、继电保护控制系统等。本实例通过绘制如图6-58所示的切换片,主要考察【圆】命令以及【直线】命令的应用方法。

提示步骤如下:

01 新建空白文件。调用C【圆】命令,结合【临时捕捉】和【对象捕捉】功能,绘制圆,如图6-59所示。

02 调用L【直线】命令,结合【对象捕捉】功能,绘制直线,如图6-60所示。

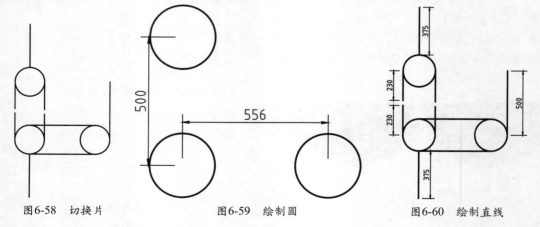

图6-58　切换片　　　　　图6-59　绘制圆　　　　　图6-60　绘制直线

6.4.2　绘制控制回路设计

控制回路通常是针对模拟量的控制来说,一个控制器根据一个输入量,按照一定的规则和算法来决定一个输出量,输入和输出就形成一个控制回路。本实例通过绘制图6-61所示的控制回路设计,主要考察【圆】命令、【样条曲线】命令及【多行文字】等命令的应用。

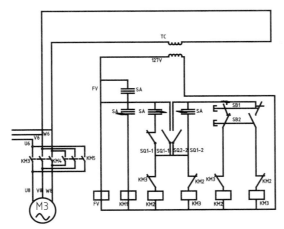

图6-61 控制回路设计

提示步骤如下:

01 新建空白文件。调用LA【图层】命令,打开【图层特性管理器】对话框,依次新建【标注】、【电气元件】、【框图】、【文字】和【线路】图层。

02 将【电气元件】图层置为当前。调用C【圆】命令、SPL【样条曲线】命令以及MT【多行文字】命令,绘制电动机,如图6-62所示。

03 调用PL【多段线】命令,结合【对象捕捉】功能,绘制电感符号,如图6-63所示。

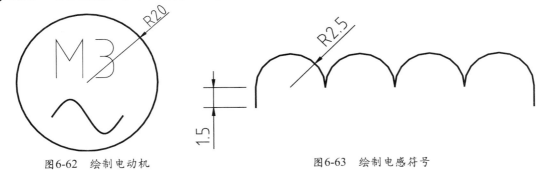

图6-62 绘制电动机　　　　　　　　　　图6-63 绘制电感符号

04 调用REC【矩形】命令,绘制一个23×14的矩形,绘制继电器,如图6-64所示。

05 调用L【直线】命令,结合【对象捕捉】功能,绘制电气元件,如图6-65所示。

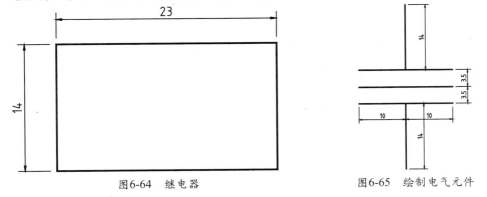

图6-64 继电器　　　　　　　　　　　图6-65 绘制电气元件

06 将【主回路】图层置为当前。调用L【直线】命令,绘制主回路图形,尺寸如图6-66所示。

07 调用CO【复制】命令,将电感符号布置到主回路图形中,如图6-67所示。

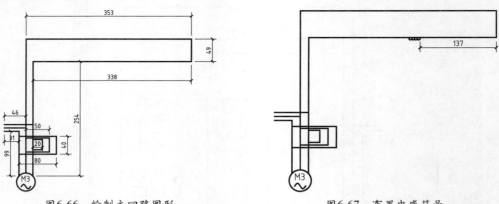

图6-66　绘制主回路图形　　　　　　　　图6-67　布置电感符号

08 将【控制回路】图层置为当前。调用L【直线】命令，绘制主控制回路图形，尺寸如图6-68所示。

09 调用CO【复制】命令，将电气元件布置到主回路图形中，如图6-69所示。

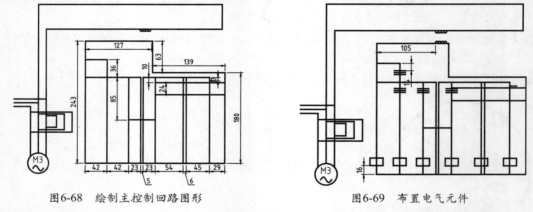

图6-68　绘制主控制回路图形　　　　　　图6-69　布置电气元件

10 调用L【直线】命令、C【圆】命令和H【图案填充】命令，完善图形，如图6-70所示。

11 调用TR【修剪】命令，修剪多余的图形；调用E【删除】命令，删除多余的图形，如图6-71所示。

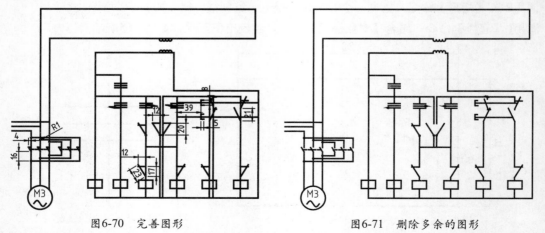

图6-70　完善图形　　　　　　　　　　　图6-71　删除多余的图形

12 调用MT【多行文字】命令，创建多行文字；调用PL【多段线】命令和【L】直线命令，完善图形，最终效果如图6-61所示。

第7课
应用图块与设计中心

在AutoCAD 2014中，图块具有节省空间、便于修改和有利于设计后期的数据统计等特点，因此在绘图中得到广泛的应用。图块是由一个或多个对象组成的对象集合，常用于绘制复杂、重复的图形。设计中心是AutoCAD为了在多个用户或不同的图形之间实现图形信息的共享、重复利用图形中已创建的各种命名对象而提供的工具。本章主要介绍应用图块与AutoCAD设计中心的操作方法。

【本课知识】：
1. 掌握图块的创建与编辑方法。
2. 掌握属性图块的创建与编辑方法。
3. 掌握动态图块的创建与编辑方法。
4. 掌握AutoCAD设计中心的使用方法。

7.1 创建与编辑图块

创建图块就是将已有的图形对象定义为图块的过程，可将一个或多个图形对象定义为一个图块。本节主要介绍创建与编辑图块的操作方法。

7.1.1 认识图块

图块是指由一个或多个图形对象组合而成的一个整体，简称为块。在绘图过程中，用户可以将定义的块插入到图纸中的指定位置，并且可以进行缩放、旋转等，而且对于组成块的各个对象而言，还可以有各自的图层属性，同时还可以对图块进行相应的修改。

在AutoCAD 2014中，图块有以下5个特点：

★ 提高绘图速度：在绘图过程中，往往要绘制一些重复出现在图形。如果把这些图形创建成图块保存起来，绘制它们时就可以用插入块的方法实现，即把绘图变成了拼图，这样就避免了大量的重复性工作，大大提高了绘图速度。

★ 建立图块库：可以将绘图过程中常用到的图形定义成图块，保存在磁盘上，这样就形成了一个图块库。当用户需要插入某个图块时，可以将其调出，插入到图形文件中，极大的提高了绘图效率。

★ 节省存储空间：AutoCAD要保存图中每个对象的相关信息，如对象的类型、名称、位置、大小、线型及颜色等，这些信息要占用存储空间。如果使用图块，则可以大大节省磁盘的空间，AutoCAD仅需记住这个块对象的信息，对于复杂且需多次绘制的图形，这一特点更为明显。

★ 方便修改图形：在工程设计中，特别是讨论方案、技术改造初期，常需要修改绘制的图形，如果图形是通过插入图块的方法绘制的，那么只要简单地对图块重新定义一次，就可以对AutoCAD上所有插入的图块进行修改。

★ 赋予图块属性：很多块图要求有文字信息以进一步解释其用途。AutoCAD允许用户用图块创建这些文件属性，并可在插入的图块中指定是否显示这些属性。属性值可以随插入图块的环境不同而改变。

7.1.2 创建图块

使用【创建块】命令可将已有图形对象定义为图块，图块分为内部图块和外部图块。

启动【创建块】命令有如下几种方法：

★ 菜单栏：执行【绘图】|【块】|【创建】命令。

★ 命令行：输入BLOCK/B命令。

★ 功能区1：在【插入】选项卡中，单击【块定义】面板中的【创建块】按钮 。

★ 功能区2：在【默认】选项卡中，单击【块】面板中的【创建块】按钮 创建。

【案例7-1】：创建可控调节启动器图块

01 单击【快速访问】工具栏中的【打开】按钮 ，打开"第7课\7.1.2 创建图块.dwg"素材文件，如图7-1所示。

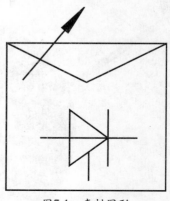

图7-1 素材图形

02 在【插入】选项卡中，单击【块】面板中的【创建块】按钮，打开【块定义】对话框，在【名称】文本框中输入"电气符号"，如图7-2所示。

图7-2 【块定义】对话框

03 单击【对象】选项组中的【选择对象】按钮，选择所有图形，按空格键返回对话框。

04 单击【基点】选项组中的【拾取点】按钮，返回绘图区指定图形左下方端点作为块的基点，如图7-3所示。

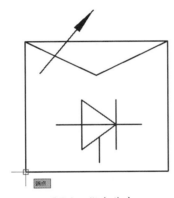

图7-3 指定基点

05 单击【确定】按钮，完成普通块的创建，此时图形成为一个整体，其图块显示效果如图7-4所示。

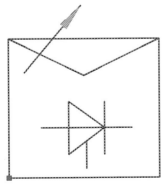

图7-4 图块显示效果

在【创建块】对话框中，各选项的含义如下：

★ 【名称】文本框：用于输入或选择块的名称。

★ 【拾取点】按钮：单击该按钮，系统切换到绘图窗口中拾取基点。

★ 【选择对象】按钮：单击该按钮，系统切换到绘图窗口中拾取创建块的对象。

★ 【保留】单选按钮：创建块后保留源对象不变。

★ 【转换为块】单选按钮：创建块后将源对象转换为块。

★ 【删除】单选按钮：创建块后删除源对象。

★ 【允许分解】复选框：勾选该选项，允许块被分解。

7.1.3 插入图块

被创建成功的图块，可以在实际绘图时根据需要插入到图形中使用，在AutoCAD中不仅可插入单个图块，还可连续插入多个相同的图块。

启动【插入块】命令有如下几种方法：

★ 菜单栏：执行【插入】|【块】命令。

★ 命令行：输入INSERT/I命令。

★ 功能区1：在【插入】选项卡中，单击【块】面板中的【插入】按钮。

★ 功能区2：在【默认】选项卡中，单击【块】面板中的【插入】按钮。

【案例7-2】：插入电气图形中的图块

01 单击【快速访问】工具栏中的【打开】按钮，打开"第7课\7.1.3 插入图块.dwg"素材文件，如图7-5所示。

02 在【默认】选项卡中，单击【块】面板中的【插入】按钮，打开【插入】对话框，在【名称】列表框中，选择【文字】选项，如图7-6所示。

03 单击【确定】按钮，返回到绘图区域，插入文字，最终结果如图7-7所示。

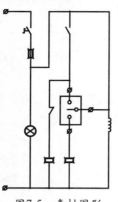

图7-5 素材图形

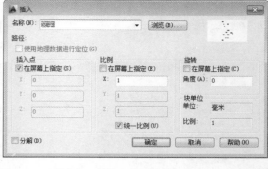

图7-6 【插入】对话框

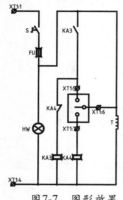

图7-7 图形效果

图7-8 【插入】对话框

在【插入】对话框中，各选项的含义如下：

★ 【名称】下拉列表框：选择需要插入的块的名称。当插入的块是外部块，则需要单击其右侧的【浏览】按钮，打开【选择图形文件】对话框，如图7-8所示，在其中选择外部块。

★ 【插入点】选项组：插入基点坐标，可以直接在X、Y、Z三个文本框中输入插入点的绝对坐标；更简单的方式是通过勾选【在屏幕上指定】复选框，用对象捕捉的方法在绘图区内直接捕捉确定。

★ 【比例】选项组：设置块的缩放比例。可以直接在X、Y、Z三个文本框中输入三个方向上的缩放比例。也可以通过勾选【在屏幕上指定】复选框，在绘图区内动态确定缩放比例。勾选【统一比例】复选框，则在X、Y、Z三个方向上的缩放比例相同。

★ 【旋转】选项组：设置块的旋转角度。可以直接在【角度】文本框中输入旋转角度值；也可以通过勾选【在屏幕上指定】复选框，在绘图区内动态确定旋转角度。

★ 【分解】复选框：设置是否在插入块的同时分解插入的块。

▌7.1.4 重新定义图块

如果在一个图形文件中多次重复插入一个图块，又需将所有相同的图块统一修改或改变成另一个标准，则可以运用图块的重新定义功能来实现。启动【重定义】命令如下：

★ 菜单栏：选择【修改】|【对象】|【块说明】命令。

【案例 7-3】：重定义断路器图块

01 单击【快速访问】工具栏中的【打开】按钮 📂，打开"第7课\7.1.4 重新定义图块.dwg"素材图形，如图7-9所示。

02 调用X【分解】命令，将图块对象，进行分解操作，任选一条直线，查看分解效果，如图7-10所示。

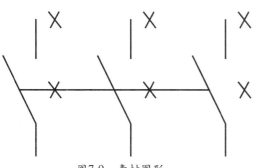

图7-9　素材图形　　　　　　　　　　　　图7-10　分解效果图

03 调用E【删除】命令，删除多余的图形，如图7-11所示。

04 在【插入】选项卡中，单击【块】面板中的【创建块】按钮，打开【块定义】对话框，在【名称】文本框中输入【断路器】，如图7-12所示。

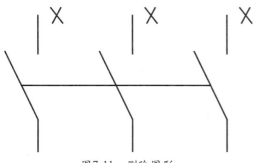

图7-11　删除图形　　　　　　　　　　　　图7-12　【块定义】对话框

05 单击【对象】选项组中的【选择对象】按钮，选择所有图形，按空格键返回对话框。

06 单击【基点】选项组中的【拾取点】按钮，返回绘图区指定图形左下方端点作为块的基点，如图7-13所示。

07 单击【确定】按钮，打开【块-重定义块】对话框，如图7-14所示，单击【重定义】按钮，即可重新定义图块。

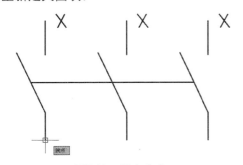

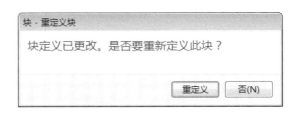

图7-13　指定基点　　　　　　　　　　　　图7-14　【块-重定义块】对话框

7.2 创建与编辑属性图块

属性块是指图形中包含图形信息和非图形信息的图块，非图形信息是指块属性。块属性是块的组成部分，是特定的可包含在块定义中的文字对象。

7.2.1 创建属性图块

定义块属性必须在定义块之前进行。调用【定义属性】命令，可以创建图块的非图形信息。

　　启动【定义属性】命令有如下几种方法：

★　菜单栏：执行【绘图】|【块】|【定义属性】命令。

★　命令行：在命令行中输入ATTDEF/ATT。

★　功能区1：在【插入】选项卡中，单击【块定义】面板中的【定义属性】按钮 。

★　功能区2：在【默认】选项卡中，单击【块定义】面板中的【定义属性】按钮 。

　　【案例7-4】：　定义集线器属性图块

01 新建文件。调用REC【矩形】命令，绘制一个750×300的矩形，如图7-15所示。

02 在【插入】选项卡中，单击【块定义】面板中的【定义属性】按钮 ，打开【定义属性】对话框，在【属性】选项组和【文字设置】选项组进行设置，如图7-16所示。

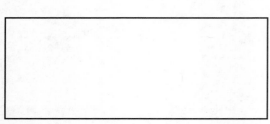

图7-15　绘制矩形

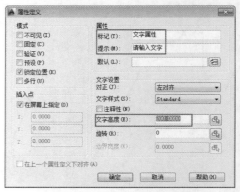

图7-16　【定义属性】对话框

03 单击【确定】按钮，根据命令行的提示在合适的位置输入属性，如图7-17所示。

04 在命令行中输入B【创建块】命令，系统弹出【块定义】对话框。在【名称】文本框中输入"文字"，如图7-18所示，单击【选择对象】按钮，选择整个图形；单击【拾取点】按钮，拾取图形的左下角点作为基点。

图7-17　输入属性

图7-18　【块定义】对话框

05 单击【确定】按钮，系统弹出【编辑属性】对话框，输入文字"HUB"，如图7-19所示。

06 单击【确定】按钮，返回绘图区域，完成属性图块的创建，如图7-20所示。

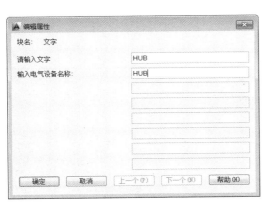

图7-19　【编辑属性】对话框

图7-20　创建属性图块

在【属性定义】对话框中，常用选项的含义如下：

★　【模式】选项组：用于设置属性的模式。【不可见】表示插入块后是否显示属性值；【固定】表示属性是否是固定值，为固定值则插入后块属性值不再发生变化；【验证】用于验证所输入的属性值是否正确；【预设】表示是否将属性值直接设置成它的默认值；【锁定位置】用于固定插入块的坐标位置，一般选择此项；【多行】表示使用多段文字来标注块的属性值。

★　【属性】选项组：用于定义块的属性。【标记】文本框中可以输入属性的标记，标识图形中每次出现的属性；【提示】文本框用于在插入包含该属性定义的块时显示的提示；【默认】文本框用于输入属性的默认值。

★　【插入点】选项组：用于设置属性值的插入点。

★　【文字设置】选项组：用于设置属性文字的格式。

7.2.2　插入属性图块

当用户插入一个带有属性的块时，命令行中的提示和插入一个不带属性的块相同，只是在后面增加了属性输入提示。

【案例7-5】：插入云台摄像机中的属性图块

01 单击【快速访问】工具栏中的【打开】按钮，打开"第7课\7.2.2　插入属性图块.dwg"素材图形，如图7-21所示。

02 单击【块】面板中的【插入】按钮，打开【插入】对话框，在【名称】列表框中，选择【文字】选项，如图7-22所示。

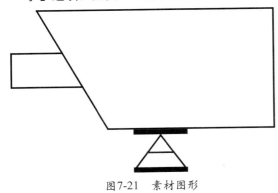

图7-21　素材图形

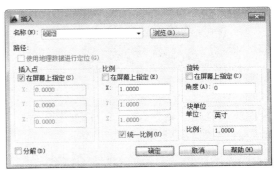

图7-22　【插入】对话框

03 单击【确定】按钮，在绘图区中单击鼠标，打开【编辑属性】对话框，在【文字】文本框中输入"OH"，如图7-23所示。

04 单击【确定】按钮，即可插入属性图块，如图7-24所示。

图7-23 【编辑属性】对话框

图7-24 插入属性图块

■ 7.2.3 编辑块的属性

使用【编辑块属性】命令，可以对属性图块的值、文字选项以及特性等参数进行编辑。

启动【编辑块属性】命令有如下几种方法：

★ 菜单栏：执行【修改】|【对象】|【属性】|【单个】命令。

★ 命令行：输入EATTEDIT命令。

★ 功能区1：在【插入】选项卡中，单击【块】面板中的【单个】按钮。

★ 功能区2：在【默认】选项卡中，单击【块】面板中的【单个】按钮。

★ 鼠标法：双击鼠标左键。

【案例7-6】： 编辑空调插座的块属性

01 单击【快速访问】工具栏中的【打开】按钮，打开"第7课\7.2.3 编辑块的属性.dwg"素材图形，如图7-25所示。

02 单击【块】面板中【单个】按钮，在命令行提示下选择属性图块，打开【增强属性编辑器】对话框，如图7-26所示。

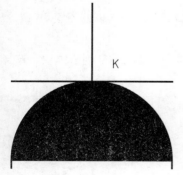

图7-25 素材图形

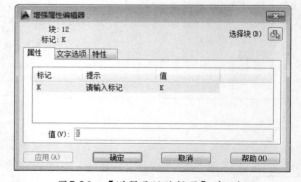

图7-26 【增强属性编辑器】对话框

03 单击【文字选项】选项卡，修改【高度】为200，如图7-27所示，单击【确定】按钮，即可编辑属性图块，图形效果如图7-28所示。

在【增强属性编辑器】对话框中，常用选项的含义如下：

★ 块：编辑其属性的块的名称。

★ 标记：标识属性的标记。

★ 选择块：在使用定点设备选择块时临时关闭对话框。

★ 应用：更新已更改属性的图形，并保持增强属性编辑器打开。

★ 文字选项：设定用于定义图形中属性文字的显示方式的特性。

★ 特性：定义属性所在的图层以及属性文字的线宽、线型和颜色。

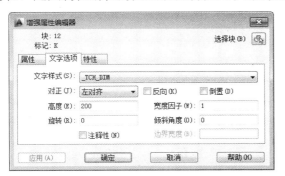

图7-27 修改参数

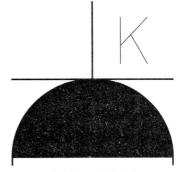

图7-28 图形效果

7.2.4 提取属性数据

通过提取数据信息，用户可以轻松地直接使用图形数据来生成清单或明细表。如果每个块都具有标识设备型号和制造商的数据，就可以生成用于估算设备价格的报告。

启动【属性提取】命令有如下几种方法：

★ 菜单栏：执行【工具】|【属性提取】命令。

★ 命令行：输入ATTEXT命令。

【案例7-7】：提取属性数据

01 在命令行中输入DATAEXTRACTION【属性提取】命令并按回车键结束，打开【属性提取-开始】对话框，如图7-29所示。

图7-29 【数据提取-开始】对话框

02 点选【创建新数据提取】单选钮，单击【下一步】按钮，打开【将数据提取另存为】对话框，如图7-30所示，设置文件名称和存储路径。

03 单击【保存】按钮，打开【数据提取-定义数据源】对话框，如图7-31所示。

04 单击【下一步】按钮，打开【数据提取-加载文件】对话框，显示加载进度，如图7-32

所示。

图7-30 【将数据提取另存为】对话框

图7-31 【数据提取-定义数据源】对话框

图7-32 【数据提取-加载文件】对话框

05 加载完成后，打开【数据提取-选择对象】对话框，如图7-33所示。

图7-33 【数据提取-选择对象】对话框

06 单击【下一步】按钮，打开【数据提取-选择特性】对话框，如图7-34所示。

图7-34 【数据提取-选择特性】对话框

07 单击【下一步】按钮，打开【数据提取-优化数据】对话框，如图7-35所示。

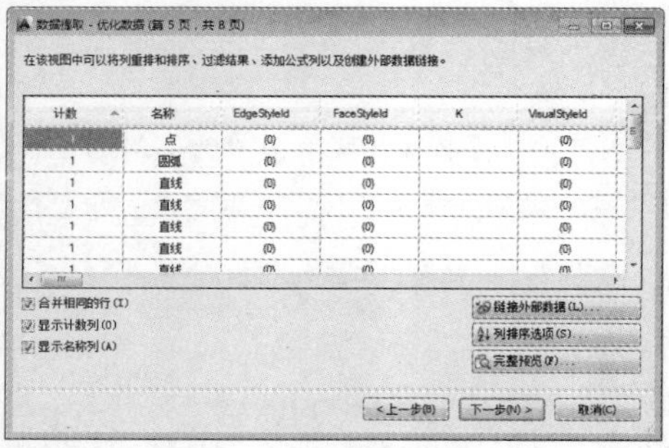

图7-35 【数据提取-优化数据】对话框

08 单击【下一步】按钮，打开【数据提取-选择输出】对话框，勾选【将数据提取处理表插入图形】和【将数据输出至外部文件】复选框，如图7-36所示。

图7-36 【数据提取-选择输出】对话框

09 单击【下一步】按钮，打开【数据提取-表格样式】对话框，如图7-37所示。

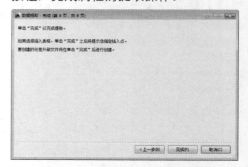

图7-37 【数据提取-表格样式】对话框

10 单击【下一步】按钮，打开【数据提取-完成】对话框，如图7-38所示，单击【完成】按钮，完成属性的提取操作。

图7-38 【数据提取-完成】对话框

7.3 创建与编辑动态图块

在AutoCAD 2014中创建了图块之后，还可以向图块添加参数和动作使其成为动态块。动态块具有灵活性和智能性，用户可以在操作过程中轻松地更改图形中的动态块参照，可以通过自定义夹点或自定义特性来操作动态块参照中的图形。用户还可以根据需要调整块，而不用搜索另一个块来插入或重定义现有的块，这样就大大提高了工作效率。

▌7.3.1 认识动态图块

在AutoCAD中，可以为普通图块添加动作，将其转换为动态图块，动态图块可以直接通过移动动态夹点来调整图块大小、角度，避免了频繁地参数输入或命令调用（如缩放、旋转、镜像命令等），使图块的操作变得更加轻松。

创建动态块的步骤有两步：一是往图块中添加参数，二是为添加的参数添加动作。动态块的创建需要使用【块编辑器】。块编辑器是一个专门的编写区域，用于添加能够使块成为动态块的元素。

▌7.3.2 创建动态图块

添加到块定义中的参数和动作类型定义了动态块参照在图形中的作用方式。

启动【块编辑器】命令有如下几种方法：

★ 菜单栏：执行【工具】|【块编辑器】命令。

★ 命令行：在命令行中输入BEDIT/BE命令。

★ 功能区1：在【插入】选项卡中，单击【块】面板中的【块编辑器】按钮🖪。

★ 功能区2：在【默认】选项卡中，单击【块】面板中的【块编辑器】按钮🖪。

【案例7-8】：创建中间开关动态图块

`01` 单击【快速访问】工具栏中的【打开】按钮🖿，打开"第7课\7.3.2 创建动态图块.dwg"素材图形，如图7-39所示。

`02` 单击【块】面板中的【块编辑器】按钮🖪，打开【编辑块定义】对话框，选择【中间开关】图块，如图7-40所示。

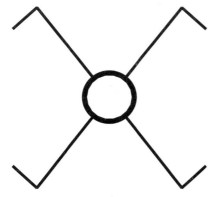

图7-39 素材图形

图7-40 【编辑块定义】对话框

`03` 单击【确定】按钮，打开【块编辑器】面板，此时绘图窗口变为浅灰色。

`04` 在【块编写选项板】右侧单击【参数】选项卡，再单击【旋转】按钮，如图7-41所示，为块添加旋转参数，如图7-42所示，命令行提示如下：

```
命令：_BParameter 旋转                                    //调用【旋转】命令
指定基点或 [名称(N)/标签(L)/链(C)/说明(D)/选项板(P)/值集(V)]：   //指定圆心点
指定参数半径：1.25                                        //输入参数值
指定默认旋转角度或 [基准角度(B)] <0>：60                    //指定角度参数
指定标签位置：                                            //指定标签位置即可
```

`05` 在【块编写选项板】右侧单击【动作】选项卡，再单击【旋转】按钮，根据提示为旋转参数添加旋转动作，如图7-43所示，命令行提示如下：

命令：_BActionTool 旋转	//调用【旋转】命令
选择参数：	//选择旋转参数
指定动作的选择集	
选择对象：指定对角点：找到 12 个	//选择所有对象，按回车键结束

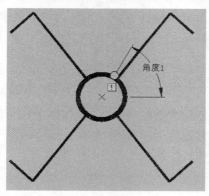
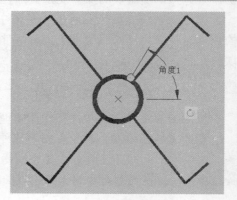

图7-41 【块编写选项板】面板 　图7-42 添加旋转参数　　　　图7-43 添加旋转动作

06 在【块编辑器】选项卡中，单击【保存块】按钮，保存创建的动作块，单击【关闭块编辑器】按钮，关闭块编辑器，完成动态块的创建，并返回到绘图窗口。

07 为图块添加旋转动作效果如图7-44所示。

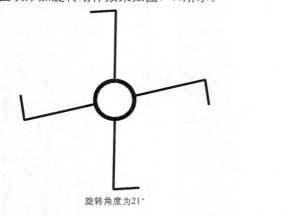
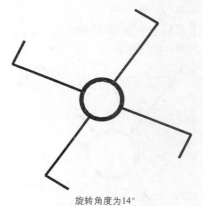

旋转角度为21°　　　　　　　　　　　　　　旋转角度为14°

图7-44 中间开关动态图块效果

7.4 使用AutoCAD设计中心

　　　　AutoCAD设计中心为用户提供了一个直观且高效的工具来管理图形设计资源。利用它可以访问图形、块、图案填充和其他图形内容，可以将原图形中的任何内容拖曳到当前图形中，还可以将图形、块和填充拖曳至工具面板上。原图可以位于用户的计算机、网络位置或网站上。另外，如果打开了多个图形，则可以通过设计中心，在图形之间复制和粘贴其他内容，如图层定义、布局和文字样式来简化绘图过程。

7.4.1 认识设计中心面板

　　AutoCAD设计中心（AutoCAD Design Center，简称ADC）为用户提供了一个直观且高效的工具。它与Windows操作系统中的资源管理器类似，通过设计中心管理众多的图形资源。

使用设计中心可以实现以下操作：

★ 浏览、查找本地磁盘、网络或互联网的图形资源并通过设计中心打开文件。

★ 在定义表中查看图形文件中命名对象（例如块和图层）的定义，然后将定义插入、附着、复制和粘贴到当前图形中。

★ 更新（重定义）块定义。

★ 创建指向常用图形、文件夹和Internet网址的快捷方式。

★ 向图形中添加内容（例如外部参照、块和填充）。

★ 在新窗口中打开图形文件。

★ 将图形、块和填充拖动到工具选项板上以便访问。

★ 可以控制调色板的显示方式，可以选择大图标、小图标、列表和详细资料等4种Windows的标准方式中的一种，可以控制是否预览图形，是否显示调色板中图形内容相关的说明内容。

★ 设计中心能够将图形文件及图形文件中包含的块、外部参照、图层、文字样式、命名样式及尺寸样式等信息展示出来，提供预览功能并快速插入到当前文件中。

启动【设计中心】命令有如下几种方法：

★ 菜单栏：执行【工具】|【选项板】|【设计中心】命令。

★ 命令行：在命令行中输入ADCENTER命令。

★ 功能区：在【视图】选项卡中，单击【选项板】面板中的【设计中心】按钮📖。

★ 快捷键：按Ctrl+2键。

执行以上任一命令，均可以打开【设计中心】面板，如图7-45所示。【设计中心】面板分为两部分，左边为树状图，右边为内容区。可以在树状图中浏览内容的源，而在内容区显示内容。可以在内容区中将项目添加到图形或工具选项板中。

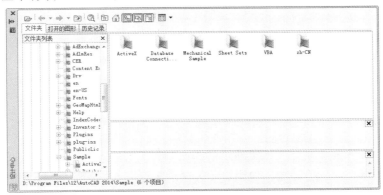

图7-45 【设计中心】面板

【设计中心】面板主要由5部分组成：标题栏、工具栏、选项卡、显示区和状态栏，下面将分别进行介绍。

1. 标题栏

【标题栏】可以控制AutoCAD设计中心窗口的尺寸、位置、外观形状和开关状态等。单击【特性】按钮📧或在标题栏上右击鼠标，可以打开快捷菜单，如图7-46所示。

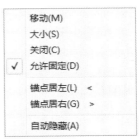

图7-46 快捷菜单

锚点居左或锚点居右表示是否允许窗口固定和设置窗口是否自动隐藏。

单击【自动隐藏】按钮 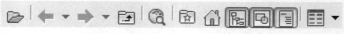，【设计中心】窗口将自动隐藏，只留下标题栏。当鼠标放在【标题栏】上时，【设计中心】窗口将恢复，移开鼠标，【设计中心】窗口再次隐藏。

2．工具栏

工具栏用来控制树状图和内容区中信息的浏览和显示，如图7-47所示。

图7-47　工具栏

3．选项卡

【设计中心】面板的选项卡主要包括【文件夹】选项卡、【打开的图形】选项卡和【历史记录】选项卡。

【文件夹】选项卡是设计中心最重要也是使用频率最多的选项卡。它显示计算机或网络驱动器中文件和文件夹的层次结构。它与Windows的资源管理器十分类似，分为左右两个子窗口。左窗口为导航窗口，用来查找和选择源；右窗口为内容窗口，用来显示指定源的内容。

【打开的图形】选项卡用于在设计中心中显示在当前AutoCAD环境中打开的所有图形。其中包括最小化了的图形。此时单击某个文件图标，就可以看到该图形的有关设置，如图层、线型、文字样式、块、标注样式等，如图7-48所示。

【历史记录】选项卡用于显示用户最近浏览的AutoCAD图形。显示历史纪录后，在一个文件上单击鼠标右键显示此文件信息或从【历史记录】列表中删除此文件，如图7-49所示。

图7-48　【打开的图形】选项卡

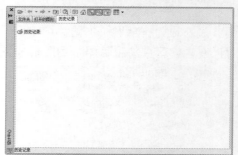

图7-49　【历史记录】选项卡

4．显示区

【显示区】分为内容显示区，预览显示区和说明显示区。内容显示区显示图形文件的内容，预览显示区显示图形文件的缩略图，说明显示区显示图形文件的描述信息，如图7-50所示。

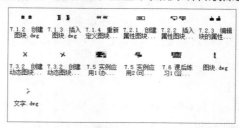

图7-50　显示区

5．状态栏

【状态栏】用于显示所选文件的路径，如图7-51所示。

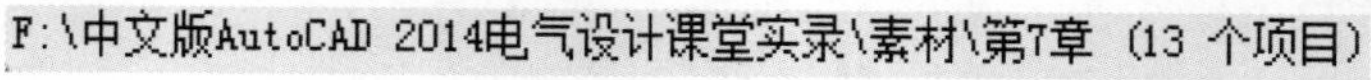

F:\中文版AutoCAD 2014电气设计课堂实录\素材\第7章（13 个项目）

图7-51　状态栏

7.4.2 加载图形

在【设计中心】面板中，单击【加载】按钮，打开【加载】对话框，如图7-52所示。该对话框主要用于浏览磁盘中的图形文件。

图7-52 【加载】对话框

7.4.3 查找对象

在【设计中心】面板中，单击【搜索】按钮，打开【搜索】对话框，如图7-53所示。在该对话框的【搜索文字】文本框中输入文字"图块"，单击【立即搜索】按钮，即可查找出对象，如图7-54所示。

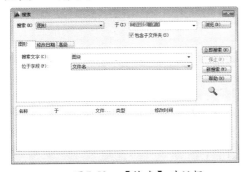

图7-53 【搜索】对话框

图7-54 搜索结果

7.4.4 收藏对象

在【设计中心】面板中，单击【收藏夹】按钮，显示如图7-55所示的界面。可以在【文件夹列表】中显示Favorites\Autodesk文件夹的内容，用户可以通过收藏夹标记存放在本地硬盘、网络驱动器或Internet网页上的常用文件。

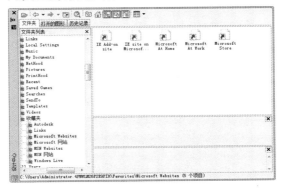

图7-55 【收藏夹】界面

7.4.5 预览对象

在【设计中心】面板中，单击【预览】按钮 ⚏，可以打开或关闭预览窗口，确定是否显示预览图像。可以通过拖动鼠标来改变预览窗口的大小。其预览区如图7-56所示。

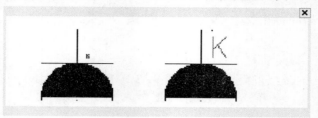

图7-56 预览区

7.5 实例应用

7.5.1 绘制办公楼一层照明平面图

办公室一层照明平面图主要用来讲述如何在办公室、化验室、门厅以及厕所等空间中布置插座、灯具图形的方法。本小节通过绘制如图7-57所示的办公楼一层照明平面图，主要考察【圆】命令、【插入】命令及【复制】命令等的应用。

01 单击【快速访问】工具栏中的【打开】按钮 📂，打开"第7课\7.5.1 绘制办公楼一层照明平面图.dwg"素材文件，如图7-58所示。

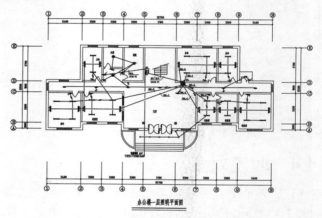

图7-57 办公楼一层照明平面图

02 将【电气元件】图层置为当前。调用C【圆】命令，绘制一个半径为250的圆；调用L【直线】命令，连接直线，如图7-59所示。

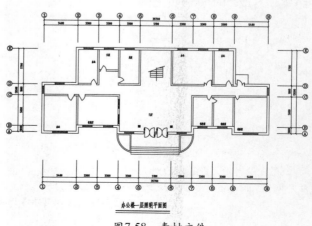

图7-58 素材文件

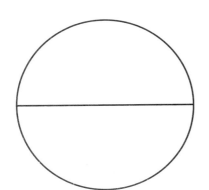

图7-59　绘制图形

03 调用TR【修剪】命令，修剪图形；调用L 【直线】命令，绘制两条长度为25的垂直 直线，如图7-60所示。

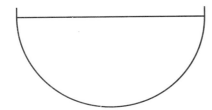

图7-60　绘制图形

04 调用L【直线】命令，绘制直线；调用H【图 案填充】命令，填充图形，如图7-61所示。

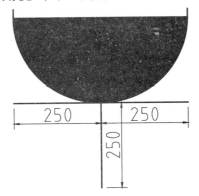

图7-61　绘制图形图

05 调用CO【复制】命令，将绘制的插座向右 复制一份，调用E【删除】命令，删除水平 直线，完成双联暗装插座的绘制如图7-62 所示。

图7-62　绘制双联暗装插座

06 调用B【创建块】命令，打开【块定义】对 话框，在【名称】文本框中输入【双联暗装 插座】，如图7-63所示。

图7-63　【块定义】对话框

07 单击【选择对象】按钮，选择所有图形，返 回【块定义】对话框，单击【拾取点】按 钮，拾取相应的端点，如图7-64所示，单击 【确定】按钮，即可创建图块。

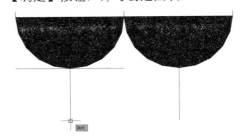

图7-64　拾取相应端点

08 调用I【插入】命令，打开【插入】对话 框，单击【浏览】按钮，如图7-65所示。

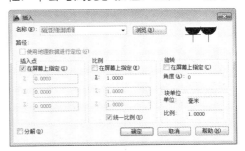

图7-65　【插入】对话框

09 打开【选择图形文件】对话框，选择【密封 单极开关】图形文件，如图7-66所示。

10 单击【打开】和【确定】按钮，根据命令行 提示指定插入点，插入图块，效果如图7-67 所示。

11 调用CO【复制】命令，将插入的图块复制两 份，将复制后的图形修改为如图7-68所示的指 示灯开关和如图7-69所示的暗装单极开关。

图7-66 【选择图形文件】对话框

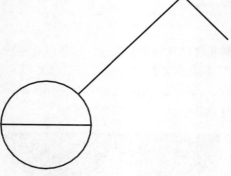

图7-67 插入图块

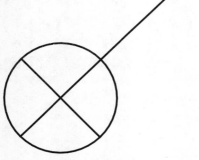

图7-68 指示灯开关

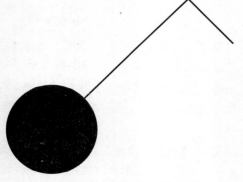

图7-69 暗装单极开关

12 调用CO【复制】命令，将绘制的暗装单极开关复制一份，将复制后的图形修改为暗装双极开关，如图7-70所示。

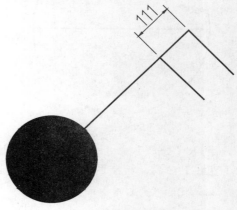

图7-70 暗装双极开关

13 调用C【圆】命令，绘制一个半径为125的筒灯，如图7-71所示。

图7-71 绘制筒灯

14 调用C【圆】命令，绘制一个半径为250的圆；调用H【图案填充】命令，在新绘制的圆内填充图形，完成球形灯的绘制，如图7-72所示。

图7-72 绘制球形灯

15 调用CO【复制】命令，将新绘制的球形灯复制一份，修改图形，完成天棚灯的绘制，如图7-73所示。

图7-73 绘制天棚灯

16 调用REC【矩形】命令，在绘图区中绘制一个1000×500的矩形；调用L【直线】命令，绘制连接线；调用H【图案填充】命令，填充图形，完成配电箱的绘制，如图7-74所示。

图7-74 绘制配电箱

17 调用L【直线】命令和O【偏移】命令，绘制双管荧光灯，如图7-75所示。

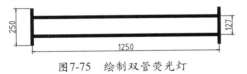

图7-75 绘制双管荧光灯

18 调用I【插入】命令，依次插入【箭头开关】和【照明配电箱】图形到平面图中，如图7-76和图7-77所示。

图7-76 箭头开关

图7-77 照明配电箱

19 调用CO【复制】命令、M【移动】命令、RO【旋转】命令等，将电气元件图形布置到平面图中，效果如图7-78所示。

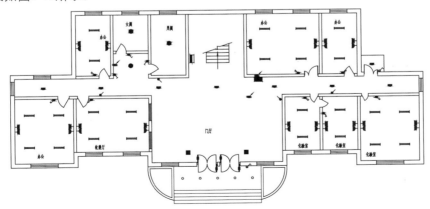

图7-78 布置电气元件

20 将【线路】图层置为当前。调用PL【多段线】命令，修改【宽度】为30，绘制插座连线，效果如图7-79所示。

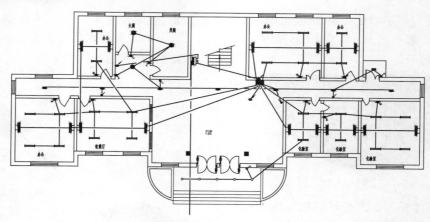

图7-79 绘制插座连线

21 调用L【直线】命令，结合【对象捕捉】功能，绘制导线，如图7-80所示。

22 重新调用L【直线】命令，结合【对象捕捉】功能，绘制其他的导线对象，如图7-81所示。

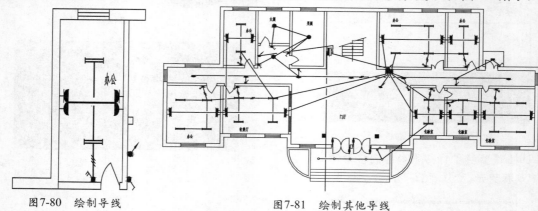

图7-80 绘制导线

图7-81 绘制其他导线

23 调用MLD【多重引线】命令和MT【多行文字】命令，标注图形，最终效果如图7-82所示。

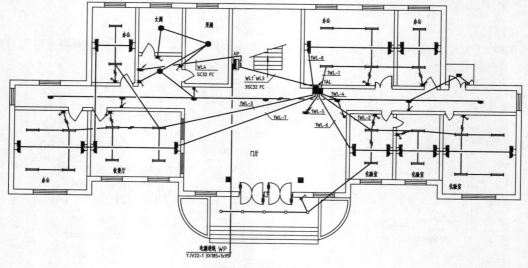

图7-82 最终效果

7.5.2 绘制可视对讲系统图

可视对讲系统是一套现代化的小区住宅服务措施，提供访客与住户之间双向可视通话，达到图像、语音双重识别，从而增加安全可靠性，同时节省大量的时间，提高了工作效率。更重要的是，一旦住户家内所安装的门磁开关、红外报警探测器、烟雾探测器、瓦斯报警器等设备连接到可视对讲系统的保全型室内机上以后，可视对讲系统就升级为一个安全技术防范网络。本小节通过绘制如图7-83所示的可视对讲系统图，主要考察【直线】命令、【插入】命令及【属性定义】命令等的应用。

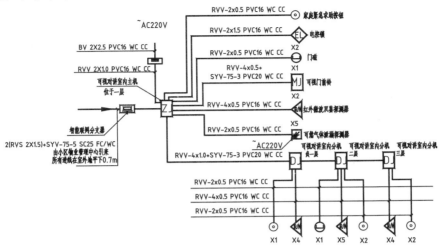

图7-83　可视对讲系统图

01 新建空白文件。调用LA【图层】命令，依次创建【线路】和【文字】图层。

02 将【线路】图层置为当前。调用PL【多段线】命令，修改【宽度】为30，绘制多段线，尺寸如图7-84所示。

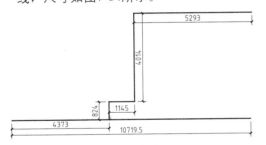

图7-84　绘制多段线

03 调用O【偏移】命令，将新绘制的多段线进行偏移操作，如图7-85所示。

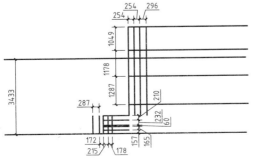

图7-85　修改多段线

04 调用F【圆角】命令，修改圆角半径为【0】，对偏移后的直线进行圆角操作，如图7-86所示。

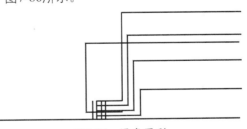

图7-86　圆角图形

05 调用TR【修剪】命令，修剪图形；调用E【删除】命令，删除多余的图形，如图7-87所示。

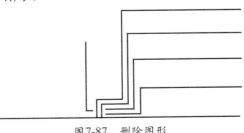

图7-87　删除图形

06 调用PL【多段线】命令，修改【宽度】为30，绘制多段线，尺寸如图7-88所示。

07 调用O【偏移】命令，将新绘制的水平多段线进行偏移操作，如图7-89所示。

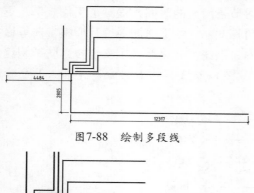

图7-88   绘制多段线

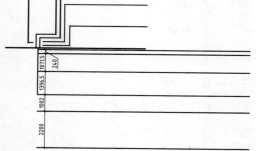

图7-89   偏移水平图形

08 调用O【偏移】命令，将新绘制的垂直多段线进行偏移操作，如图7-90所示。

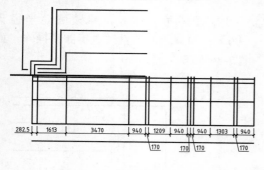

图7-90   偏移垂直图形

09 调用EX【延伸】命令，延伸图形；调用TR【修剪】命令，修剪多余的图形；调用E【删除】命令，删除多余的图形，效果如图7-91所示。

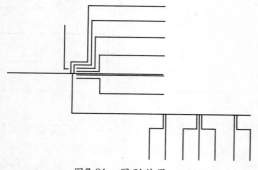

图7-91   图形效果

10 调用I【插入】命令，插入【可视对讲分机图形】图块，如图7-92所示。

图7-92   插入图块效果

11 调用X【分解】命令，分解新插入的图块，调用CO【复制】命令，将新插入的图块进行两次复制操作，双击其中一个复制图块中的文字，打开【增强属性编辑器】对话框，在【值】文本框中输入【MJ】，如图7-93所示。

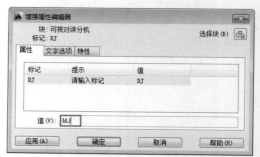

图7-93   【增强属性编辑器】对话框

12 在【文字选项】选项卡中，修改【宽度因子】为0.8，如图7-94所示。

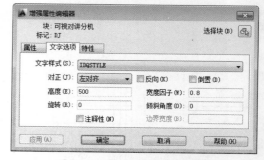

图7-94   【文字选项】对话框

13 单击【确定】按钮，即可修改属性文字，得到可视门前铃图形，如图7-95所示。

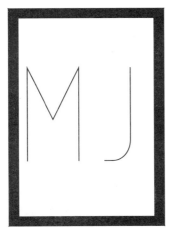

图7-95　可视门前铃

14　重复上述方法，修改其他复制图形的属性文字，得到可视对讲室内主机图形，如图7-96所示。

图7-96　可视对讲室内主机图形

15　调用CO【复制】命令和M【移动】命令，将电气元件图形布置到系统图中，如图7-97所示。

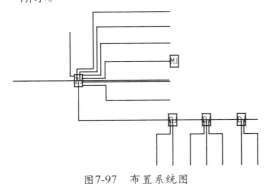

图7-97　布置系统图

16　调用I【插入】命令，依次在系统图中插入【电表箱】、【红外微波双鉴探测器】、

【家庭紧急求助按钮】、【可燃气体泄漏探测器】、【门磁】、【电控锁】以及【智能联网分支器】图块，并将插入的图块布置到系统图中的相应位置，如图7-98所示。

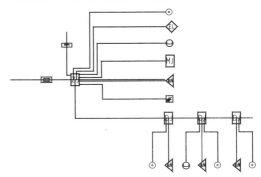

图7-98　布置图形

17　调用TR【修剪】命令，修剪多余的图形；调用E【删除】命令，删除多余的图形，如图7-99所示。

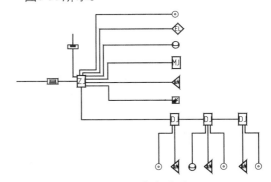

图7-99　修剪图形

18　调用PL【多段线】命令，修改【起始宽度】为200，【终止宽度】为0，绘制一个多段线图形，其尺寸如图7-100所示。

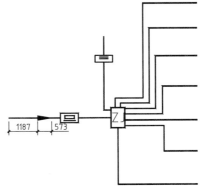

图7-100　绘制多段线

19　将【文字】图层置为当前。调用MLD【多重引线】命令，在绘图区中，标注多重引

线对象，如图7-101所示。

20 调用MT【多行文字】命令，在绘图区中，标注多行文字对象，最终效果如图7-83所示。

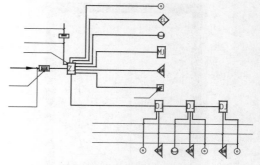

图7-101 标注多重引线

7.6 课后练习

浴室电气平面图主要用来讲述如何在浴室的各个空间中布置开关以及灯具图形的方法。本实例通过绘制如图7-102所示的浴室电气平面图，主要考察【插入】命令、【复制】命令以及M【移动】命令等的应用方法。

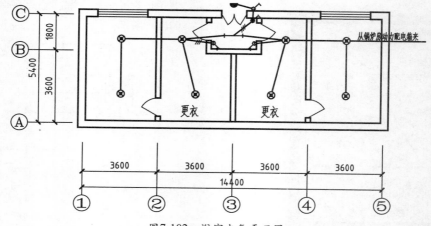

图7-102 浴室电气平面图

提示步骤如下：

01 单击【快速访问】工具栏中的【打开】按钮，打开"第7课\7.6.1 绘制浴室电气平面图.dwg"素材文件，如图7-103所示。

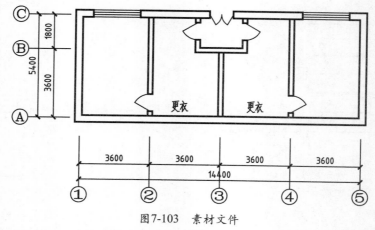

图7-103 素材文件

02 调用I【插入】命令，打开【插入】对话框，单击【浏览】按钮，打开【选择图形文件】对话框，选择【防潮灯筒】图形文件，如图7-104所示。

03 单击【打开】按钮和【确定】按钮，根据命令行提示指定插入点，插入图块，如图7-105所示。

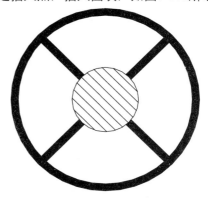

图7-104 【选择图形文件】对话框 　　　　图7-105 插入图块效果

04 重新调用I【插入】命令，依次插入【密闭单极开关】、【密闭双极开关】、【暗装单极开关】、【天棚灯】和【单管荧光灯】图块至平面图中。

05 调用CO【复制】命令、M【移动】命令和RO【旋转】命令，将插入的电气元件布置到平面图中，如图7-106所示。

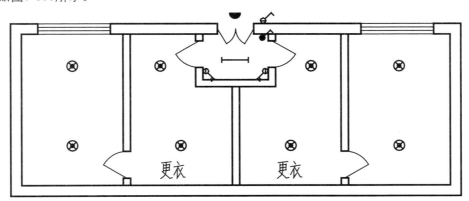

图7-106 布置电气元件

06 将【线路】图层置为当前。调用PL【多段线】命令，修改【宽度】为30，绘制连接线路，如图7-107所示。

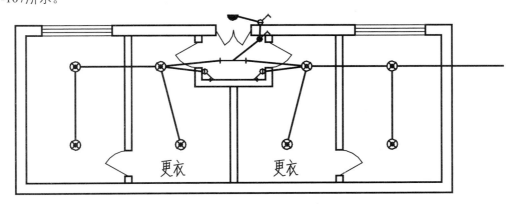

图7-107 绘制连接线路

07 调用L【直线】命令，在相应的线路上绘制导线对象，如图7-108所示。

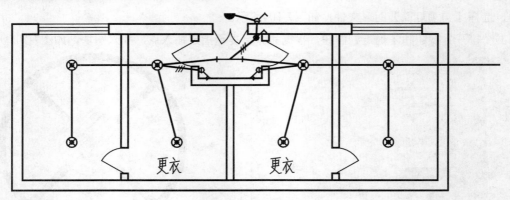

图7-108   绘制导线

08 调用MT【多行文字】命令，在相应的位置，创建多行文字，最终效果如图7-109所示。

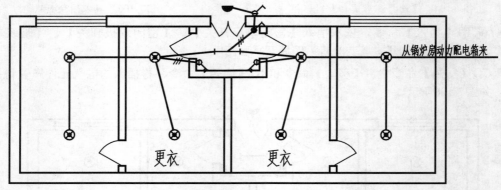

图7-109   创建多行文字

第8课
应用文字与表格对象

文字注释和图表是绘制图形过程中很重要的内容，进行各种设计时，不仅要绘制出图形，还要在图形中标注一些注释性的文字，或添加明细表和参数表等，对图形对象加以解释和说明。本章将详细介绍设置文字样式、创建与编辑单行文字、创建与编辑多行文字以及应用表格与表格样式等内容，以供读者掌握。

【本课知识】：
1. 掌握文字样式的设置方法。
2. 掌握单行文字的创建与编辑方法。
3. 掌握多行文字的创建与编辑方法。
4. 掌握表格与表格样式的应用方法。

8.1 设置文字样式

文字样式包括字体和文字效果。AutoCAD中预置了样式名为Annotative、Standard的文字样式，用户可以根据需要设置其他文字样式。

8.1.1 创建文字样式

文字样式是同一类文字的格式设置的集合，包括字体、字高、显示效果等。在AutoCAD中输入文字时，默认使用的是STANDARD文字样式。如果此样式不能满足注释的需要，我们可以根据需要设置新的文字样式或修改已有文字样式。

启动【文字样式】功能的常用方法有以下几种：

★ 菜单栏：执行【格式】|【文字样式】命令。

★ 命令行：输入STYLE/ST命令。

★ 功能区1：在【默认】选项卡中，单击【注释】面板中的【文字样式】按钮 ［A］。

★ 功能区2：在【注释】选项卡中，单击【文字】面板中的【文字样式】按钮 ［＂］。

　　【案例 8-1】：创建文字样式

`01` 单击【快速访问】工具栏中的【新建】按钮，新建空白文件。

`02` 在【默认】选项卡中，单击【注释】面板中的【文字样式】按钮 ［A］，打开【文字样式】对话框，单击【新建】按钮，如图 8-1所示。

`03` 打开【新建文字样式】对话框，在【样式名】文本框中输入【文字说明】，如图 8-2所示。

图8-1 【文字样式】对话框

图8-2 【新建文字样式】对话框

`04` 单击【确定】按钮，在样式列表框中新增【文字说明】文字样式，如图 8-3所示。

`05` 单击【字体】选项组下的【字体名】列表框中选择【gbenor.shx】字体，勾选【使用大字体】复选框，在大字体列表框中选择【gbcbig.shx】字体。其他选项保持默认，如图 8-4所示。

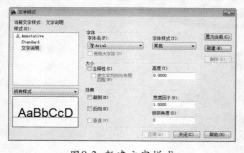

图8-3 新建文字样式

图8-4 更改设置

`06` 单击【应用】按钮，然后单击【置为当前】按钮，将【文字说明】置于当前样式。

`07` 单击【关闭】按钮，完成【文字样式】的创建。

在【文字样式】对话框中，各常用选项的含义如下：

★ 【样式】选项组：列出了当前可以使用的文字样式，默认文字样式为Standard（标准）。

★ 【字体】选项组：用于选择所需要的字体类型。

★ 【大小】选项组：用于设置文字的高度值。如果输入的数值为0，则文字高度将默认为上次使用的文字高度，或使用存储在图形样板文件中的值。

★ 【效果】选项组：用于设置文字的显示效果。

★ 【置为当前】按钮：单击该按钮，可以将选择的文字样式设置成当前的文字样式。

★ 【新建】按钮：单击该按钮，系统弹出【新建文字样式】对话框，如图8-2所示。在样式名文本框中输入新建样式的名称，单击【确定】按钮，新建文字样式将显示在【样式】列表框中。

★ 【删除】按钮：单击该按钮，将可以删除所选的文字样式，但无法删除默认的Standard样式和已经被使用了的文字样式，如图8-5所示为删除已使用文字样式弹出的提示对话框。

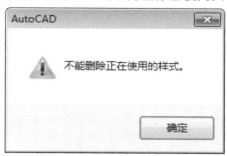

图8-5　提示对话框

8.1.2　修改样式名

在创建好文字样式后，可以对文字样式的名称进行修改。

修改样式名的方法有以下几种：

★ 快捷菜单：在【样式】列表中右击要重命名的文字样式，在弹出的快捷菜单中选择【重命名】选项。

★ 命令行：在命令行中输入RENAME/REN命令。

　【案例8-2】：修改文字样式名称

01 在命令行输入RENAME（或REN）并回车，打开【重命名】对话框。在【命名对象】列表框中选择【文字样式】，然后在【项目】列表框中选中【文字说明】，如图8-6所示。

02 在【重命名为】文本框中输入新的名称【某电气平面图】，然后单击【重命名为】按钮，最后单击【确定】按钮关闭该对话框，如图8-7所示。

图8-6　【重命名】对话框

图8-7　重命名文字样式

163

03 单击【注释】面板中的【文字样式】按钮
A，打开【文字样式】对话框，在其中可
以看到重命名之后的文字样式【某电气平
面图】，如图 8-8所示。

图8-8 【文字样式】对话框

8.1.3 设置文字效果

在【文字样式】对话框的【字体】选项
组中，可以设置文字样式使用的字体和字体
样式等属性。在【效果】选项组中，可以设
置字体的特性，如颠倒、反向、垂直、宽度
因子和倾斜角度。

【案例 8-3】： 设置MEB端子箱示意图
的文字效果

01 单击【快速访问】工具栏中的【打开】
按钮，打开"第8课\8.1.3 设置文字效
果.dwg"素材文件，如图8-9所示。

02 在【默认】选项卡中，单击【注释】面板
中的【文字样式】按钮A，打开【文字样
式】对话框，选择【文字说明】样式，修
改【宽度因子】为1，如图8-10所示。

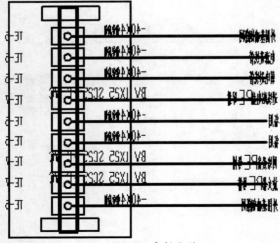

图8-9 素材文件

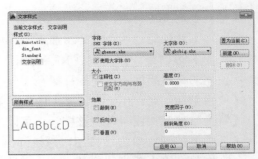

图8-10 【文字样式】对话框

03 单击【应用】和【关闭】按钮，完成文字样
式的修改。

04 在绘图区中选择所有文字，在【注释】面
板的【文字样式】列表框中选择【文字说
明】样式，如图 8-11所示，即可重新修改
文字的效果，如图 8-12所示。

图8-11 【文字样式】列表框

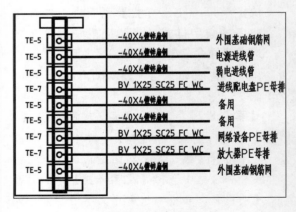

图8-12 文字效果

创建与编辑单行文字

对于单行文字来说，它的每一行都是文字对象。因此，可以用来创建文字内容比较少的文本对象，并可以对其进行单独编辑操作。

8.2.1 创建单行文字

使用【单行文字】命令，可以创建一行或多个单行的文字，每个文字对象都为独立的个体。

启动【单行文字】功能的常用方法有以下几种：

★ 菜单栏：执行【绘图】|【文字】|【单行文字】命令。
★ 命令行：输入STYLE/ST命令。
★ 功能区1：在【默认】选项卡中，单击【注释】面板中的【单行文字】按钮 A。
★ 功能区2：在【注释】选项卡中，单击【文字】面板中的【单行文字】按钮 A。

执行以上任一命令，就可以根据命令行的提示输入单行文字。在调用命令的过程中，需要输入的参数有文字起点、文字高度(此提示只有在当前文字样式中的字高为0时才显示)、文字旋转角度和文字内容。文字起点用于指定文字的插入位置，是文字对象的左下角点。文字旋转角度指文字相对于水平位置的倾斜角度。

8.2.2 编辑单行文字

在AutoCAD中，可以对单行文字的文字特性和内容进行编辑。

启动【编辑文字】功能的常用方法有以下几种：

★ 菜单栏：执行【修改】|【对象】|【文字】|【编辑】命令。
★ 命令行：输入DDEDIT/ED命令。
★ 鼠标法：直接在要修改的文字上双击鼠标。

【案例8-4】： 添加路灯照明系统图中的文字

01 单击【快速访问】工具栏中的【打开】按钮 📂，打开"第8课\8.2.2 编辑单行文字.dwg"素材文件，如图8-13所示。

02 在【默认】选项卡中，单击【注释】面板中的【单行文字】按钮 A，创建单行文字，如图 8-14 所示。命令行提示如下：

```
命令: _text↙                                          //调用【单行文字】命令
当前文字样式: "Standard"  文字高度: 2.5000  注释性: 否  对正: 左
指定文字的起点 或 [对正(J)/样式(S)]:                   //任意指定一点为起点
指定高度 <2.5000>: 800                                //输入文字高度
指定文字的旋转角度 <0>:                                //输入文字旋转角度
```

03 调用CO【复制】命令，将新创建的单行文字向右复制两份，如图8-15所示。

04 在命令行中输入DDEDIT【编辑文字】命令并按回车键结束，根据命令行提示选择需要修改的文字，文字将变成可输入状态，如图8-16所示。

05 重新输入需要的文字内容，然后按Enter键退出即可，如图8-17所示。

06 重新输入DDEDIT【编辑文字】命令并按回车键结束，修改其他的文字，最终图形效果如图8-18所示。

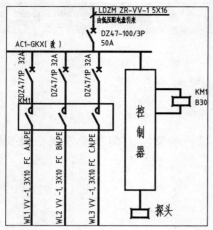

图8-13　素材文件

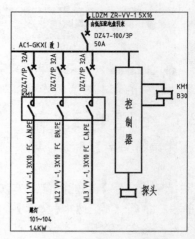

图8-14　创建单行文字

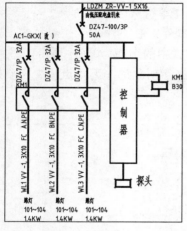

图8-15　复制图形

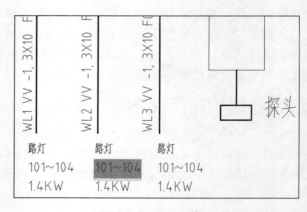

图8-16　可输入状态

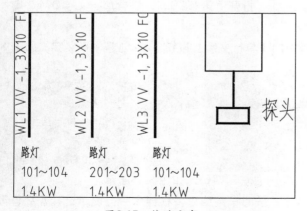

图8-17　修改文字

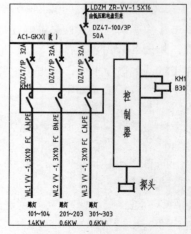

图8-18　最终图形效果

8.3 创建与编辑多行文字

使用多行文字可以创建较为复杂的文字说明，如图样的技术要求和说明等。在AutoCAD中，多行文字是通过多行文字编辑器来完成的。

8.3.1 创建多行文字

多行文字常用于标注图形的技术要求和说明等，与单行文字不同的是，多行文字整体是一个文字对象，每一单行不再是单独的文字对象，也不能单独编辑。

启动【多行文字】功能的常用方法有以下几种：

★ 菜单栏：执行【绘图】|【文字】|【多行文字】命令。

★ 命令行：输入MTEXT/MT命令。

★ 功能区1：在【默认】选项卡中，单击【注释】面板中的【多行文字】按钮 Ａ。

★ 功能区2：在【注释】选项卡中，单击【文字】面板中的【多行文字】按钮 Ａ。

★ 执行以上任一命令，均可以启动【多行文字】命令，其命令行提示如下：

```
命令：MTEXT↙
当前文字样式："Standard" 文字高度：2.5 注释性：否
指定第一角点：↙
指定对角点或 [高度(H)/对正(J)/行距(L)/旋转(R)/样式(S)/宽度(W)/栏(C)]：↙
                                                //按照需要选择一项，输入文字
```

在指定了输入文字的对角点之后，会打开文本输入框以及如图 8-19所示的【文字编辑器】选项卡。

图8-19 【文字编辑器】选项卡

【文字编辑器】选项卡中主要选项的含义如下：

★ 样式：可以设置多行文字的文字样式和字体的高度。

★ 格式：可以设置多行文字的文字类型及文字效果。

★ 段落：可以设置多行文字的段落属性。

★ 插入：用于插入一些常用或预设的字段和符号。

★ 拼写检查：用于检查输入文字的拼写错误。

★ 关闭：关闭文字编辑器。

【案例 8-5】： 为综合布线系统图添加说明

01 单击【快速访问】工具栏中的【打开】按钮 ，打开"第8课\8.3.1 创建多行文字.dwg"素材文件，如图 8-20所示。

02 在【默认】选项卡中，单击【注释】面板中的【多行文字】按钮 Ａ，根据命令行提

示指定对角点，打开文本输入框，输入文字，如图 8-21所示。

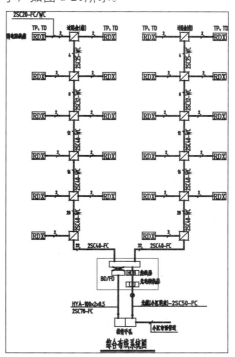

图8-20 素材文件

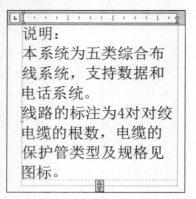

图8-21　输入文字

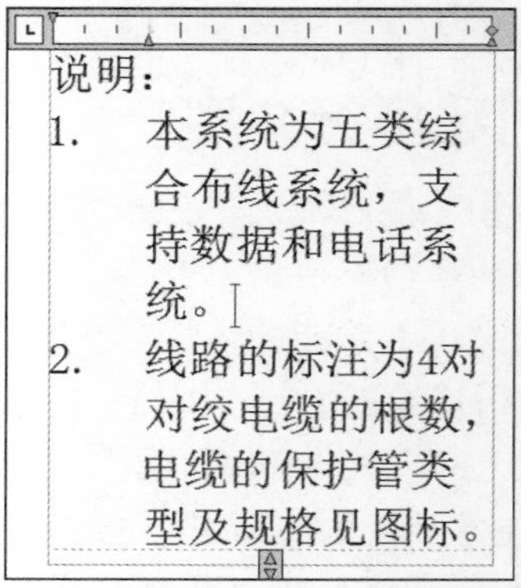

图8-22　添加序号

03 在【文字编辑器】中，单击【段落】面板上的【项目符号和编号】按钮右侧的三角下拉按钮，在弹出的下拉菜单中选择【以数字标记】选项，选中需要添加编号的文字即可，如图 8-22 所示。

04 拖动最右侧的四边形图块，将输入框的范围加长，使带有序号的多行文字，按两行显示，如图 8-23所示。

05 选择所有文字，在【样式】面板的下拉列表框中，选择【样式1】，修改文字样式，文字效果如图 8-24所示，最后，在绘图区空白位置单击鼠标左键，退出编辑，完成技术要求的创建。

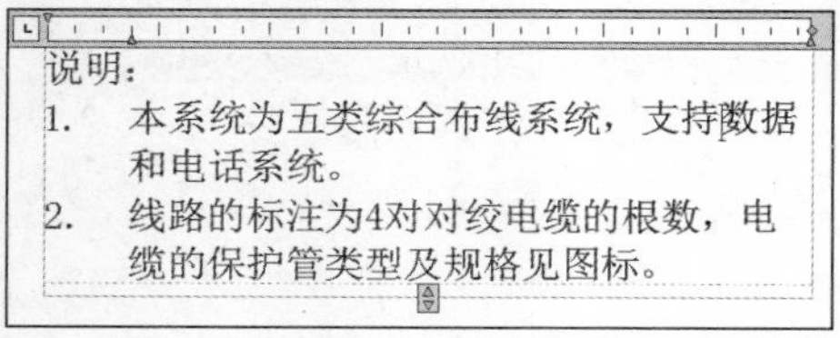

图8-23　调整多行文字

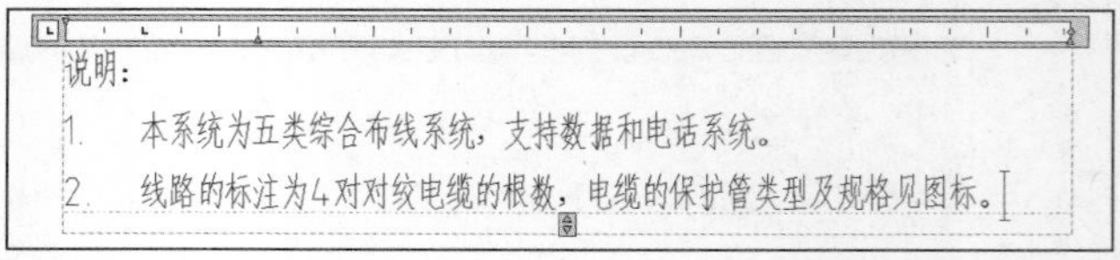

图8-24　文字效果

8.3.2　对正多行文字

在编辑多行文字时，常常需要设置其对正方式，对正多行文字对象的同时控制文字对齐和文字走向。

启动【对正】功能的常用方法有以下几种：

★ 菜单栏：执行【修改】|【对象】|【文字】|【对正】命令。

★ 命令行：输入JUSTIFYTEXT命令。

★ 功能区：在【注释】选项卡中，单击【文字】面板中的【对正】按钮 A 对正。

【案例 8-6】：对正有线电视系统图中文字

01 单击【快速访问】工具栏中的【打开】按钮，打开"第8课\8.3.2 对正多行文字.dwg"素材文件，如图 8-25所示。

02 在【注释】选项卡中，单击【文字】面板中的【对正】按钮 A 对正，对正多行文字，如图 8-26 所示。命令行提示如下：

```
命令: _justifytext                                                      //调用【对正】命令
选择对象: 找到 1 个                                                      //选择多行文字对象
选择对象:
输入对正选项
[左对齐(L)/对齐(A)/布满(F)/居中(C)/中间(M)/右对齐(R)/左上(TL)/中上(TC)/右上(TR)/左中(ML)
/正中(MC)/右中(MR)/左下(BL)/中下(BC)/右下(BR)] <左对齐>: L                //选择【左对齐(L)】选项
```

在【对正】命令行中，各选项的含义如下。

★ 左对齐（L）：文字将向左对齐。

★ 对齐（A）：选择该选项后，系统将提示用户确定文本的起点和终点。

★ 布满（F）：确定文本的起点和终点，在高度不变的情况下，系统将调整宽度系数以使文字布满两点之间的部分。

★ 居中（C）：文字将居中对齐。

★ 中间（M）：文字将在中间位置对齐。

★ 右对齐（R）：文字将向右对齐。

★ 左上（TL）：文字将对齐在第一个文字单元的左上角。

★ 中上（TC）：文字将对齐在文本的垂直中线的顶点。

★ 右上（TR）：文字将对齐在文本最后一个文字单元的右上角。

★ 左中（ML）：文字将对齐在第一个文字单元左侧的垂直中点。

★ 正中（MC）：文字将对齐在文本的垂直中点和水平中点。

★ 右中（MR）：文字将对齐在文本最后一个文字单元右侧的垂直中点。

★ 左下（BL）：文字将对齐在第一个文字单元的左下角。

★ 中下（BC）：选择该选项，可以将文字对齐在基线中点。

★ 右下（BR）：文字将对齐在基线的最右侧。

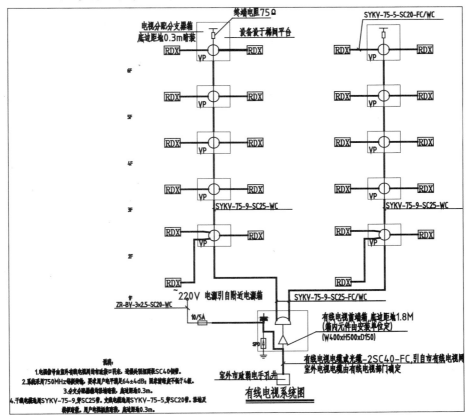

图8-25　素材文件

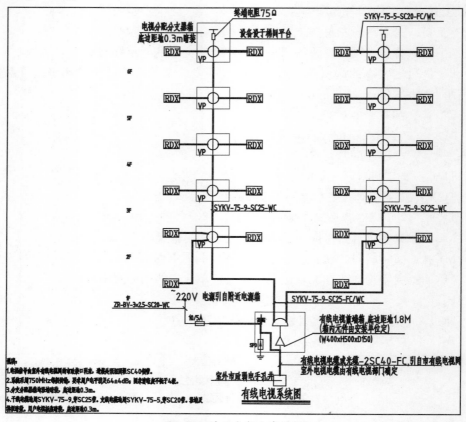

图8-26　对正多行文字效果

8.3.3　缩放多行文字

使用【缩放文字】命令，可以更改一个或多个文字对象的比例，而且不会改变其位置，这在室内、建筑和电气制图中十分有用。

启动【缩放文字】功能的常用方法有以下几种：

★　菜单栏：执行【修改】|【对象】|【文字】|【比例】命令。

★　命令行：输入SCALETEXT命令。

★　功能区：在【注释】选项卡中，单击【文字】面板中的【缩放】按钮 Ａ 缩放。

【案例8-7】：　缩放有线电视系统图中文字

01　单击【快速访问】工具栏中的【打开】按钮 ，打开"第8课\8.3.3 缩放多行文字.dwg"素材文件，如图 8-27所示。

02　在【注释】选项卡中，单击【文字】面板中的【缩放】按钮 Ａ 缩放，缩放多行文字，如图 8-28所示。命令行提示如下：

```
命令：_scaletext                                              //调用【缩放】命令
选择对象：找到 1 个                                            //选择多行文字对象
选择对象：
输入缩放的基点选项
[现有(E)/左对齐(L)/居中(C)/中间(M)/右对齐(R)/左上(TL)/中上(TC)/右上(TR)/左中(ML)/正中(MC)
/右中(MR)/左下(BL)/中下(BC)/右下(BR)] <现有>：                  //选择【现有（E）】选项
指定新模型高度或 [图纸高度(P)/匹配对象(M)/比例因子(S)] <2.5>：s   //选择【比例因子（S）】选项
指定缩放比例或 [参照(R)] <1.5>：2                              //输入比例参数，按回车键结束
```

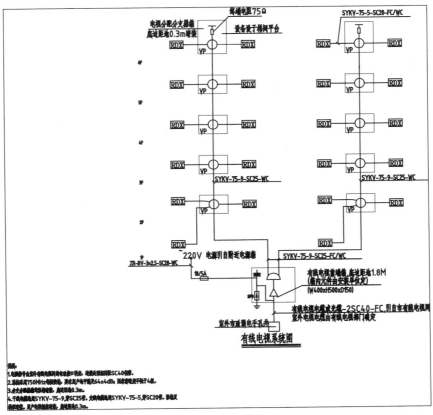

图8-27 素材文件

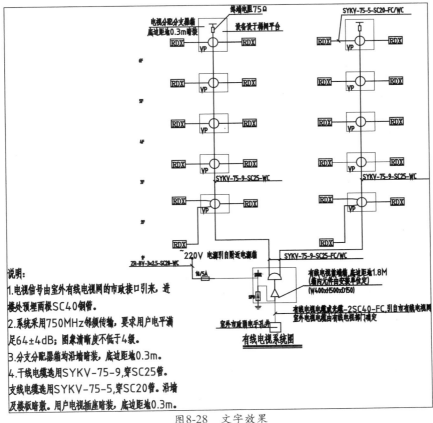

图8-28 文字效果

在【缩放】命令行中，主要选项的含义如下：

★ 输入缩放的基点选项：基点是相对于用作调整大小或缩放操作固定点的文字对象的位置。

★ 图纸高度（P）：根据注释特性缩放文字高度。

★ 匹配对象（M）：缩放最初选定的文字对象以与选定文字对象的大小匹配。

★ 缩放比例（S）：按参照长度和指定的新长度缩放所选文字对象。

8.4 应用表格与表格样式

表格的行和列以一种简洁倾斜的形式提供信息，常用于一些组件的图形中。

8.4.1 创建表格样式

表格样式控制了表格外观，用于保证标注字体、颜色、文本、高度和行距。用户可以使用默认的表格样式，还可以根据需要自定义表格样式，并保存这些设置以供以后使用。

启动【表格样式】功能的常用方法有以下几种：

★ 菜单栏：执行【格式】|【表格样式】命令。

★ 命令行：输入TABLESTYLE命令。

★ 功能区1：在【默认】选项卡中，单击【注释】面板中的【表格样式】按钮。

★ 功能区2：在【注释】选项卡中，单击【表格】面板中的【表格样式】按钮。

执行以上任一命令，均可以打开【表格样式】对话框，如图8-29所示。

通过该对话框可执行将表格样式置为当前、修改、删除或新建操作。单击【新建】按钮，系统弹出【创建新的表格样式】对话框，如图8-30所示。

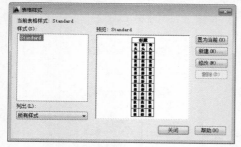

图8-29　【表格样式】对话框

图8-30　【创建新的表格样式】对话框

在【新样式名】文本框中输入表格名称，在【基础样式】下拉列表框中选择一个表格样式作为新的表格样式，单击【继续】按钮，系统弹出【新建表格样式】对话框，如图8-31所示，可以对样式进行具体设置。

【新建表格样式】对话框由【起始表格】、【常规】、【单元样式】和【单元样式预览】4个选项组组成，其各主要选项的含义如下：

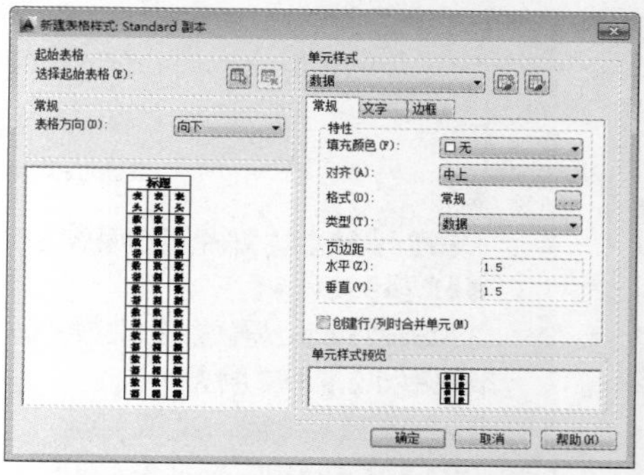

图8-31　【新建表格样式】对话框

1.【起始表格】选项组

该选项允许用户在图形中制定一个表格用作样列来设置此表格样式的格式。单击【选择表格】按钮，进入绘图区，可以在绘图区选择表格录入表格。【删除表格】按钮与【选择表格】按钮作用相反。

2.【常规】选项组

该选项用于更改表格方向，通过【表格方向】下拉列表框选择【向下】或【向上】来设置表格方向，【向上】创建由下而上读取的表格，标题行和列都在表格的底部；【预览区域】显示当前表格样式效果。

3.【单元样式】选项组

该选项组用于定义新的单元样式或修改现有单元样式。【单元样式】列表 数据 中显示表格中的单元样式，系统默认提供数据、标题和表头三种单元样式，用户需要创建新的单元样式，可以单击【创建新单元样式】按钮，系统弹出【创建新单元样式】对话框，如图 8-32所示。在对话框中输入新的单元样式名，单击【继续】按钮创建新的单元样式。

图8-32 【创建新单元格式】对话框

当单击【新建表格样式】对话框中【管理单元样式】按钮时，弹出如图 8-33所示【管理单元样式】对话框，在该对话框里可以对单元格式进行添加、删除和重命名。

图8-33 【管理单元样式】对话框

【新建表格样式】对话框中常用选项介绍如下：

【常规】选项卡

★ 填充颜色：制定表格单元的背景颜色，默认值为【无】。

★ 对齐：设置表格单元中文字的对齐方式。

★ 水平：设置单元文字与左右单元边界之间的距离。

★ 垂直：设置单元文字与上下单元边界之间的距离。

【文字】选项卡

★ 文字样式：选择文字样式，单击 按钮，打开【文字样式】对话框，利用它可以创建新的文字样式。

★ 文字角度：设置文字倾斜角度。逆时针为正，顺时针为负。

【边框】选项卡

★ 线宽：指定表格单元的边界线宽。

★ 颜色：指定表格单元的边界颜色。

★ 按钮：将边界特性设置应用于所有单元格。

★ 按钮：将边界特性设置应用于单元的外部边界。

★ 按钮：将边界特性设置应用于单元的内部边界。

★ 按钮：将边界特性设置应用于单元的底、左、上及下边界。

★ 按钮：隐藏单元格的边界。

8.4.2 创建表格对象

在AutoCAD 2014中，可以直接插入表格对象，而不需要用单独的直线绘制组成表格，并且还可以对已经创建好的表格进行编辑。

启动【表格】功能的常用方法有以下几种：

★ 菜单栏：执行【绘图】|【表格】命令。

★ 命令行：输入TABLE命令。

★ 功能区1：在【默认】选项卡中，单击【注释】面板中的【表格】按钮。

★ 功能区2：在【注释】选项卡中，单击【文字】面板中的【表格】按钮。

【案例 8-8】：创建图例表表格

01 新建空白文件。在【默认】选项卡中，单击【注释】面板中的【表格】按钮，打开【插入表格】对话框，修改各参数，如图 8-34所示。

02 单击【确定】按钮，按照命令行提示指定表格的第一个角点和对角点，表格绘制完成，表格效果如图 8-35所示。

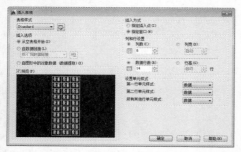

图8-34 【插入表格】对话框

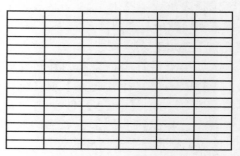

图8-35 创建表格效果

8.4.3 输入表格数据

当创建表格后，系统会自动亮显第一个表格单元，并打开【文字格式】工具栏，此时可以开始输入文字，在输入文字的过程中，单元的行高会随输入文字的高度或行数的增加而增加。要移动到下一单元，可以按Tab键或是用箭头键向左、向右、向上和向下移动。通过在选中的单元中按F2键可以快速编辑单元格文字。

【案例 8-9】： 添加图例表数据

01 单击表格序号中的单元格，弹出【表格单元】选项卡，如图 8-36所示。

图8-36 【表格单元】选项卡

02 双击任意单元格，系统弹出【文字编辑器】选项卡和文本输入框，输入文字"序号"，如图 8-37所示。

图8-37 【文字编辑器】选项卡

03 按以上所述方法在表格中输入图例表的文字与参数，如图 8-38所示。

04 调用I【插入】命令，打开【插入】对话框，在图例表中依次插入电气图块，如图 8-39所示。

序号	图例	名称型号及规格	安装方式	安装高度
1		照明配电箱	按系统定做	墙壁暗装	1.4m
2		照明配电箱 (住宅内)	按系统定做	墙壁暗装	1.8m
3		电表箱	按系统定做	墙壁明装	1.4m
4		单极开关		墙壁暗装	1.4m
5		双极开关		墙壁暗装	1.4m
6		三极开关		墙壁暗装	1.4m
7		声光感应控制延时开关		墙壁暗装	1.4m
8		应急灯		墙壁明装	2.2m
9		安全出口指示		门顶安装	2.2m
10		吸顶灯	由甲方自选	吸顶安装	
11		防尘防水灯	由甲方自选	吸顶安装	
12		吸顶灯头	由甲方自选	吸顶安装	
13		荧光灯	1×36W	吸顶安装	

图8-38 输入文字效果

序号	图例	名称型号及规格	安装方式	安装高度
1		照明配电箱	按系统定做	墙壁暗装	1.4m
2		照明配电箱 (住宅内)	按系统定做	墙壁暗装	1.8m
3		电表箱	按系统定做	墙壁明装	1.4m
4		单极开关		墙壁暗装	1.4m
5		双极开关		墙壁暗装	1.4m
6		三极开关		墙壁暗装	1.4m
7		声光感应控制延时开关		墙壁暗装	1.4m
8		应急灯		墙壁明装	2.2m
9		安全出口指示		门顶安装	2.2m
10		吸顶灯	由甲方自选	吸顶安装	
11		防尘防水灯	由甲方自选	吸顶安装	
12		吸顶灯头	由甲方自选	吸顶安装	
13		荧光灯	1×36W	吸顶安装	

图8-39 插入图块效果

8.4.4　添加与删除单元格

在进行表格管理时，如果表格的行或列不够用，可以进行插入行或列操作。如果表格中有多余的行或列时，可以将其删除。

1. 添加单元格

添加单元格有以下几种常用方法：

★ 功能区：在【表格单元】选项卡中，单击【行】或【列】面板中的【从上方插入】按钮、【从下方插入】按钮、【从左侧插入】按钮以及【从右侧插入】按钮。

★ 快捷菜单：在单元格对象上右键单击，在弹出的快捷菜单中，选择【从上方插入】选项、【从下方插入】选项、【从左侧插入】选项以及【从右侧插入】选项。

2. 删除单元格

删除单元格有以下几种常用方法：

★ 功能区：在【表格单元】选项卡中，单击【行】或【列】面板中的【删除行】按钮和【删除列】按钮。

★ 快捷菜单：在单元格对象上右键单击，在弹出的快捷菜单中，选择【删除行】选项和【删除列】选项。

【案例 8-10】：　删除图例表单元格

01 选择最下方的两行单元格，右键单击，打开快捷菜单，选择【删除行】选项，如图 8-40所示。

02 即可删除单元格，效果如图 8-41所示。

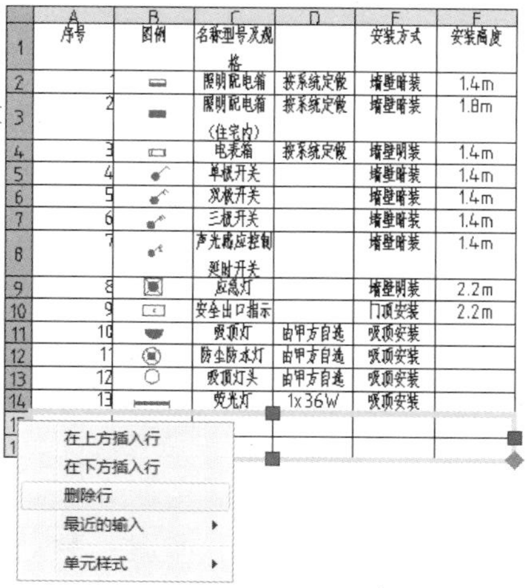

图8-40　快捷菜单

图8-41　删除单元格

8.4.5　合并单元格

使用合并单元格功能可以将多个连续的单元表格进行合并，合并的方式包括【合并全部】、【按行合并】和【按列合并】表格单元。

合并单元格有以下几种常用方法：

★ 功能区：在【表格单元】选项卡中，单击【合并】面板中的【合并单元】按钮。

★ 快捷菜单：在单元格对象上右键单击，在弹出的快捷菜单中，选择【合并】选项。

【案例 8-11】：　合并图例表单元格

01 选择第1行的第3列和第4列单元格，右键单击，打开快捷菜单，选择【合并】|【全部】选项。

02 即可合并单元格，效果如图 8-42所示。

图8-42　合并单元格

8.4.6　设置单元格样式

创建好表格后，用户可以根据需要设置单元格的对齐方式、颜色、线框以及底纹等。

【案例 8-12】：设置图例表单元格对齐方式

01 选择所有的单元格，右键单击，打开快捷菜单，选择【对齐】|【正中】选项。

02 即可设置单元格的对齐方式，效果如图 8-43 所示。

序号	图例	名称型号及规格		安装方式	安装高度
1	▬	照明配电箱	按系统定做	墙壁暗装	1.4m
2	▬	照明配电箱（住宅内）	按系统定做	墙壁暗装	1.8m
3	▭	电表箱	按系统定做	墙壁明装	1.4m
4	✎	单极开关		墙壁暗装	1.4m
5	✎	双极开关		墙壁暗装	1.4m
6	✎	三极开关		墙壁暗装	1.4m
7	✎	声光感应控制延时开关		墙壁暗装	1.4m
8	▨	应急灯		墙壁明装	2.2m
9	▱	安全出口指示		门顶安装	2.2m
10	▬	吸顶灯	由甲方自选	吸顶安装	
11	⊗	防尘防水灯	由甲方自选	吸顶安装	
12	○	吸顶灯头	由甲方自选	吸顶安装	
13	▭	荧光灯	1×36W	吸顶安装	

图 8-43　最终效果

8.5　实例应用

8.5.1　绘制加氯间照明平面图

加氯间照明平面图主要用来讲述如何在办公室、化验室、门厅以及厕所等空间中布置插座、灯具图形的方法。本小节通过绘制如图 8-44 所示的办公楼一层照明平面图，主要考察【圆】命令、【插入】命令及【表格】命令等的应用。

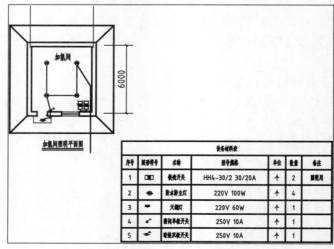

图 8-44　办公楼一层照明平面图

01 单击【快速访问】工具栏中的【打开】按钮 📂，打开"第8课\8.5.1 绘制加氯间照明平面图.dwg"素材文件，如图 8-45 所示。

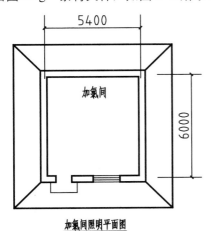

图8-45 素材文件

02 将【电气元件】图层置为当前。调用C【圆】命令，结合【圆心捕捉】功能，绘制半径分别为175和64的同心圆，如图 8-46 所示。

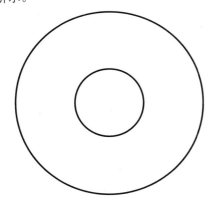

图8-46 绘制同心圆

03 调用L【直线】命令，结合45°【极轴追踪】功能，绘制对角线，如图 8-47所示。

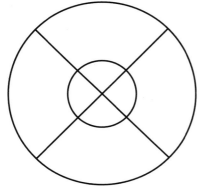

图8-47 绘制对角线

04 调用TR【修剪】命令，修剪多余的图形；调用H【图案填充】命令，填充图形，完成防水防尘灯的绘制，效果如图 8-48所示。

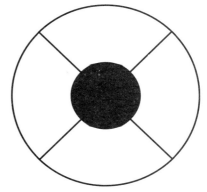

图8-48 绘制防水防尘灯

05 调用REC【矩形】命令，修改【宽度】为21，绘制一个700×350的矩形，如图 8-49所示。

图8-49 绘制矩形

06 调用L【直线】命令，结合【临时点捕捉】和【对象捕捉】功能，绘制直线，如图 8-50所示。

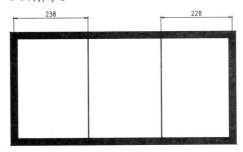

图8-50 绘制矩形

07 调用H【图案填充】命令，填充图形，完成铁壳开关图形的绘制，如图 8-51所示。

08 调用I【插入】命令，在平面图中依次插入【天棚灯】、【密闭单极开关】以及【暗装双极开关】图形。

09 调用TABLE【表格】命令，打开【插入表格】对话框，在该对话框中修改各参数，如图 8-52所示。

图8-51　绘制铁壳开关

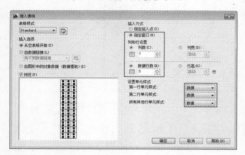

图8-52　【插入表格】对话框

10 单击【确定】按钮，根据命令行提示指定插入点和对角点，绘制表格，如图 8-53所示。

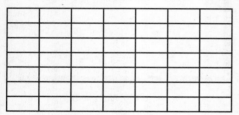

图8-53　绘制表格

11 在绘图区中选择第1行的所有单元格对象，将其进行合并操作，如图 8-54所示。

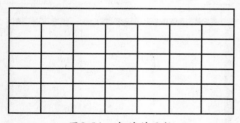

图8-54　合并单元格

12 双击表格中的单元格，依次输入相应的文字对象，如图 8-55所示。

设备材料表						
序号	图形符号	名称	型号规格	单位	数量	备注
1		铁壳开关	HH4-30/2 30/20A	个	2	照明用
2		防水防尘灯	220V 100W	个	4	
3		天棚灯	220V 60W	个	1	
4		密闭单极开关	250V 10A	个	1	
5		暗装双极开关	250V 10A	个	1	

图8-55　输入文字

13 选择所有的表格对象，将表格中的文字修改为【正中】对齐方式，如图 8-56所示。

设备材料表						
序号	图形符号	名称	型号规格	单位	数量	备注
1		铁壳开关	HH4-30/2 30/20A	个	2	照明用
2		防水防尘灯	220V 100W	个	4	
3		天棚灯	220V 60W	个	1	
4		密闭单极开关	250V 10A	个	1	
5		暗装双极开关	250V 10A	个	1	

图8-56　对齐文字

14 调用M【移动】命令，将电气图形符号移动到与之对应的表格中，如图 8-57所示。

设备材料表						
序号	图形符号	名称	型号规格	单位	数量	备注
1	▭▬▭	铁壳开关	HH4-30/2 30/20A	个	2	照明用
2	⊗	防水防尘灯	220V 100W	个	4	
3		天棚灯	220V 60W	个	1	
4		密闭单极开关	250V 10A	个	1	
5		暗装双极开关	250V 10A	个	1	

图8-57　移动图形

15 调整表格各行与各列之间的大小，最终效果如图 8-58所示。

设备材料表						
序号	图形符号	名称	型号规格	单位	数量	备注
1	▭▬▭	铁壳开关	HH4-30/2 30/20A	个	2	照明用
2	⊗	防水防尘灯	220V 100W	个	4	
3		天棚灯	220V 60W	个	1	
4		密闭单极开关	250V 10A	个	1	
5		暗装双极开关	250V 10A	个	1	

图8-58　表格最终效果

16 调用M【移动】命令、CO【复制】命令和RO【旋转】命令，将表格中的图形布置到平面图中，如图 8-59所示。

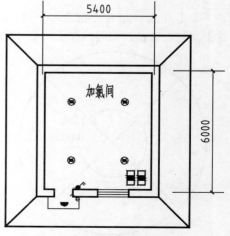

图8-59　布置图形

17 调用PL【多段线】命令，修改【宽度】为50，连接线路，如图 8-60所示。其最终图形结果如图 8-44所示。

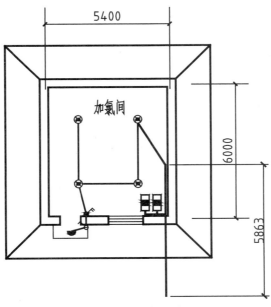

图8-60 连接线路

8.5.2 绘制商住楼底层电气平面图

商住楼底层电气平面图主要用来讲述如何在商住楼底层的各个空间中布置插座、灯具图形的方法。本小节通过绘制如图 8-61所示的商住楼底层电气平面图，主要考察【插入】命令、【多段线】命令及【多行文字】命令等的应用。

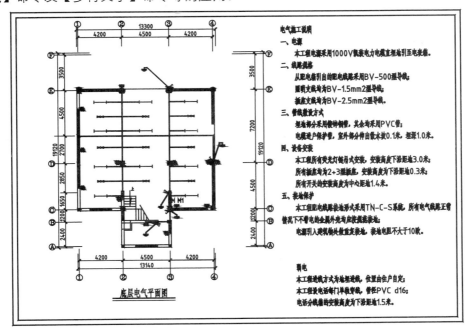

图8-61 商住楼底层电气平面图

01 单击【快速访问】工具栏中的【打开】按钮，打开"第8课\8.5.2 绘制商住楼底层电气平面图.dwg"素材文件，如图 8-62所示。

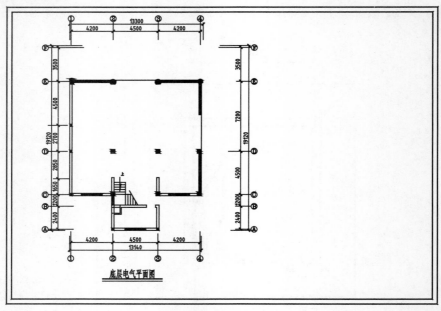

图8-62　素材文件

02 调用I【插入】命令，打开【插入】对话框，单击【浏览】按钮，如图 8-63所示。

03 打开【选择图形文件】对话框，选择【单管荧光灯】文件，如图 8-64所示。

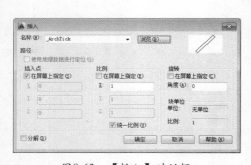

图8-63　【插入】对话框

图8-64　【选择图形文件】对话框

04 单击【打开】和【确定】按钮，根据命令行提示指定插入点，插入图块即可。

05 调用M【移动】命令和CO【复制】命令，将插入的图块进行移动和复制操作，效果如图 8-65 所示。

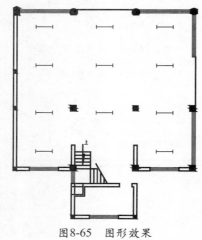

图8-65　图形效果

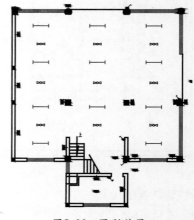

图8-66　图形效果

06 重新调用I【插入】命令，在平面图中依次插入【排风扇】、【插座】、【单极开关】和【天棚灯】图块，并布置平面图，效果如图8-66所示。

07 调用PL【多段线】命令，修改【宽度】为50，绘制相应的多段线，效果如图8-67所示。

08 重新调用PL【多段线】命令，绘制其他的多段线，效果如图8-68所示。

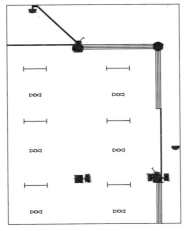

图8-67 绘制多段线

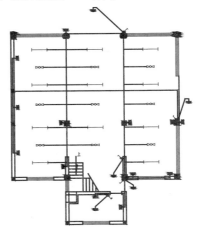

图8-68 绘制其他多段线

09 调用MT【多行文字】命令，在绘图区中创建相应的多行文字，最终效果如图8-61所示。

8.6 课后练习

三相异步电动机主要由定子和转子构成，定子是静止不动的部分，转子是旋转部分，在定子与转子之间有一定的气隙。三相异步电动机的供电系统主要由三相电动机、继电器以及开关等部分组成。本小节通过绘制如图8-69所示的三相异步电动机供电系统图，主要考察【圆】命令、【矩形】命令、【直线】命令以及【多行文字】命令等的应用方法。

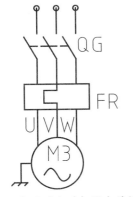

图8-69 三相异步电动机供电系统图

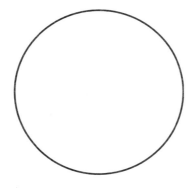

图8-70 绘制圆

图8-71 完善图形

提示步骤如下：

01 调用C【圆】命令，绘制一个半径为20的圆，如图8-70所示。

02 调用MT【多行文字】和SPL【样条曲线】命令，完善图形如图8-71所示。

03 调用L【直线】命令，结合【象限点捕捉】功能，绘制直线，如图8-72所示。

04 调用O【偏移】和EX【延伸】命令，修改图形如图8-73所示。

图8-72　绘制直线

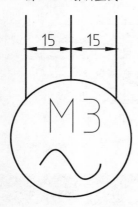

图8-73　修改图形

05 调用REC【矩形】命令，结合【对象捕捉】功能，绘制矩形，如图 8-74所示。

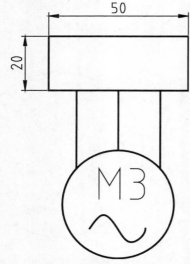

图8-74　绘制矩形

06 调用X【分解】命令，分解新绘制矩形；调用O【偏移】命令，将矩形进行水平偏移，如图 8-75所示。再进行垂直偏移，如图 8-76所示。

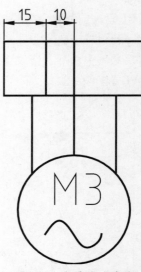

图8-75　水平偏移效果

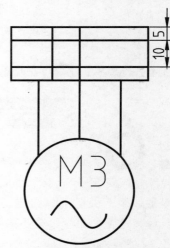

图8-76　垂直偏移效果

07 调用TR【修剪】命令，修剪多余的图形，如图 8-77所示。

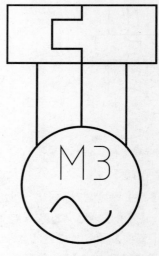

图8-77　修剪图形效果

08 调用L【直线】命令，绘制直线，尺寸如图 8-78所示。

09 调用C【圆】命令，结合【对象捕捉】功能，捕捉新绘制直线的最上方端点，绘制半径为2的圆，如图 8-79所示。

10 调用CO【复制】命令，将相应的图形进行复制操作，如图 8-80所示。

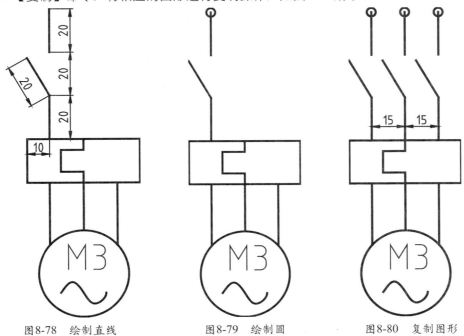

图8-78 绘制直线　　　　　图8-79 绘制圆　　　　　图8-80 复制图形

11 调用L【直线】命令，绘制直线，并设置其【线型】为【ACAD_ISO02W100】，效果如图 8-81所示。

12 调用L【直线】命令，结合【对象捕捉】功能，绘制直线，尺寸如图 8-82所示。

13 调用MT【多行文字】命令，在绘图区中的相应位置创建多行文字，如图 8-83所示。

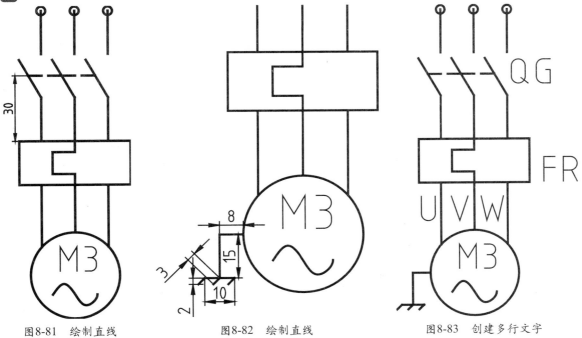

图8-81 绘制直线　　　　　图8-82 绘制直线　　　　　图8-83 创建多行文字

第9课
创建与编辑尺寸标注

尺寸标注是绘图设计中的一项重要内容，有着严格的规范。本章将介绍有关尺寸标注的知识，包括创建与管理标注样式，创建与设置尺寸标注等。通过本章的学习，读者可以初步掌握有关尺寸标注的知识和操作方法，为进一步学习AutoCAD 2014奠定基础。

【本课知识】：
1. 掌握尺寸标注的认识方法。
2. 掌握常用尺寸的标注方法。
3. 掌握高级尺寸的标注方法。
4. 掌握尺寸标注的编辑方法。

9.1 认识尺寸标注

尺寸标注对表达有关设计元素的尺寸、材料等信息有着非常重要的作用。在对图形进行尺寸标注之前，需要对标注的基础（组成、规则、类型及步骤等知识）有一个初步的了解与认识。

9.1.1 了解尺寸标注组成

通常情况下，一个完整的尺寸标注是由尺寸线、尺寸界线、尺寸文字、尺寸箭头组成的，有时还要用到圆心标记和中心线，如图9-1所示。

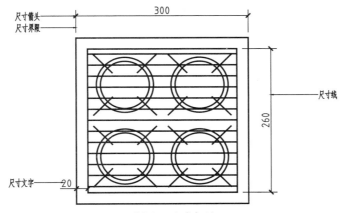

图9-1　尺寸标注

各组成部分的作用与含义分别如下：

★ 尺寸界线：也称投影线，用于标注尺寸的界限，由图样中的轮廓线、轴线或对称中心线引出。标注时尺寸界线从所标注的对象上自动延伸出来，其端点与所标注的对象接近但并未连接到对象上。

★ 尺寸线：通常与所标注的对象平行，放在两尺寸界线之间用于指示标注的方向和范围。通常尺寸线为直线，但在角度标注时，尺寸线则为一段圆弧。

★ 尺寸文字：通常为与尺寸线上方或中断处，用以表示所标注对象的具体尺寸大小。在进行尺寸标注时，AutoCAD会自动生成所标注的对象的尺寸数值，用户也可对标注文本进行修改、添加等编辑操作。

★ 尺寸箭头：在尺寸线两端，用以表明尺寸线的起始位置，用户可为标注箭头指定不同的尺寸大小和样式。

★ 圆心标记：标记圆或圆弧的中心点。

9.1.2 了解尺寸标注规则

在AutoCAD 2014中，对绘制的图形进行尺寸标注时，应遵守以下规则：

★ 图样上所标注的尺寸数为工程图形的真实大小，与绘图比例和绘图的准确度无关。

★ 图形中的尺寸以系统默认值mm（毫米）为单位时，不需要标注计量单位代号或名称。如果采用其他单位，则必须注明相应计量单位的代号或名称，如符号度（°）、英寸（″）等。

★ 图样上所标注的尺寸数值应为工程图形完工后的实际尺寸，否则需另加说明。

★ 工程图对象中的每个尺寸一般只标注一次，并标注在最能清晰表现该图形结构特征的视图上。

★ 尺寸的配置要合理，功能尺寸应该直接标注；同一要素的尺寸应尽可能集中标注，如孔的直径和深度、槽的深度和宽度等；尽量避免在不可见的轮廓线上标注尺寸，数字之间不允许任何图线穿过，必要时可以将图线断开。

9.1.3 了解尺寸标注类型

尺寸标注分为线性标注、对齐尺寸标注、坐标尺寸标注、弧长尺寸标注、半径尺寸标注、折弯尺寸标注、直径尺寸标注、角度尺寸标注、引线标注、基线标注、连续标注等。其中，线性尺寸标注又分为水平标注、垂直标注和旋转标注3种。在AutoCAD 2014中，提供了各类尺寸标注的工具按钮与命令。

9.1.4 认识标注样式管理器

尺寸样式是尺寸变量的集合，这些变量决定了尺寸标注中各元素的外观，只要调整样式中的某些尺寸变量，就能灵活地改变标注外观。在标注尺寸前，一般都要创建尺寸样式，否则，AutoCAD将使用默认样式生成尺寸标注。在AutoCAD中，用户可以定义多种不同的标注样式并为之命名。标注时，用户只需指定某个样式为当前样式，就能创建相应的标注样式。

启动【标注样式管理器】对话框功能有如下几种方法：

★ 菜单栏：执行【格式】|【标注样式】命令。
★ 命令行：输入DIMSTYLE命令。
★ 功能区1：在【默认】选项卡中，单击【注释】面板中的【标注样式】按钮。
★ 功能区2：在【注释】选项卡中，单击【标注】面板中的【标注样式】按钮。

执行以上任一命令，均可以打开【标注样式管理器】对话框，如图 9-2所示。在该对话框中可以创建新的尺寸标注样式。也可以对已有的标注样式进行修改。

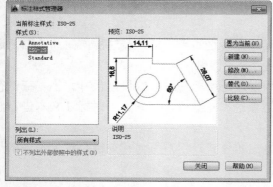

图 9-2 【标注样式管理器】对话框

图 9-3 【创建新标注样式】对话框

在【标注样式管理器】对话框中，各主要选项的含义如下：

★ 当前标注样式：当前标注样式为静态文字，其后为当前所用的标注样式名。
★ 【样式】列表框：该列表框用于显示所设置的标注样式。
★ 【置为当前】按钮：单击该按钮，可以将【样式】列表框中所选择的标注样式显示于当前标注样式处。
★ 【新建】按钮：单击该按钮，打开【创建新标注样式】对话框，使用该对话框可以创建新标注样式，如图 9-3所示。
★ 【修改】按钮：单击该按钮，将打开【修改标注样式】对话框，可以在其中修改已有的标注样式。

★　【替代】按钮，单击该按钮后，对同一个对象可以标注两个以上的尺寸标注和公差。

★　【比较】按钮：单击该按钮，可以用于标注样式之间的比较。

设置了新样式的名称、基础样式和适用范围后，单击该对话框中的【继续】按钮，系统弹出【新建标注样式】对话框，可以设置标注中的直线、符号和箭头、文字、单位等内容，如图9-4所示，下面将对该对话框中的各选项卡中的内容进行介绍。

1.【线】选项卡

单击【新建标注样式】对话框中的【线】选项卡，其下面的面板可以设置尺寸线、延伸线的格式和特性。在该选项卡中，各主要选项的含义如下：

★　【颜色】、【线型】、【线宽】下拉列表框：分别用来设置尺寸线和延伸线的颜色、线型和线宽。一般保持默认值Byblock（随块）即可。

★　【超出标记】文本框：用于设置尺寸线和延伸线超出量。

★　【基线间距】文本框：用于设置基线标注中尺寸线之间的间距。

★　【隐藏】复选框：用于控制尺寸线和延伸线的可见性。

★　【起点偏移量】文本框：用于设置延伸线起点到被标注点之间的偏移距离，延伸线超出量和偏移量是尺寸标注的两个常用的设置。

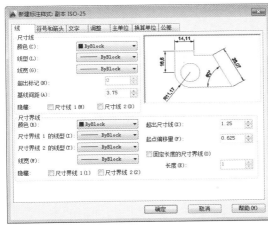

图9-4　【新建标注样式】对话框　　　　图9-5　【符号和箭头】选项卡

2.【符号和箭头】选项卡

在【符号和箭头】选项卡中，可以设置箭头、圆心标记、弧长符号和半径折弯标注的格式与位置，如图9-5所示。在该选项卡中，各主要选项的含义如下：

★　【第一个】以及【第二个】：用于选择尺寸线两端的箭头样式。

★　【引线】：用于设置引线的箭头样式。

★　【箭头大小】：用于设置箭头的大小。

★　【圆心标记】选项组：可以设置尺寸标注中圆心标记的格式。

★　【弧长符号】选项组：可以设置弧长符号的显示位置，包括【标注文字的前缀】、【标注文字的上方】和【无】3种方式。

★　【折弯角度】：确定折弯半径标注中，尺寸线的横向线段的角度。

★　【折弯高度因子】：可以设置折弯标注打断时折弯线的高度。

3.【文字】选项卡

在【文字】选项卡中，可以对尺寸标注中标注文字的外观、位置和对齐方式进行设置，如

图 9-6 所示。在该选项卡中，各主要选项的含义如下：

★ 【文字外观】选项组：可以设置标注文字的样式、颜色、填充颜色、文字高度等。

★ 【文字位置】选项组：可以设置文字的垂直、水平位置以及从尺寸线的偏移量。

★ 【文字对齐】选项组：可以设置标注文字的对齐方式。

4．【调整】选项卡

在【调整】选项卡中，可以设置标注文字、尺寸线、尺寸箭头的位置，如图 9-7 所示。在该选项卡中，各主要选项的含义如下：

★ 【调整选项】选项组：用于确定当尺寸界线之间没有足够的空间同时放置标注文字和箭头时，应从尺寸界线之间移出的对象。

★ 【文字位置】选项组：可以设置当标注文字不在默认位置时应放置的位置。

★ 【标注特性比例】选项组：可以设置标注尺寸的特征比例以便通过设置全局比例来增加或减少各标注的大小。

★ 【优化】选项组：可以对标注文字和尺寸线进行细微调整。

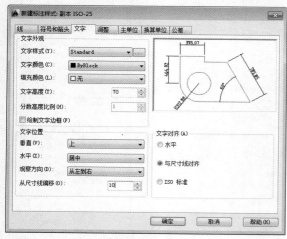

图 9-6 【文字】选项卡 　　　　　　　图 9-7 【调整】选项卡

5．【主单位】选项卡

在【主单位】选项卡中，可以设置标注的单位格式，通常用于机械或辅助设计绘图的尺寸标注，如图 9-8 所示。在该选项卡中，各主要选项的含义如下：

★ 【单位格式】下拉列表框：用于选择线性标注所采用的单位格式，如小数、科学和工程等。

★ 【精度】下拉列表框：用于选择线性标注的小数位数。

★ 【分数格式】下拉列表框：用于设置分数的格式。只有在【单位格式】下拉列表框中选择【分数】选项时才可用。

★ 【小数分隔符】下拉列表框：用于选择小数分隔符的类型。如"逗点"和"句点"等。

★ 【舍入】文本框：用于设置非角度测量值的舍入规则。若设置舍入值为0.5，则所有长度都将被舍入到最接近0.5个单位的数值。

★ 【前缀】文本框：用于在标注文字的前面添加一个前缀。

★ 【后缀】文本框：用于在标注文字的后面添加一个后缀。

★ 【测量单位比例】选项组：可以设置单位比例和限制使用的范围。

★ 【消零】选项组：可以设置小数消零的参数。它用于消除所有小数标注中的前导或后续的零。如选择后续，则0.3500变为0.35。

★ 【角度标注】选项组：可以设置角度标注的单位样式。

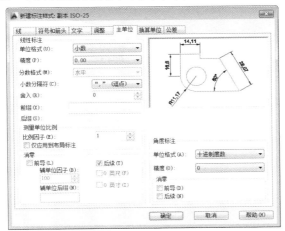

图9-8 【主单位】选项卡

6. 【换算单位】选项卡

在【换算单位】选项卡中，可以设置不同单位尺寸之间的换算格式及精度，如图 9-9 所示。在该选项卡中，各主要选项的含义如下：

★ 【换算单位】选项组：可以设置单位换算的单位格式和精度。

★ 【消零】选项组：可以设置不输出的前导零和后续零以及值为零的英尺和英寸。

★ 【主值后】单选钮：表示将换算单位放在主单位后面。

★ 【主值下】单选钮：表示将换算单位放在主单位下面。

7. 【公差】选项卡

【公差】选项卡可以设置公差的标注格式，包括公差格式、公差对齐、消零、换算单位公差、消零5个选项组，如图 9-10 所示。在该选项卡中，各主要选项的含义如下：

★ 【方式】：在此下拉菜单中有表示标注公差的几种方式。

★ 【上偏差和下偏差】：设置尺寸上偏差、下偏差值。

★ 【高度比例】：确定公差文字的高度比例因子。确定后，AutoCAD将该比例因子与尺寸文字高度之积作为公差文字的高度。

★ 【垂直位置】：控制公差文字相对于尺寸文字的位置，包括上、中和下3种方式。

★ 【换算单位公差】：当标注换算单位时，可以设置换算单位精度和是否消零。

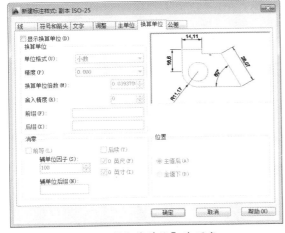

图9-9 【换算单位】选项卡

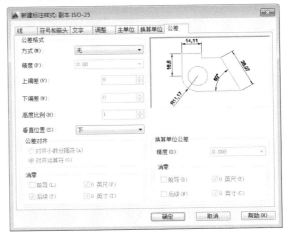

图9-10 【公差】选项卡

9.2 标注常用尺寸 ●————————○

AutoCAD中的基本标准包含的内容很丰富，常用尺寸标注包括：线性标注、对齐标注、半径标注、直径标注、弧长标注等，本节将分别进行介绍。

▌9.2.1 标注线性尺寸 ————————————○

线性标注常用的是标注图形对象的水平或垂直尺寸。如果需要标注倾斜方向的尺寸，则必须知道该对象的倾斜角度。

启动【线性】功能的常用方法有以下几种：

★ 菜单栏：执行【标注】|【线性】命令。

★ 命令行：输入DIMLINEAR/DLI命令。

★ 功能区1：在【默认】选项卡中，单击【注释】面板中的【线性】按钮 。

★ 功能区2：在【注释】选项卡中，单击【标注】面板中的【线性】按钮 。

【案例 9-1】： 线性标注电缆头图形

01 单击【快速访问】工具栏中的【打开】按钮 ，打开"第9课\9.2.1 标注线性尺寸.dwg"素材文件，如图9-11所示。

02 在【默认】选项卡中，单击【注释】面板中的【线性】按钮 ，标注线性尺寸，如图9-12所示。命令行提示如下：

```
命令：_dimlinear↙                              //调用【线性标注】命令
指定第一个尺寸界线原点或 <选择对象>：↙        //指定标注对象起点
指定第二条尺寸界线原点：↙                      //指定标注对象终点
指定尺寸线位置或
[多行文字(M)/文字(T)/角度(A)/水平(H)/垂直(V)/旋转(R)]：↙   //单击鼠标左键，指定尺寸线位置即可
标注文字 = 21
```

在【线性】命令行中，各选项的含义如下：

★ 多行文字（M）：选择该选项将进入多行文字编辑模式，可以使用【多行文字编辑器】对话框输入并设置标注文字。其中，文字输入窗口中的尖括号（<>）表示系统测量值。

★ 文字（T）：以单行文字形式输入尺寸文字。

★ 角度（A）：设置标注文字的旋转角度。

★ 水平（H）和垂直(V)：标注水平尺寸和垂直尺寸。可以直接确定尺寸线的位置，也可以选择其他选项来指定标注文字内容或标注文字的旋转角度。

★ 旋转（R）：旋转标注对象的尺寸线。

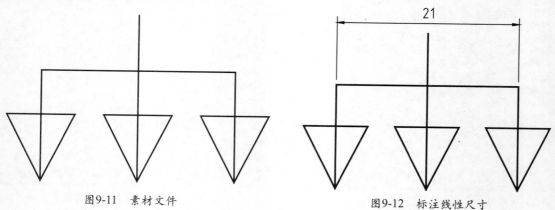

图9-11 素材文件 　　　　　图9-12 标注线性尺寸

03 用同样的方法标注其他水平方向的尺寸，标注完成后效果如图9-13所示，按此方法再标注其他垂直方向的尺寸，标注完成后效果如图9-14所示。

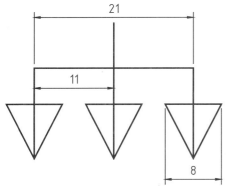

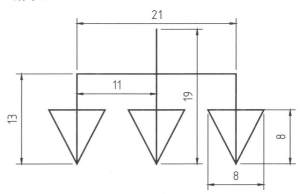

图9-13　水平方向尺寸标注　　　　　　　　　　图9-14　垂直方向尺寸标注

9.2.2　标注对齐尺寸

对齐标注使用时，系统自动默认为尺寸线与两点的连线平行，常常用于标注倾斜对象的真实长度。对齐标注和线性标注一样可以通过在标注对象上指定尺寸线的起点和终点或直接选取标注对象两种方法进行标注尺寸。

启动【对齐】功能的常用方法有以下几种。

★　菜单栏：执行【标注】|【对齐】命令。
★　命令行：输入DIMALIGNED/DAL命令。
★　功能区1：在【默认】选项卡中，单击【注释】面板中的【对齐】按钮。
★　功能区2：在【注释】选项卡中，单击【标注】面板中的【对齐】按钮。

【案例9-2】：　对齐标注敏感开关图形

01 单击【快速访问】工具栏中的【打开】按钮，打开"第9课\9.2.2　标注对齐尺寸.dwg"素材文件，如图9-15所示。

02 在【默认】选项卡中，单击【注释】面板中的【对齐】按钮，标注对齐尺寸，如图9-16所示。命令行提示如下：

```
命令: _dimaligned↙                              //调用【对齐标注】命令
指定第一个尺寸界线原点或 <选择对象>:↙           //指定标注对象起点
指定第二条尺寸界线原点：↙                        //指定标注对象终点
指定尺寸线位置或
[多行文字(M)/文字(T)/角度(A)]：↙                 //单击鼠标左键，指定尺寸线位置即可
标注文字 = 3
```

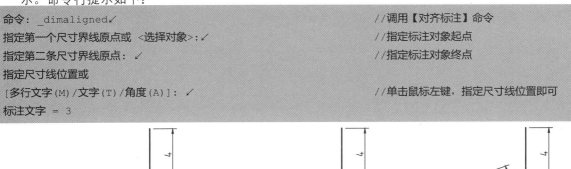
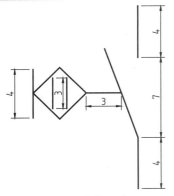
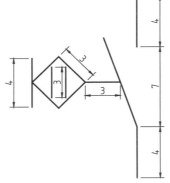
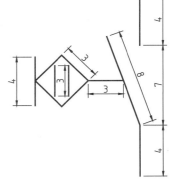

图9-15　素材文件　　　　　图9-16　对齐标注效果　　　　　图9-17　最终效果

03 用同样的方法标注其他对齐尺寸，标注完成后效果如图9-17所示。

9.2.3 标注半径尺寸

半径标注就是标注圆或圆弧的半径尺寸，并显示前面带有字母R的标注文字，标注半径尺寸与标注直径尺寸的方法类似。

启动【半径】功能的常用方法有以下几种：

★ 菜单栏：执行【标注】|【半径】命令。

★ 命令行：输入DIMRADIUS/DRA命令。

★ 功能区1：在【默认】选项卡中，单击【注释】面板中的【半径】按钮。

★ 功能区2：在【注释】选项卡中，单击【标注】面板中的【半径】按钮。

【案例 9-3】：半径标注三相感应调压器

01 单击【快速访问】工具栏中的【打开】按钮，打开"第9课\9.2.3 标注半径尺寸.dwg"素材文件，如图9-18所示。

02 在【默认】选项卡中，单击【注释】面板中的【半径】按钮，标注半径尺寸，如图9-19所示。命令行提示如下：

```
命令：_dimradius↙                                    //调用【半径标注】命令
选择圆弧或圆：↙                                        //选择小圆对象
标注文字 = 3
指定尺寸线位置或 [多行文字(M)/文字(T)/角度(A)]：↙        //单击鼠标左键，指定尺寸线位置即可
```

03 用同样的方法标注其他半径尺寸，标注完成后效果如图9-20所示。

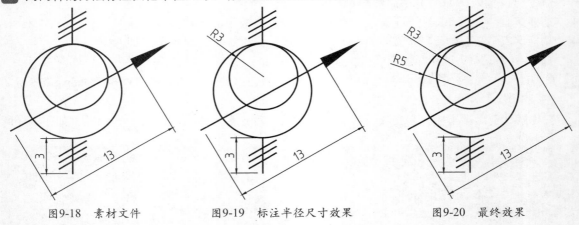

图9-18 素材文件　　　　图9-19 标注半径尺寸效果　　　　图9-20 最终效果

9.2.4 标注直径尺寸

直径标注就是标注圆或圆弧的直径尺寸，并显示前面带有直径符号的标注文字。

启动【直径】功能的常用方法有以下几种：

★ 菜单栏：执行【标注】|【直径】命令。

★ 命令行：输入DIMDIAMETER/DDI命令。

★ 功能区1：在【默认】选项卡中，单击【注释】面板中的【直径】按钮。

★ 功能区2：在【注释】选项卡中，单击【标注】面板中的【直径】按钮。

【案例 9-4】：直径标注防水防尘灯

01 单击【快速访问】工具栏中的【打开】按钮，打开"第9课\9.2.4 标注直径尺寸.dwg"素材文件，如图9-21所示。

02 在【默认】选项卡中，单击【注释】面板中的【直径】按钮◎，标注直径尺寸，如图9-22所示。命令行提示如下：

命令：_dimdiameter✓	//调用【直径标注】命令
选择圆弧或圆：✓	//选择小圆对象
标注文字 = 33	
指定尺寸线位置或 [多行文字(M)/文字(T)/角度(A)]：✓	//单击鼠标左键，指定尺寸线位置即可

03 用同样的方法标注其他直径尺寸，标注完成后最终效果如图9-23所示。

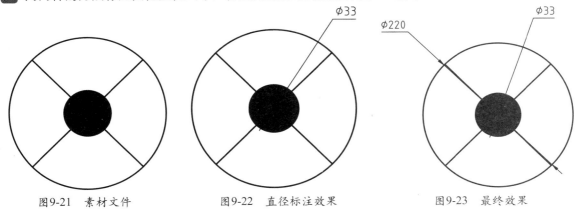

图9-21　素材文件　　　　　图9-22　直径标注效果　　　　　图9-23　最终效果

9.2.5　标注弧长尺寸

弧长尺寸标注主要用于测量和显示圆弧的长度。

启动【弧长】功能的常用方法有以下几种：

★　菜单栏：执行【标注】|【弧长】命令。

★　命令行：输入DIMARC命令。

★　功能区1：在【默认】选项卡中，单击【注释】面板中的【弧长】按钮⌒。

★　功能区2：在【注释】选项卡中，单击【标注】面板中的【弧长】按钮⌒。

【案例9-5】：弧长标注电话机图形

01 单击【快速访问】工具栏中的【打开】按钮▷，打开"第9课\9.2.5　标注弧长尺寸.dwg"素材文件，如图9-24所示。

02 在【默认】选项卡中，单击【注释】面板中的【弧长】按钮⌒，标注弧长尺寸，如图9-25所示。命令行提示如下：

命令：_dimarc✓	//调用【弧长标注】命令
选择弧线段或多段线圆弧段：✓	//选择圆弧对象
指定弧长标注位置或 [多行文字(M)/文字(T)/角度(A)/部分(P)/引线(L)]：✓	//指定尺寸线位置即可
标注文字 = 12	

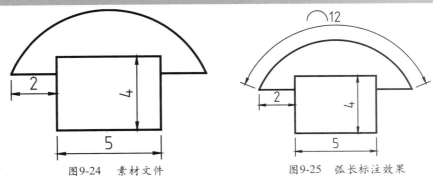

图9-24　素材文件　　　　　图9-25　弧长标注效果

技巧

在调用命令的过程中，会出现如下提示信息：【指定弧长标注位置或 [多行文字(M)/文字(T)/角度(A)/部分(P)/]:】。如果选择【部分（P）】选项，则可以标注选定圆弧某一部分的弧长。

9.3 标注高级尺寸

一张复杂的图纸只用常用标注尺寸往往是不能够完全确定其对象的位置和形状的，因此需要一些其他标注辅助完成。下面来介绍一些其他尺寸的标注，例如：角度标注、坐标标注和引线标注等。

9.3.1 标注角度尺寸

角度标注用于标注圆弧对应的中心角、相交直线形成的夹角或者三点形成的夹角。启动【角度】功能常用方法有以下几种：

★ 菜单栏：执行【标注】|【角度】命令。

★ 命令行：输入DIMANGULAR/ DAN命令。

★ 功能区1：在【默认】选项卡中，单击【注释】面板中的【角度】按钮。

★ 功能区2：在【注释】选项卡中，单击【标注】面板中的【角度】按钮。

【案例 9-6】：角度标注熔断式隔离开关

01 单击【快速访问】工具栏中的【打开】按钮，打开"第9课\9.3.1 标注角度尺寸.dwg"素材文件，如图9-26所示。

02 在【默认】选项卡中，单击【注释】面板中的【角度】按钮，标注角度尺寸，如图9-27所示。命令行提示如下：

```
命令：_dimangular↙                                    //调用【角度标注】命令
选择圆弧、圆、直线或 <指定顶点>:↙                      //指定第一条直线
选择第二条直线:↙                                      //指定第二条直线
指定标注弧线位置或 [多行文字(M)/文字(T)/角度(A)/象限点(Q)]:↙   //指定尺寸线位置即可
标注文字 = 150
```

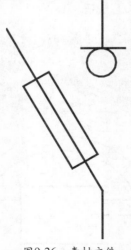

图9-26 素材文件

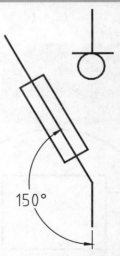

图9-27 角度标注效果

9.3.2 标注坐标尺寸

坐标尺寸标注可以标注测量原点到标注特性点的垂直距离，这种标注保持特征点与基准点的精确偏移量，从而可以避免误差的产生。

启动【坐标】功能的常用方法有以下几种：

★ 菜单栏：执行【标注】|【坐标】命令。

★ 命令行：输入DIMORDINATE命令。

★ 功能区1：在【默认】选项卡中，单击【注释】面板中的【坐标】按钮 ⊥。

★ 功能区2：在【注释】选项卡中，单击【标注】面板中的【坐标】按钮 ⊥。

【案例9-7】： 为浴霸图形添加坐标标注

01 单击【快速访问】工具栏中的【打开】按钮 ⊳，打开"第9课\9.3.2 标注坐标尺寸.dwg"素材文件，如图9-28所示。

02 在【默认】选项卡中，单击【注释】面板中的【坐标】按钮 ⊥，标注坐标尺寸，如图9-29所示。命令行提示如下：

```
命令：_dimordinate↙                                      //调用【坐标标注】命令
指定点坐标：↙                                            //指定端点
指定引线端点或 [X 基准(X)/Y 基准(Y)/多行文字(M)/文字(T)/角度(A)]：↙   //指定引线端点，确定尺寸线位置
标注文字 = 3338
```

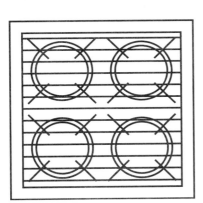

图9-28 素材文件

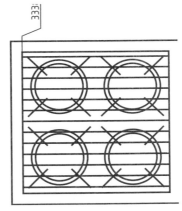

图9-29 坐标标注效果

03 用同样的方法标注其他垂直方向的坐标尺寸，标注完成后效果如图9-30所示，接着标注水平方向的尺寸，标注完成后效果如图9-31所示。

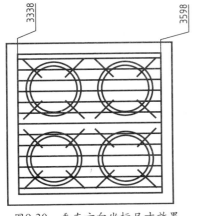

图9-30 垂直方向坐标尺寸效果

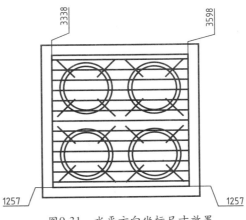

图9-31 水平方向坐标尺寸效果

在【坐标】命令行中，各常用选项的含义如下：

★ 指定引线端点：使用点坐标和引线端点的坐标差可确定它是X坐标标注还是Y坐标标注。如果Y坐标的坐标差较大，标注就测量X坐标；否则就测量Y坐标。

★ X基准（X）：测量X坐标并确定引线和标注文字的方向。

★ Y基准（Y）：测量Y坐标并确定引线和标注文字的方向。

9.3.3 标注引线尺寸

引线对象通常包含箭头、引线或曲线和文字。引线标注中的引线是一条带箭头的直线，箭头指向被标注的对象，直线的尾部带有文字注释或图形。

启动【引线】功能的方法如下：

★ 命令行：输入QLEADER命令。

【案例9-8】：引线标注工艺吊灯图形

01 单击【快速访问】工具栏中的【打开】按钮，打开"第9课\9.3.3 标注引线尺寸.dwg"素材文件，如图9-32所示。

02 在命令行中输入QLEADER【引线】命令并按回车键结束，标注引线尺寸，如图9-33所示。命令行提示如下：

```
命令：QLEADER↙                              //调用【引线标注】命令
指定第一个引线点或 [设置(S)] <设置>：↙        //在圆心位置拾取第一点
指定下一点：↙                                //拾取第二点
指定下一点：↙                                //拾取第三点
指定文字宽度 <0>：35↙                        //指定文字高度
输入注释文字的第一行 <多行文字(M)>：↙         //输入文字即可
```

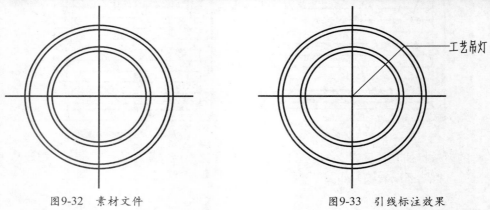

图9-32 素材文件　　　　　　　　　图9-33 引线标注效果

9.3.4 标注基线尺寸

基线标注是以某一延伸线为基准位置，按一定方向标注一系列尺寸，所有尺寸共用一条延伸线(基线)。

启动【基线】功能的常用方法有以下几种：

★ 菜单栏：执行【标注】|【基线】命令。

★ 命令行：输入DIMBASELINE/DBA命令。

★ 功能区：在【注释】选项卡中，单击【标注】面板中的【基线】按钮 基线。

【案例9-9】：基线标注卧室照明平面图

01 单击【快速访问】工具栏中的【打开】按钮，打开"第9课\9.3.4 标注基线尺寸.dwg"素材文件，如图9-34所示。

02 在【注释】选项卡中，单击【标注】面板中的【基线】按钮 ⊢ 基线，标注基线尺寸，如图9-35所示。命令行提示如下：

```
命令: _dimbaseline↙                                              //调用【基线标注】命令
选择基准标注:↙                                                   //选择基线标注的基线
指定第二条尺寸界线原点或 [放弃(U)/选择(S)] <选择>:↙              //指定第一个端点
标注文字 = 104
指定第二条尺寸界线原点或 [放弃(U)/选择(S)] <选择>:↙              //指定第二个端点
标注文字 = 884
指定第二条尺寸界线原点或 [放弃(U)/选择(S)] <选择>:↙              //指定第三个端点
标注文字 = 1245
指定第二条尺寸界线原点或 [放弃(U)/选择(S)] <选择>:↙              //指定第四个端点
标注文字 = 3249
指定第二条尺寸界线原点或 [放弃(U)/选择(S)] <选择>:↙              //指定第五个端点
标注文字 = 3485
指定第二条尺寸界线原点或 [放弃(U)/选择(S)] <选择>:↙              //回车
选择基准标注: *取消*↙                                           //按Esc键结束命令
```

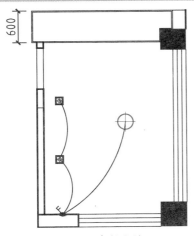

图9-34　素材文件

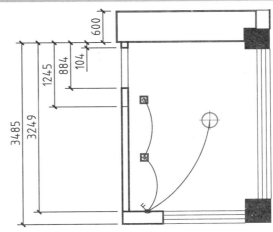

图9-35　基线标注效果

9.3.5　标注连续尺寸

连续标注是首尾相连的多个标注，又称为链式标注或尺寸链，是多个线性尺寸的组合。在创建连续标注之前，必须已有线性、对齐或角度标注，只有在它们的基础上才能进行此标注。

启动【连续】功能的常用方法有以下几种：

★　菜单栏：执行【标注】|【连续】命令。

★　命令行：输入DIMCONTINUE/DCO命令。

★　功能区：在【注释】选项卡中，单击【标注】面板中的【连续】按钮 ⊦⊦⊦ 连续。

　　【案例9-10】：连续标注主卧插座平面图

01 单击【快速访问】工具栏中的【打开】按钮 ▱，打开"第9课\9.3.5 标注连续尺寸.dwg"素材文件，如图9-36所示。

02 在【注释】选项卡中，单击【标注】面板中的【连续】按钮 ⊦⊦⊦ 连续，标注连续尺寸，如图9-37所示。命令行提示如下：

```
命令: _dimcontinue↙                                              //调用【连续标注】命令
```

选择连续标注：✓	//选择连续标注的基线
指定第二条尺寸界线原点或〔放弃(U)/选择(S)〕<选择>：✓	//指定第一个端点
标注文字 = 600	
指定第二条尺寸界线原点或〔放弃(U)/选择(S)〕<选择>：✓	//指定第二个端点
标注文字 = 1950	
指定第二条尺寸界线原点或〔放弃(U)/选择(S)〕<选择>：✓	//指定第三个端点
标注文字 = 900	
指定第二条尺寸界线原点或〔放弃(U)/选择(S)〕<选择>：✓	//指定第四个端点
标注文字 = 950	
指定第二条尺寸界线原点或〔放弃(U)/选择(S)〕<选择>：*取消*✓	//回车结束

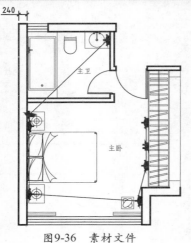

图9-36　素材文件

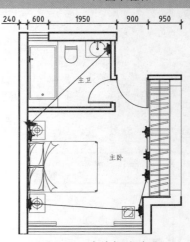

图9-37　连续标注效果

9.3.6　标注快速尺寸

使用【快速标注】命令可以快速创建尺寸标注，以及对尺寸标注进行注释和说明。

启动【快速】功能的常用方法有以下几种：

★ 菜单栏：执行【标注】|【快速标注】命令。

★ 命令行：输入QDIM命令。

★ 功能区：在【注释】选项卡中，单击【标注】面板中的【快速标注】按钮 ⊬快速。

【案例9-11】：　快速标注客厅照明平面图

01 单击【快速访问】工具栏中的【打开】按钮 ⊯，打开"第9课\9.3.6 标注快速尺寸.dwg"素材文件，如图9-38所示。

02 在【注释】选项卡中，单击【标注】面板中的【快速标注】按钮 ⊬快速，标注快速尺寸，如图9-39所示。命令行提示如下：

命令：_qdim✓	//调用【快速标准】命令
关联标注优先级 = 端点	
选择要标注的几何图形：找到 1 个，总计 8 个✓	//选择最上方直线
选择要标注的几何图形：✓	
指定尺寸线位置或〔连续(C)/并列(S)/基线(B)/坐标(O)/半径(R)/直径(D)/基准点(P)/编辑(E)/设置(T)〕	
<连续>：✓	//指定尺寸线位置即可

03 调整尺寸线的位置，最终效果如图9-40所示。

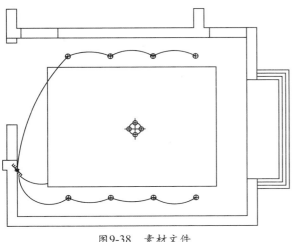

图9-38 素材文件

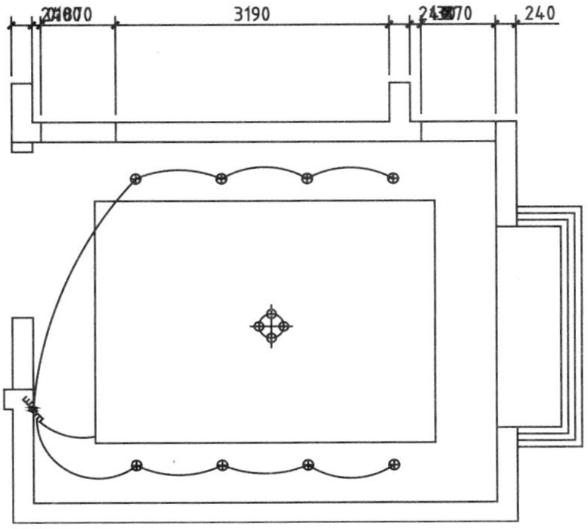

图9-39 快速标注效果

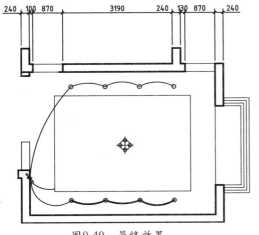

图9-40 最终效果

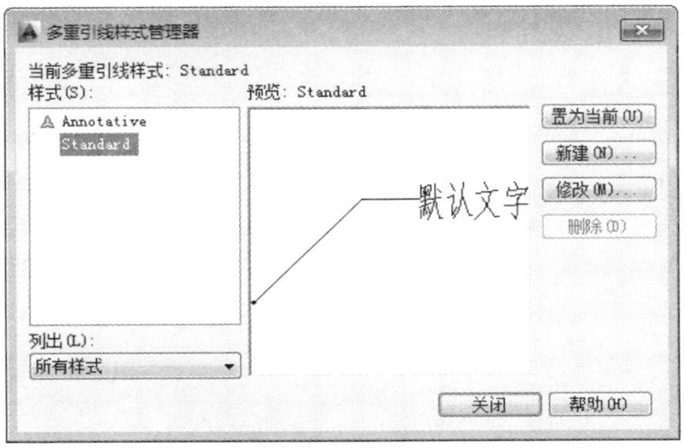

图9-41 【多重引线样式管理器】对话框

在【快速标注】命令行中，各常用选项的含义如下：

★ 连续（C）：用于创建一系列连续标注。

★ 并列（S）：用于创建一系列并列标注。

★ 基线（B）：用于创建一系列基线标注。

★ 坐标（O）：用于创建一系列坐标标注。

★ 半径（R）：用于创建一系列半径标注。

★ 直径（D）：用于创建一系列直径标注。

★ 基准点（P）：为基线和坐标标注设置新的基准点。

★ 编辑（E）：在生成标注之前，删除出于各种考虑而选定的点位置。

★ 设置（T）：为指定尺寸界线原点（交点或端点）设置对象捕捉优先级。

9.3.7 标注多重引线尺寸

AutoCAD提供了多重引线标注功能，利用该功能不仅可以标注特定的尺寸，如圆角、倒角等，还可以实现在图形中添加多行旁注、说明。

1. 设置多重引线样式

用户可以在标注多重引线尺寸之前，运用【多重引线样式】命令来控制引线标注样式的外观，如箭头的形式、引线外观、文字属性等。

启动【多重引线样式】功能的常用方法有以下几种：

★ 菜单栏：执行【格式】|【多重引线样式】命令。

★ 命令行：输入MLEADERSTYLE/MLS命令。

★ 功能区1：在【默认】选项卡中，单击【注释】面板中的【多重引线样式】按钮 。

★ 功能区2：在【注释】选项卡中，单击【引线】面板中的【多重引线样式】按钮 。

执行以上任一命令，均可以打开【多重引线样式管理器】对话框，如图 9-41所示。在该对话框中，可以对多重引线样式进行新建、修改、删除以及置为当前等操作。

2．标注多重引线尺寸

设置好多重引线样式后，可以在图形中标注多重引线尺寸。

启动【多重引线】功能的常用方法有以下几种：

★ 菜单栏：执行【标注】|【多重引线】命令。

★ 命令行：输入MLEADER/MLD命令。

★ 功能区1：在【默认】选项卡中，单击【注释】面板中的【多重引线】按钮 。

★ 功能区2：在【注释】选项卡中，单击【引线】面板中的【多重引线】按钮 。

【案例 9-12】：在书房和阳台照明平面图添加多重引线

01 单击【快速访问】工具栏中的【打开】按钮 ，打开"第9课\9.3.7 标注多重引线尺寸.dwg"素材文件，如图9-42所示。

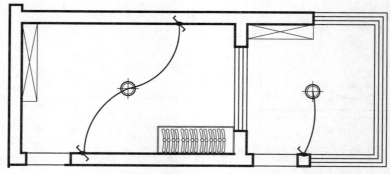

图9-42 素材文件

02 在【默认】选项卡中，单击【注释】面板中的【多重引线样式】按钮 ，打开【多重引线样式管理器】对话框，单击【修改】按钮，如图9-43所示。

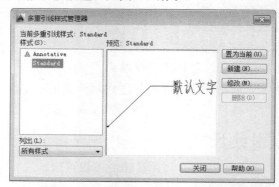

图9-43 【多重引线样式管理器】对话框

03 打开【修改多重引线样式：Standard】对话框，在【引线格式】选项卡中，修改符号样式为【小点】，符号大小为100，如图9-44所示。

04 在【引线结构】选项卡中，修改基线距离为300，如图9-45所示。

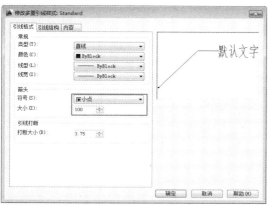

图9-44 【引线格式】选项卡

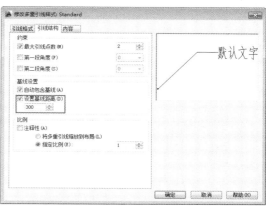

图9-45 【引线结构】选项卡

05 在【内容】选项卡中，修改文字高度为200，如图9-46所示，单击【确定】和【关闭】按钮，完成多重引线样式设置。

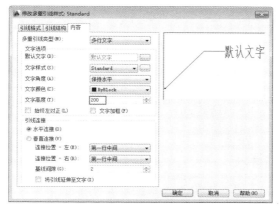

图9-46 【内容】选项卡

06 在【默认】选项卡中，单击【注释】面板中的【多重引线】按钮 ，创建多重引线，如图9-47所示。命令行提示如下：

命令：_mleader↙	//调用【多重引线】命令
指定引线箭头的位置或 [引线基线优先(L)/内容优先(C)/选项(O)] <选项>:↙	//指定引线箭头位置
指定引线基线的位置:↙	//指定引线基线位置即可

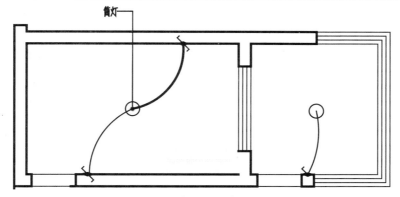

图9-47 多重引线效果

07 重新调用【多重引线】命令，标注其他的多重引线，最终效果如图9-48所示。

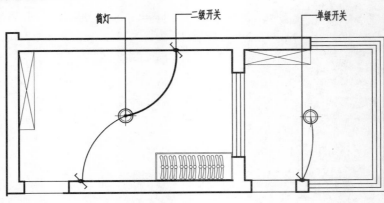

图9-48 最终效果

在【多重引线】命令行中各常用选项的含义如下：

★ 引线基线优先（L）：指定多重引线对象的基线的位置。

★ 内容优先（C）：指定与多重引线对象相关联的文字或块的位置。

★ 选项（O）：指定用于放置多重引线对象的选项。

9.4 编辑尺寸标注

AutoCAD提供的尺寸标注功能是一种半自动标注，它只要求用户输入较少的标注信息，其他参数是通过标注样式的设置来确定的。

9.4.1 更新尺寸标注

更新标注可以用当前标注样式更新标注对象，也可以将标注系统变量保存或恢复到选定的标注样式。

启动【更新标注】功能的常用方法有以下几种：

★ 菜单栏：执行【标注】|【更新】命令。

★ 命令行：输入-DIMSTYLE命令。

★ 功能区：在【注释】选项卡中，单击【标注】面板中的【更新】按钮。

【案例9-13】：更新尺寸标注

01 单击【快速访问】工具栏中的【打开】按钮，打开"第9课\9.4.1 更新尺寸标注.dwg"素材文件，如图9-49所示。

02 在命令行输入DIMSTYLE命令，系统打开【标注样式管理器】对话框，选择【Standard】样式，单击【置为当前】按钮，如图9-50所示。

03 在【注释】选项卡中，单击【标注】面板中的【更新】按钮，更新标注，如图9-51所示。命令行提示如下：

```
命令: _-dimstyle↙                                        //调用【更新】命令
当前标注样式: Standard    注释性: 否
输入标注样式选项
[注释性(AN)/保存(S)/恢复(R)/状态(ST)/变量(V)/应用(A)/?] <恢复>: _apply↙
选择对象: 找到 1 个
选择对象: 找到 1 个, 总计 2 个
选择对象: 找到 1 个, 总计 3 个
```

```
选择对象：找到 1 个，总计 4 个
选择对象：找到 1 个，总计 5 个↙                          //选择更新标注对象
选择对象：↙                                              //按Enter键结束
```

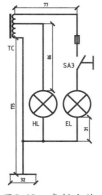

图9-49 素材文件

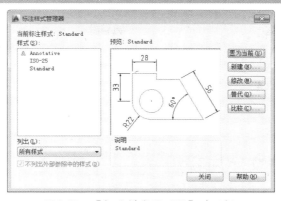

图9-50 【标注样式管理器】对话框

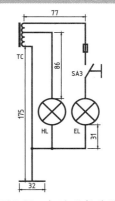

图9-51 标注更新效果

在【更新】命令行中各常用选项的含义如下：

★ 注释性（AN）：用于创建注释性标注样式。

★ 保存（S）：用于将标注系统变量的当前设置保存到标注样式。

★ 恢复（R）：用于将标注系统变量设置恢复为选定标注样式。

★ 状态（ST）：用于显示图形中所有标注系统变量的当前值。

★ 变量（V）：用于列出某个标注样式或选定标注的标注系统变量设置，但不修改当前设置。

★ 应用（A）：将当前尺寸标注系统变量设置应用到选定标注对象，永久替代应用于这些对象的任何现有标注样式。

9.4.2 调整标注间距

在AutoCAD中利用【标注间距】功能，可根据指定的间距数值调整尺寸线互相平行的线性尺寸或角度尺寸之间的距离，使其处于平行等距或对齐状态。

启动【调整间距】功能的常用方法有以下几种：

菜单栏：执行【标注】|【标注间距】命令。

★ 命令行：输入DIMSPACE命令。

★ 功能区：在【注释】选项卡中，单击【标注】面板中的【调整间距】按钮。

【案例9-14】：调整标注间距

01 单击【快速访问】工具栏中的【打开】按钮，打开"第9课\9.4.2 调整标注间距.dwg"素材文件，如图9-52所示。

02 在【注释】选项卡中，单击【标注】面板中的【调整间距】按钮，调整标注间距，如图9-53所示。命令行提示如下：

```
命令：_DIMSPACE↙                                        //调用【调整间距】命令
选择基准标注：↙                                          //选择下方尺寸标注
选择要产生间距的标注:找到 1 个↙                          //选择右侧尺寸标注
选择要产生间距的标注:
输入值或 [自动(A)] <自动>:↙                              //选择【自动（A）】选项，按Enter键结束
```

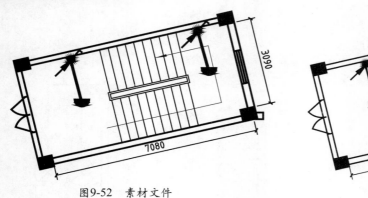

图9-52 素材文件

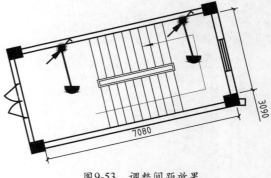

图9-53 调整间距效果

9.4.3 编辑标注文字内容

使用【编辑】功能可以对尺寸标注上的文字进行修改。

【案例9-15】：编辑标注文字内容

01 单击【快速访问】工具栏中的【打开】按钮 📂，打开"第9课\9.4.3 编辑标注文字内容.dwg"素材文件，如图9-54所示。

02 在需要编辑的尺寸标注上，双击鼠标，弹出文本输入框，输入文字"尺寸总长度"，即可编辑标注文字内容，效果如图9-55所示。

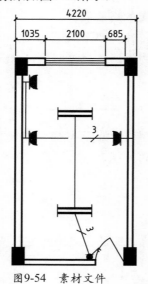

图9-54 素材文件   图9-55 图形效果

9.5 实例应用

9.5.1 绘制别墅二层电气平面图

别墅二层电气平面图主要用来讲述如何在别墅的各个空间中布置插座、灯具以及开关图形的方法，并通过线路将布置的电气元件进行连接，以组成一个完成的电路照明图。本小节通过绘制如图 9-56所示的别墅二层电气平面图，主要考察【插入】命令、【多段线】命令、【文字】命令以及【线性标注】命令等的应用。

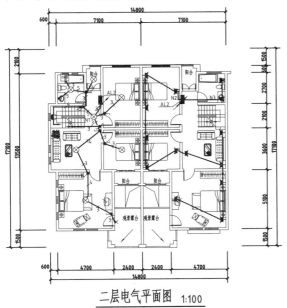

二层电气平面图 1:100

图9-56 别墅二层电气平面图

01 单击【快速访问】工具栏中的【打开】按钮 📂，打开"第9课\9.5.1 绘制别墅二层电气平面图.dwg"素材文件，如图9-57所示。

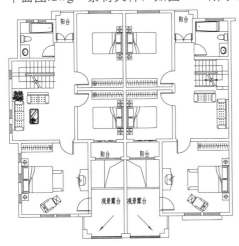

二层电气平面图 1:100

图9-57 素材文件

02 调用I【插入】命令，插入随书光盘中的【吸顶灯】、【单极开关】、【双极开关】、【三极开关】、【电源插座】、【电视插座】、【接地插座】、【三相插座】、【壁灯】、【排风扇】、【配电

箱】、【引线标记】及【楼梯灯】图块，并对插入的图块位置进行调整，效果如图9-58所示。

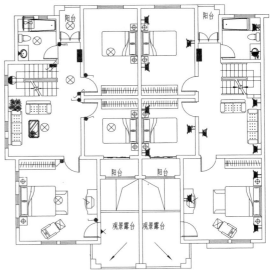

图9-58 插入图块

03 将【WIRE-照明】图层置为当前。调用PL【多段线】命令，修改【宽度】为50，从配电箱中引出线路，如图9-59所示。

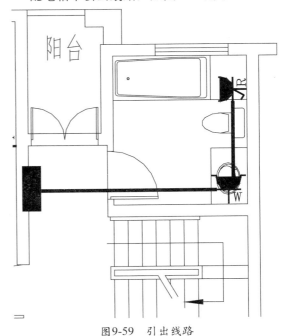

图9-59 引出线路

04 重新调用PL【多段线】命令，绘制其他的线路，如图9-60所示。

05 调用L【直线】命令，在电器线路上绘制长为300的导线；调用DT【单行文字】命令、CO【复制】命令，再结合文字在位编辑功能，绘制出导线根数文字，绘制结果，如图9-61所示。

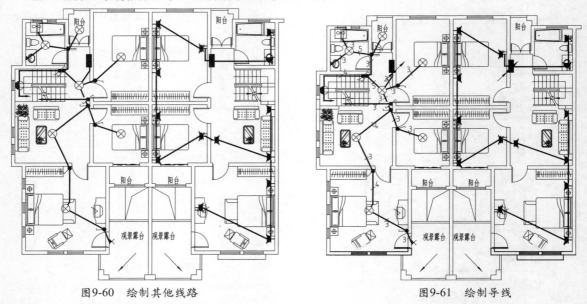

图9-60 绘制其他线路　　　　　　　　　　　　　　　　图9-61 绘制导线

06 调用MT【多行文字】命令，在图中进行必要的文字说明，结果如图9-62所示。

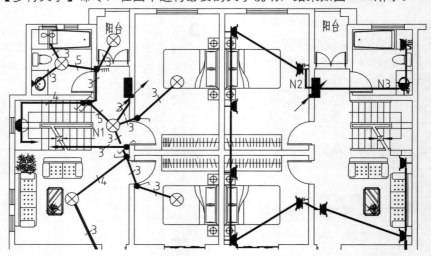

图9-62 标注多行文字

07 调用MLD【多重引线】命令，在绘图区中标注多重引线，如图9-63所示。

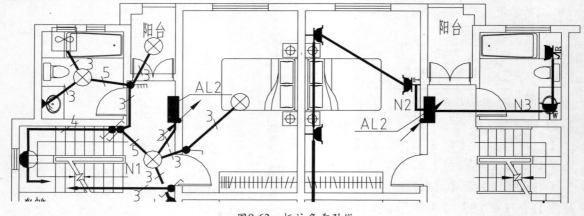

图9-63 标注多重引线

08 显示【轴线】图层。将【标注】图层置为当前。调用DLI【线性标注】命令，标注线性尺寸，如图 9-64所示。

09 重新调用DLI【线性标注】和DCO【连续标注】命令，标注其他的尺寸，并隐藏【轴线】图层，最终效果如图 9-65所示。

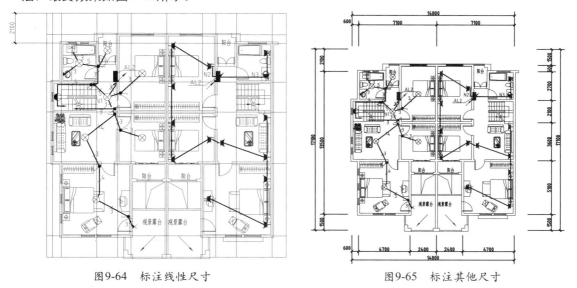

图9-64　标注线性尺寸　　　　　　　　　　　　　图9-65　标注其他尺寸

9.5.2　绘制别墅插座平面图

绘制别墅插座平面图时，需要先将插座、开关和电表箱图形布置到平面图中，然后运用【多段线】命令绘制电路线，最后进行尺寸标注和多重引线标注。本小节通过绘制如图 9-66所示的别墅插座平面图，主要考察【插入】命令、【多重引线】命令、【线性标注】命令以及【连续标注】命令等的应用。

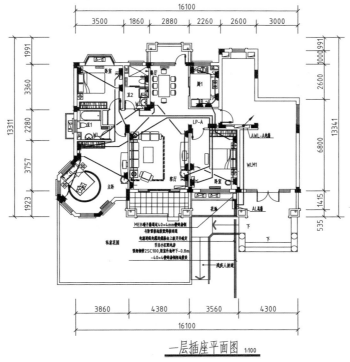

一层插座平面图 1:100

图9-66　别墅插座平面图

01 单击【快速访问】工具栏中的【打开】按钮 📂，打开"第9课\9.5.2 绘制别墅插座平面图.dwg"
素材文件，如图 9-67所示。

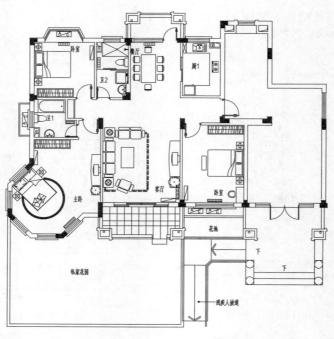

一层平面布置图 1:100

图9-67　素材文件

02 调用I【插入】命令，插入随书光盘中的【配电箱1】、【配电中心】、【暗装接地单相插
座】、【单相空调插座】、【照明配电箱】、【抽油烟机插座】、【电炊具插座】、【电冰箱
插座】、【洗衣机插座】、【防溅型插座】、【电热水器插座】、【引线标记1】以及【总电
箱】图块，并对插入的图块位置进行调整，效果如图 9-68所示。

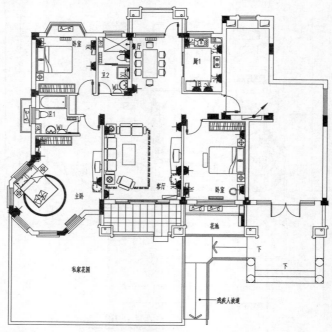

图9-68　布置图块

03 将【WIRE-1】图层置为当前。调用PL【多段线】命令，修改【宽度】为30，绘制线路对象，如图 9-69所示。

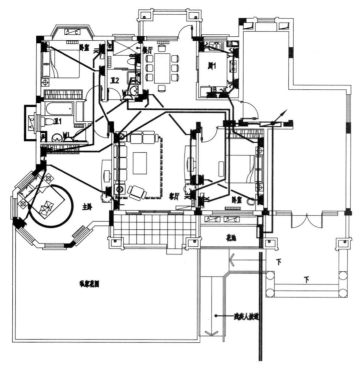

图9-69　绘制线路

04 调用MT【多行文字】命令和MLD【多重引线】命令，标注图形，效果如图 9-70所示。

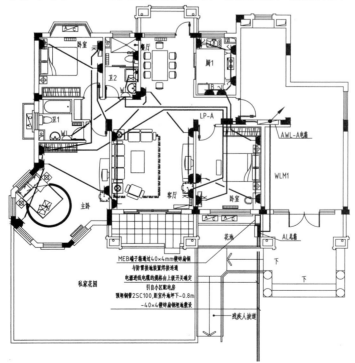

图9-70　标注图形

05 显示【轴线】图层。将【标注】图层置为当前。调用DLI【线性标注】命令，捕捉相应的端点，标注线性尺寸，如图 9-71 所示。

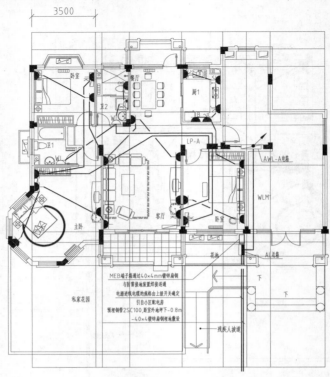

图9-71 标注线性尺寸

06 重新调用DLI【线性标注】和DCO【连续标注】命令，标注其他的尺寸，并隐藏【轴线】图层，如图 9-72所示。

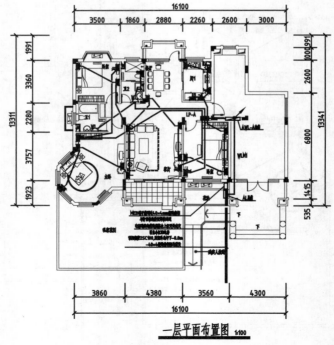

一层平面布置图 1:100

图9-72 标注尺寸

07 双击图名对象，打开文本输入框，修改图名，得到最终的图形效果如图 9-66所示。

9.6 课后练习

　　医院七层配电平面图主要用来讲述如何在空间中布置配电箱以及配电箱线路走向的方法。本小节通过绘制如图 9-73所示的医院七层配电平面图，主要考察【多重引线】命令、【线性标注】命令以及【多重引线】命令等的应用方法。

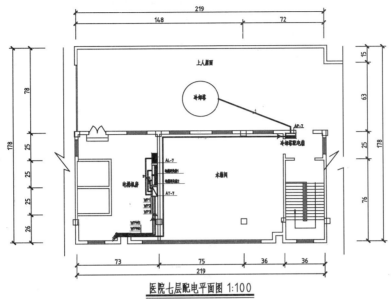

医院七层配电平面图 1:100

图9-73　医院七层配电平面图

　　提示步骤如下：

01 单击【快速访问】工具栏中的【打开】按钮，打开"第9课\9.6.1　绘制医院七层配电平面图.dwg"素材文件，如图 9-74所示。

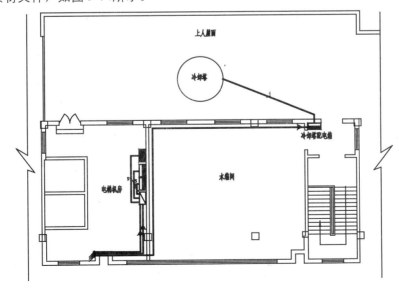

医院七层配电平面图 1:100

图9-74　素材文件

02 将【标注】图层置为当前。调用MLD【多重引线】命令，标注多重引线，如图 9-75所示。

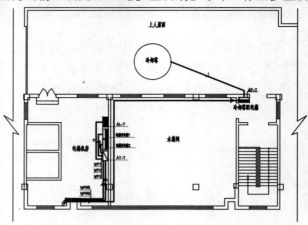

图9-75　标注多重引线

03 调用DLI【线性标注】命令、DCO【连续标注】命令，完善配电平面图，得到最终效果如图9-73所示。

第10课
常用电气元件的绘制

无论多么复杂的图形，都是由简单图形经过一定的组合并加以编辑而成的，熟练掌握基本图形的绘制技巧，是灵活、精确、高效地绘制图形的基础。本章主要讲解了在AutoCAD 2014中，导线、电阻容感、半导体、开关、信号、仪表以及电器符号等常用元件的绘制方法，通过这些基本元件的绘制，了解常用电气在电气设计中的应用及表示方法。

【本课知识】：
1. 掌握导线与连接器件的绘制方法。
2. 掌握电阻容感器件的绘制方法。
3. 掌握半导体器件的绘制方法。
4. 掌握开关的绘制方法。
5. 掌握信号器件的绘制方法。
6. 掌握仪表的绘制方法。
7. 掌握电器符号的绘制方法。
8. 掌握其他元件的绘制方法。

10.1 导线与连接器件的绘制

导线与连接器件是将各分散元件组合成一个完整的电路图的必备材料，导线的一般符号可用于表示一根导线、导线组、电线、电缆、电路、传输电路、线路、母线以及总线等。

10.1.1 绘制三根导线

一般的导线可以表示单根导线，对于多根导线，可以分别绘制出，但也可以只绘制一根导线，并在绘制的导线上添加标志。本实例讲解三根导线的绘制方法，如图10-1所示。

图10-1 三根导线

01 新建空白文件。调用L【直线】命令，绘制一条长度为23的水平直线。

02 调用L【直线】命令，结合【对象捕捉】功能，绘制一条长度为4的水平直线；调用RO【旋转】命令，将新绘制的直线旋转56°，如图10-2所示。

03 调用CO【复制】命令，将新绘制的直线向右进行复制操作，如图10-3所示。

图10-2 绘制并旋转直线　　　　　　　　　　　　图10-3 复制图形

10.1.2 绘制双T连接导线

双T连接的导线是一种T形的导线，包含了3个方向，常用于多线连接的导线中。本实例讲解双T连接导线的绘制方法，如图10-4所示。

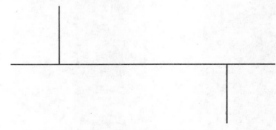

图10-4 双T连接导线

01 新建空白文件。调用L【直线】命令，绘制一条长度为22的水平直线，如图10-5所示。

02 调用L【直线】命令和M【移动】命令，结合【对象捕捉】功能，绘制直线，如图10-6所示。

图10-5 绘制直线　　　　　　　　　　　　　　图10-6 绘制直线

10.1.3 绘制阴接触件

阴接触件是指可接受阳接触件插入而在内表面形成电连接的接触件。本实例讲解阴接触件的绘制方法，如图10-7所示。

图10-7 阴接触件

01 新建空白文件。调用L【直线】命令，绘制一条长度为11的水平直线。

02 调用A【圆弧】和M【移动】命令，结合【对象捕捉】功能，以【起点、端点、半径】方式绘制圆弧，如图10-8所示。

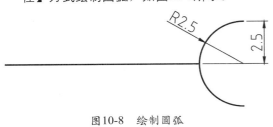

图10-8 绘制圆弧

10.1.4 绘制软连接

软连接是现场设备应用进程之间的连接是一种逻辑上的连接，适用于各种高压电器，真空电器，矿用防爆开关及汽车，机车等相关产品。本实例讲解软连接的绘制方法，如图10-9所示。

图10-9 软连接

01 新建空白文件。调用L【直线】命令，绘制一条长度为23的水平直线。

02 调用C【圆】命令，结合【中点捕捉】功能，绘制一个半径为1.5的圆，如图10-10所示。

03 调用CO【复制】命令，将新绘制的圆进行复制操作，如图10-11所示。

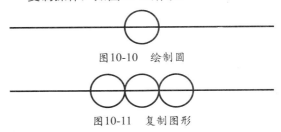

图10-10 绘制圆

图10-11 复制图形

04 调用TR【修剪】命令，修剪图形，得到最终效果，如图10-9所示。

10.2 电阻容感器件的绘制

电阻容感器件是指对流经的电流信号不进行任何运算处理，只是将信号强度放大或单纯地让电流信号通过而已，这类器件是被动器件，是电路组成的基础。电阻容感器件包含有电阻、电容以及电感等。

10.2.1 绘制电阻器

电阻是一个限流元件，将电阻接在电路中后，电阻器的阻值是固定的，一般是两个引脚，它可限制通过它所连支路的电流大小。电阻器在电路中主要用来调节和稳定电流与电压，可作为分流器和分压器，也可作电路匹配负载。根据电路要求，还可用于放大电路的负反馈或正反馈、电压-电流转换、输入过载时的电压或电流保护元件，又可组成RC电路作为振荡、滤波、旁路、微分、积分和时间常数元件等。

本实例讲解电阻器的绘制方法，如图10-12所示。

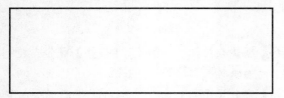

图10-12　电阻器

01 新建空白文件。调用REC【矩形】命令，绘制一个150×50的矩形，如图10-13所示。

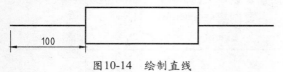

图10-13　绘制矩形

02 调用L【直线】命令，结合【对象捕捉】功能，绘制直线，如图10-14所示。

100

图10-14　绘制直线

10.2.2　绘制压敏电阻器

压敏电阻器简称VSR，是一种对电压敏感的非线性过电压保护半导体元件，它在电路中用文字符号"RV"或"R"表示。压敏电阻器的主要参数有标称电压、电压比、最大控制电压、残压比、通流容量、漏电流、电压温度系数、电流温度系数、电压非线性系数、绝缘电阻以及静态电容等。

本实例讲解压敏电阻器的绘制方法，如图10-15所示。

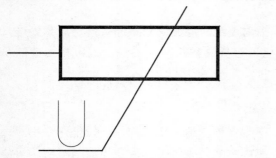

图10-15　压敏电阻器

01 新建空白文件。调用REC【矩形】命令，修改【宽度】为1，绘制一个75×25的矩形，如图10-16所示。

02 调用L【直线】命令，结合【对象捕捉】功能，绘制直线，如图10-17所示。

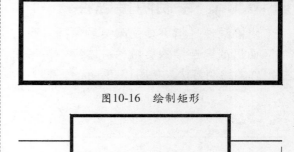

图10-16　绘制矩形

25

图10-17　绘制直线

03 调用PL【多段线】命令，结合【临时点捕捉】和【极轴追踪】功能，绘制多段线，如图10-18所示。

04 调用MT【多行文字】命令，修改【文字高度】为30，创建多行文字，得到最终效果如图10-15所示。

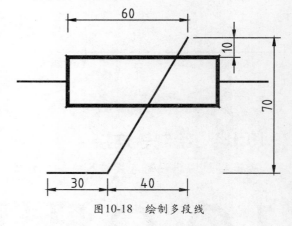

60

10

70

30

40

图10-18　绘制多段线

10.2.3　绘制加热元件

加热元件是指将电能转化成热能的元器件，是电热器的心脏，在目前所有电气元件中应用广泛，是一种结构简单、性能可靠、使用寿命长的密封式加热元件。

本实例讲解加热元件的绘制方法，如图10-19所示。

图10-19　加热元件

01 新建空白文件。调用REC【矩形】命令，修改【宽度】为1，绘制一个75×25的矩形。

02 调用PL【多段线】命令，修改【宽度】为

1，结合【中点捕捉】功能，连接多段线，如图10-20所示。

03 调用O【偏移】命令，将新绘制的直线向左、右两侧进行偏移操作，如图10-21所示。

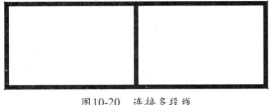

图10-20 连接多段线

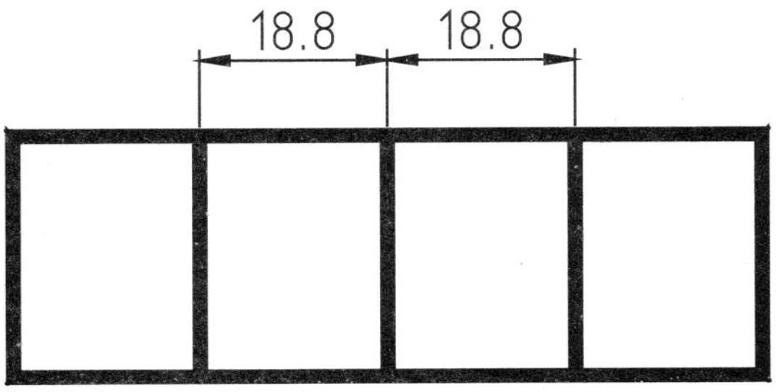

图10-21 偏移图形

04 调用L【直线】命令，结合【对象捕捉】功能，绘制直线，如图10-22所示。

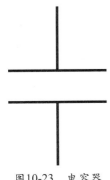

图10-22 绘制直线

10.2.4 绘制电容器

电容器是两金属板之间存在绝缘介质的一种电路元件。其单位为法拉，符号为F，电容器利用两个导体之间的电场来储存能量，两导体所带的电荷大小相等，但符号相反。充电和放电是电容器的基本功能。本实例讲解电容器的绘制方法，如图10-23所示。

图10-23 电容器

图10-24 偏移直线

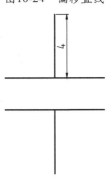

图10-25 绘制直线

01 新建空白文件。调用L【直线】命令，绘制一条长度为6的水平直线。

02 调用O【偏移】命令，将新绘制的水平直线进行偏移操作，如图10-24所示。

03 调用L【直线】命令，结合【中点捕捉】功能，绘制直线，如图10-25所示。

10.2.5 绘制电感器

电感器是能够把电能转化为磁能而存储起来的元件。电感器的结构类似于变压器，但只有一个绕组。电感器具有一定的电感，它只阻止电流的变化。如果电感器中没有电流通过，则它阻止电流流过它；如果有电流流过它，则电路断开时它将试图维持电流不变。本实例讲解电感器的绘制方法，如图10-26所示。

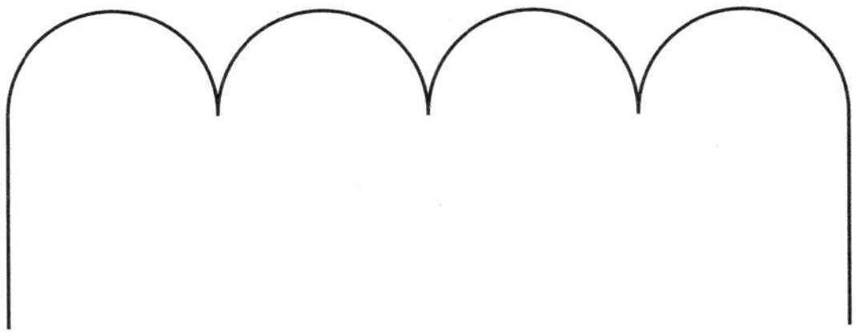

图10-26 电感器

01 新建空白文件。调用A【圆弧】命令，绘制一段圆弧，如图10-27所示。

02 调用CO【复制】命令，将绘制的圆弧进行3次复制操作，如图10-28所示。

217

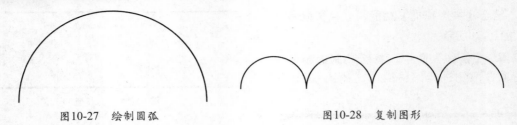

图10-27　绘制圆弧　　　　　　　　　　图10-28　复制图形

03 调用L【直线】命令，结合【对象捕捉】功能，绘制直线，如图10-29所示。

图10-29　绘制直线

10.3　半导体器件的绘制

半导体的导电性介于良导电体与绝缘体之间，是一种利用半导体材料特殊电特性来完成特定功能的电子器件。通常用作整流器、振荡器、发光器、放大器以及测光器等器材。

10.3.1　绘制二极管

二极管又称晶体二极管，简称二极管，是只往一个方向传送电流的电子零件。具有一个零件号接合的两个端子的器件，更具有按照外加电压的方向，使电流流动或不流动的性质。

二极管是最常用的电子元件之一，其最大的特性就是单向导电，也就是电流只可以从二极管的一个方向流过。整流电路、检波电路、稳压电路及各种调制电路，主要都是由二极管构成的。本实例讲解二极管的绘制方法，如图10-30所示。

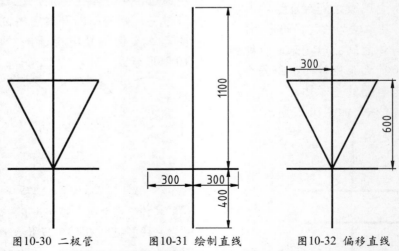

图10-30　二极管　　　　　图10-31　绘制直线　　　　图10-32　偏移直线

01 新建空白文件。调用L【直线】命令，结合【对象捕捉】功能，绘制直线；调用M【移动】命令，移动直线，如图10-31所示。

02 调用O【偏移】命令，将新绘制的直线进行偏移操作；调用L【直线】命令，结合【对象捕捉】功能，连接直线，如图10-32所示。

10.3.2 绘制发光二极管

发光二极管简称为LED。由镓（Ga）与砷（As）、磷（P）的化合物制成的二极管，当电子与空穴复合时能辐射出可见光，因而可以用来制成发光二极管，在电路及仪器中作为指示灯，或者组成文字或数字显示。与小白炽灯泡和氖灯相比，发光二极管的特点是：工作电压很低（有的仅一点几伏）；工作电流很小（有的仅零点几毫安即可发光）；抗冲击和抗震性能好，可靠性高，寿命长；通过调制通过的电流强弱可以方便地调制发光的强弱。由于有这些特点，发光二极管在一些光电控制设备中用作光源，在许多电子设备中用作信号显示器。本实例讲解发光二极管的绘制方法，如图10-33所示。

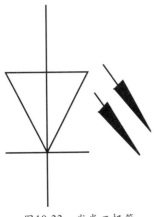

图10-33 发光二极管

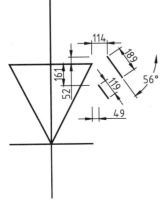

图10-34 绘制直线

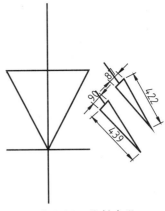

图10-35 绘制直线

01 单击【快速访问】工具栏中的【打开】按钮，打开"第10课\10.3.2 绘制发光二极管.dwg"素材文件。

02 调用L【直线】命令，绘制长度为189和119的水平直线；调用RO【旋转】命令，将新绘制的直线旋转-56°；调用M【移动】命令，调整新绘制直线的位置，如图10-34所示。

03 调用PL【多段线】命令，绘制两条多段线；调用M【移动】命令，调整多段线位置，如图10-35所示。

04 调用H【图案填充】命令，填充图形，得到最终效果，如图10-33所示。

10.3.3 绘制双向三极管

双向型三极管又称晶体三极管，通常简称晶体管或三极管，它是一种电流控制电流的半导体器件，可用来对微弱信号进行放大和作无触点开关。具有结构牢固、寿命长、体积小以及耗电省等一系列独特优点，故在各个领域得到广泛应用。本实例讲解双向三极管的绘制方法，如图10-36所示。

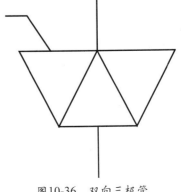

图10-36 双向三极管

01 新建文件。调用PL【多段线】命令，绘制封闭多段线，如图10-37所示。

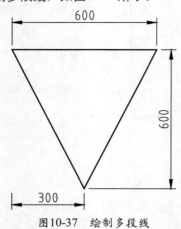

图10-37 绘制多段线

02 调用CO【复制】命令，将新绘制的多段线进行复制操作，如图10-38所示。

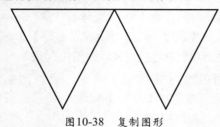

图10-38 复制图形

03 调用L【直线】命令，连接直线，如图10-39所示。

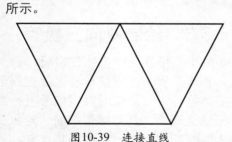

图10-39 连接直线

04 调用L【直线】命令，结合【中点捕捉】功能，绘制直线，尺寸如图10-40所示。

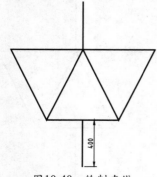

图10-40 绘制直线

05 调用PL【多段线】命令，绘制多段线，调用M【移动】命令，调整图形位置，如图10-41所示。

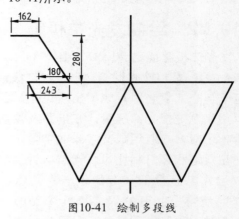

图10-41 绘制多段线

10.3.4 绘制PNP半导体管

PNP型晶体管是用P型半导体作发射极和集电极的，N型半导体作基极，所以集电极收集的载流子便为来自发射极的多子——空穴。本实例讲解PNP半导体管的绘制方法，如图10-42所示。

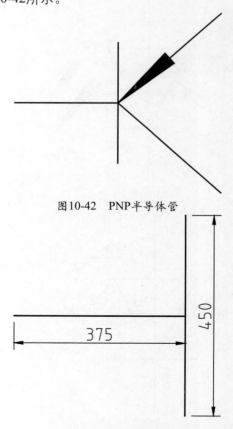

图10-42 PNP半导体管

图10-43 绘制直线

01 新建文件。调用L【直线】命令，结合【对象捕捉】功能，绘制直线，尺寸如图10-43所示。

02 调用L【直线】命令、RO【旋转】命令和MI【镜像】命令，结合【对象捕捉】功能，绘制直线，尺寸如图10-44所示。

03 调用PL【多段线】命令，修改【起始宽度】为50，【终点宽度】为0，绘制多段线，如图10-45所示。

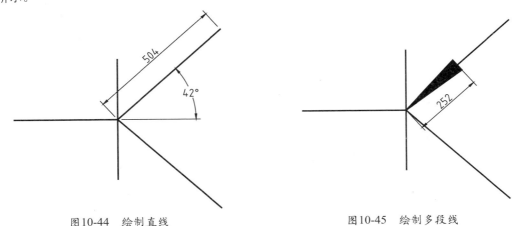

图10-44 绘制直线   图10-45 绘制多段线

10.4 开关的绘制

开关是一种基本的低压电器，是用来接通和断开电路的元件，是电气设计中常用的电气控制器件，其主要用于控制电路的通断。本节将详细介绍绘制刀开关、隔离开关、多位开关以及温度开关的方法。

10.4.1 绘制刀开关

刀开关是一种带刀刃形触头的开关电器。主要作电路中隔离电源用，或作为不频繁地接通和分断额定电流以下的负载用。刀开关处于断开位置时，可明显观察到，能确保电路检修人员的安全。

刀开关在电路中要求能承受短路电流产生的电动力和热的作用。因此，在刀开关的结构设计时，要确保在很大的短路电流作用下，触刀不会弹开、焊牢或烧毁。对要求分断负载电流的刀开关，则装有快速刀刃或灭弧室等灭弧装置。本实例讲解刀开关的绘制方法，如图10-46所示。

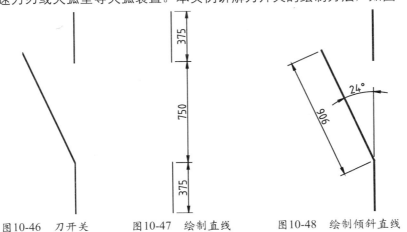

图10-46 刀开关   图10-47 绘制直线   图10-48 绘制倾斜直线

01 新建空白文件。调用L【直线】命令，结合【临时点捕捉】和【对象捕捉】功能，绘制直线，如图10-47所示。

02 调用L【直线】命令，结合【对象捕捉】和【114°极轴追踪】功能，绘制倾斜直线，如图10-48所示。

10.4.2 绘制隔离开关

隔离开关是高压开关电器中使用最多的一种电器，顾名思义，是在电路中起隔离作用的，它的工作原理及结构比较简单，但是由于使用量大，工作可靠性要求高，对电厂的设计、建立和安全运行的影响均较大。刀闸的主要特点是无灭弧能力，只能在没有负荷电流的情况下分、合电路。

隔离开关具有以下几个特点：

★ 在电气设备检修时，提供一个电气间隔，并且是一个明显可见的断开点，用以保障维护人员的人身安全。

★ 隔离开关不能带负荷操作：不能带额定负荷或大负荷操作，不能分、合负荷电流和短路电流，但是有灭弧室的可以带小负荷及空载线路操作。

★ 一般送电操作时：先合隔离开关，后合断路器或负荷类开关；断电操作时：先断开断路器或负荷类开关，后断开隔离开关。

★ 选用时和其他的电气设备没有什么两样，都得是额定电压、额定电流、动稳定电流、热稳定电流等都得符合使用场合的需要。

本实例讲解隔离开关的绘制方法，如图10-49所示。

01 单击【快速访问】工具栏中的【打开】按钮，打开"第10课\10.4.1 绘制刀开关.dwg"素材文件。

02 调用L【直线】命令，结合【对象捕捉】和【114°极轴追踪】功能，绘制直线，如图10-50所示。

图10-49 隔离开关

图10-50 绘制直线

10.4.3 绘制多位开关

多位开关就是两个以上翘板的开关，也叫多刀开关。多位开关控制两个以上的支路，是对应单极（单刀）开关来说的,对于照明电路来说，多位开关可以同时切断火线和零线，在使用中更安全。本实例讲解多位开关的绘制方法，如图10-51所示。

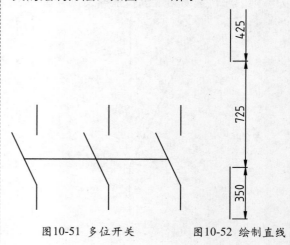

图10-51 多位开关　　图10-52 绘制直线

01 新建文件。调用L【直线】命令,绘制直线,如图10-52所示。

02 调用L【直线】命令,结合【对象捕捉】和【115°极轴追踪】功能,绘制直线,如图10-53所示。

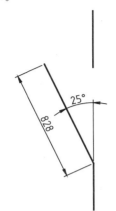

图10-53　绘制直线

03 调用CO【复制】命令,选择相应的图形进行复制操作,如图10-54所示。

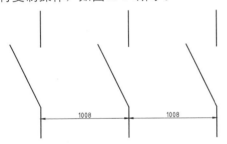

图10-54　复制图形

04 调用L【直线】命令,结合【中点捕捉】功能,绘制直线,最终效果如图10-55所示。

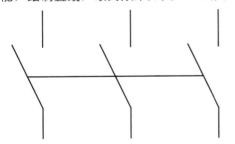

图10-55　最终效果

10.4.4　绘制温度开关

温度开关是一种用双金属片作为感温元件的开关。电器正常工作时,双金属片处于自由状态,触点处于闭合/断开状态;当温度升高至动作温度值时,双金属片受热产生内

应力而迅速动作,打开/闭合触点,切断/接通电路,从而起到热保护作用;当温度降到动作温度时触点自动闭合/断开,恢复正常工作状态。本实例讲解温度开关的绘制方法,如图10-56所示。

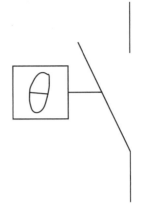

图10-56　温度开关

01 单击【快速访问】工具栏中的【打开】按钮,打开"第10课\10.4.1　绘制刀开关.dwg"素材文件。

02 调用L【直线】命令,结合【114°极轴追踪】和【对象捕捉】功能,绘制直线,如图10-57所示。

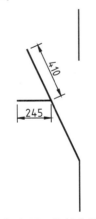

图10-57　绘制直线

03 调用REC【矩形】命令和M【移动】命令,结合【对象捕捉】功能,绘制矩形,如图10-58所示。

04 调用SPL【样条曲线】命令,绘制样条曲线,如图10-59所示。

05 调用L【直线】命令,绘制直线,最终效果如图10-60所示。

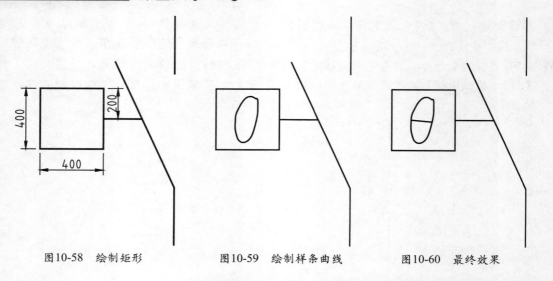

图10-58 绘制矩形　　　　图10-59 绘制样条曲线　　　　图10-60 最终效果

10.5 信号器件的绘制

信号器件是反映电路工作状态的器件，广泛应用于电气设计中。本节主要讲解信号灯、音响信号装置以及蜂鸣器器件的绘制方法。

10.5.1 绘制信号灯

信号灯用于反映有关照明、灯光信号和工作系统的技术状况，并对异常情况发出警报灯光信号。本实例讲解信号灯的绘制方法，如图10-61所示。

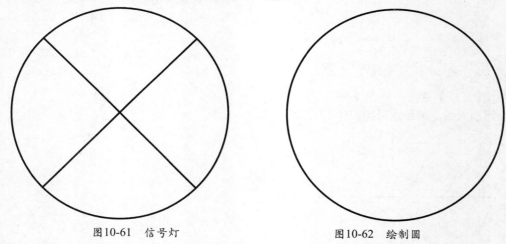

图10-61 信号灯　　　　　　　　　图10-62 绘制圆

01 新建空白文件。调用C【圆】命令，绘制一个半径为5的圆，如图10-62所示。

02 调用L【直线】命令，结合【45°极轴追踪】功能和【对象捕捉】功能，绘制直线，如图10-63所示。

03 单击【修改】面板中的【环形阵列】按钮，选择新绘制的直线，在【项目】面板中，修改【项目数】为4，如图10-64所示，按Enter键结束，得到最终的图形效果，如图10-61所示。

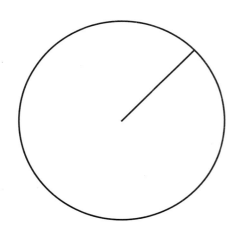

图10-63　绘制直线

图10-64　【阵列创建】选项卡

10.5.2　绘制音响信号装置

音响信号装置是一种可以发出声音警报的器件，可以用于对各种运行设备进行监视。当发生事故或预警信号时，实现重复动作和集中的音响告警功能。本实例讲解音响信号装置的绘制方法，如图10-65所示。

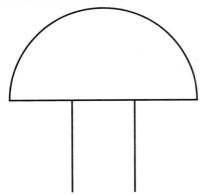

图10-65　音响信号装置

01 新建空白文件。调用L【直线】命令，绘制一条长度为8的水平直线。

02 调用C【圆】命令，结合【对象捕捉】功能，通过两点绘制圆，如图10-66所示。

03 调用TR【修剪】命令，修剪多余的图形，如图10-67所示。

04 调用DIV【定数等分】命令，将最下方水平直线进行3等分。

05 调用L【直线】命令，结合【节点捕捉】功能，绘制直线，如图10-68所示。

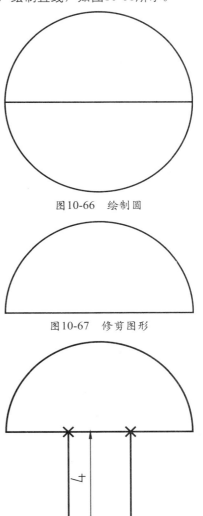

图10-66　绘制圆

图10-67　修剪图形

图10-68　绘制直线

10.5.3　绘制蜂鸣器

蜂鸣器是一种一体化结构的电子讯响器，采用直流电压供电，广泛应用于计算机、打印机、复印机、报警器、电子玩具、汽车电子设备、电话机以及定时器等电子产品中作发声器件。蜂鸣器主要分为压电式蜂鸣器和电磁式蜂鸣器两种类型。蜂鸣器在电路中用字母H或HA表示。本实例讲解蜂鸣器的绘制方法，如图10-69所示。

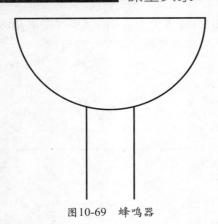

图10-69 蜂鸣器

01 新建空白文件。调用L【直线】命令，绘制一条长度为【8】的水平直线。

02 调用A【圆弧】命令，结合【对象捕捉】功能，绘制圆弧，如图10-70所示。

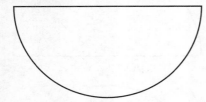

图10-70 绘制圆弧

03 调用L【直线】命令，结合【临时点捕捉】和【对象捕捉】功能，绘制直线，如图10-71所示。

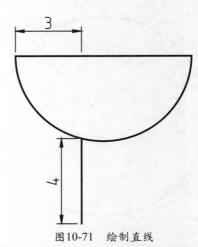

图10-71 绘制直线

04 调用MI【镜像】命令，镜像图形，最终效果如图10-72所示。

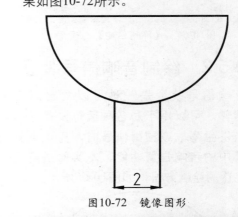

图10-72 镜像图形

10.6 仪表的绘制

仪表用于测量、记录和计量各种电学量的表计和仪器，常用的仪表有电压表、电度表等。本节将详细介绍绘制仪表的操作方法。

10.6.1 绘制电压表

电压表是测量电压的一种仪器，常用电压表——伏特表符号为V，在灵敏电流计里面有一个永磁体，在电流计的两个接线柱之间串联一个由导线构成的线圈，线圈放置在永磁体的磁场中，并通过传动装置与表的指针相连。大部分电压表都分为两个量程。电压表有三个接线柱，一个负接线柱，两个正接线柱，电压表的正极与电路的正极连接，负极与电路的负极连接。电压表必须与被测用电器并联。本实例讲解电压表的绘制方法，如图10-73所示。

01 新建空白文件。调用C【圆】命令，绘制一个半径为4的圆，如图10-74所示。

02 调用MT【多行文字】命令，修改【文字高度】为4，创建多行文字，最终效果如图10-73所示。

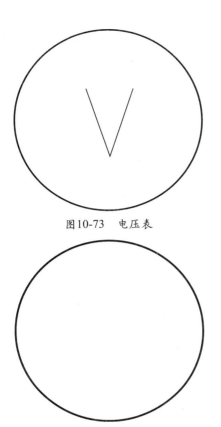

图10-73 电压表

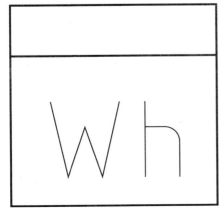

图10-74 绘制圆

10.6.2 绘制电度表

电度表指累计电能的电表，俗称火表，有直流电度表和交流电度表两种。交流电度表又分为三相电度表和单相电度表两种：三相电度表用于电力用户；单相电度表用于照明用户，家用电度表多是单相电度表。本实例讲解电度表的绘制方法，如图10-75所示。

图10-75 电度表

01 新建空白文件。调用REC【矩形】命令，绘

制一个8×8的矩形，如图10-76所示。

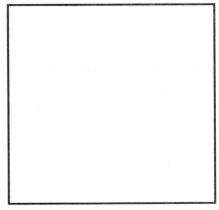

图10-76 绘制矩形

02 调用X【分解】命令，分解新绘制的矩形；调用O【偏移】命令，偏移图形，如图10-77所示。

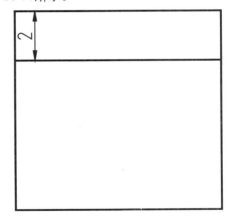

图10-77 偏移图形

03 调用MT【多行文字】命令，修改【文字高度】为4，创建多行文字，如图10-78所示。

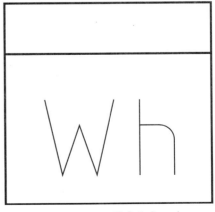

图10-78 创建文字

10.7 电气符号的绘制

　　电气是接通和断开电路或调节、控制和保护电路及电气设备用的电工器具。由控制电气组成的自动控制系统，称为电气控制系统。电气的用途广泛，功能多样。本节将详细介绍相关电气符号的绘制方法。

10.7.1　绘制继电器

　　继电器也称电驿，是一种电子控制器件，它具有控制系统（又称输入回路）和被控制系统（又称输出回路），通常应用于自动控制电路中，它实际上是用较小的电流去控制较大电流的一种"自动开关"，故在电路中起着自动调节、安全保护、转换电路等作用。本实例讲解继电器的绘制方法，如图10-79所示。

01 新建空白文件。调用REC【矩形】命令，绘制一个240×60的矩形，如图10-80所示。

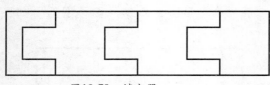

图10-79　继电器

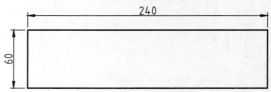

图10-80　绘制矩形

02 调用X【分解】命令，分解新绘制的矩形；调用O【偏移】命令，垂直偏移图形，如图10-81所示。

03 调用O【偏移】命令，水平偏移图形，如图10-82所示。调用TR【修剪】命令，修剪多余的图形，得到最终效果，如图10-79所示。

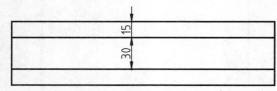

图10-81　垂直偏移图形

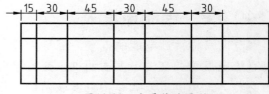

图10-82　水平偏移图形

10.7.2　绘制电压继电器

　　电压继电器分为电磁式电压继电器和静态电压继电器两类，对于过电压继电器，其动作原理是电压升至整定值或大于整定值时，继电器就动作，动合触点闭合，动断触点断开。当电压降低到0.8倍整定值时，继电器就返回，动合触点断开，动断触点闭合.对于低电压继电器，当电压降低到整定电压时，继电器就动作，动合触点断开，动断触点闭合。本实例讲解电压继电器的绘制方法，如图10-83所示。

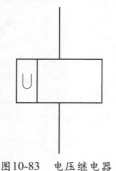

图10-83　电压继电器

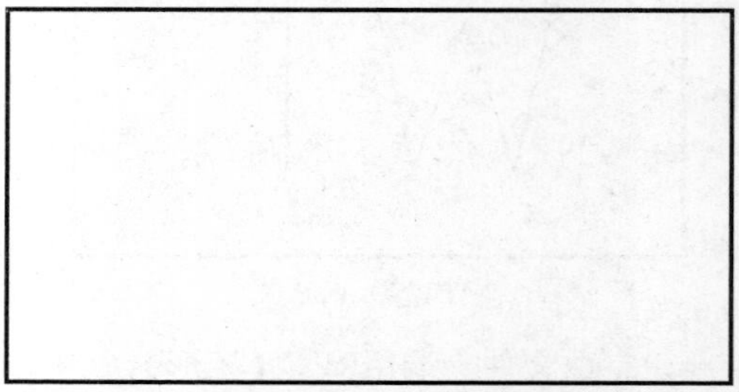

图10-84　绘制矩形

01 新建空白文件。调用REC【矩形】命令，绘制一个850×450的矩形，如图10-84所示。

02 调用X【分解】命令，分解新绘制的矩形；调用O【偏移】命令，偏移图形，如图10-85所示。

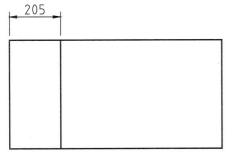

图10-85 偏移图形

03 调用MT【多行文字】命令，修改【文字高度】为200，创建多行文字，如图10-86所示。

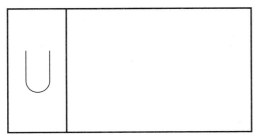

图10-86 创建多行文字

04 调用L【直线】命令，结合【对象捕捉】功能，绘制直线，如图10-87所示。

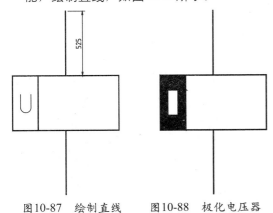

图10-87 绘制直线　　　图10-88 极化电压器

10.7.3 绘制极化继电器

极化继电器是指由极化磁场与控制电流通过控制线圈所产生的磁场的综合作用而动作的继电器。极化磁场一般由磁钢或通直流的极化线圈产生；继电器衔铁的吸动方向取决于控制绕组中流过的电流方向。在自动装置、遥控遥测装置和通信设备中可作为脉冲发生、直流与交流转换、求和、微分和信号放大等线路的元件。具有灵敏度高和动作速度快的突出优点。本实例讲解极化继电器的绘制方法，如图10-88所示。

01 单击【快速访问】工具栏中的【打开】按钮，打开"第10课\10.7.2　绘制电压继电器.dwg"素材文件。

02 调用E【删除】命令，删除多余的图形，如图10-89所示。

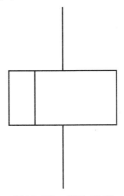

图10-89 删除图形

03 调用O【偏移】命令，偏移图形，尺寸如图10-90所示。

04 调用TR【修剪】命令，修剪多余的图形，如图10-91所示。

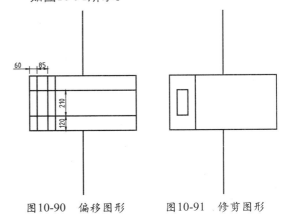

图10-90 偏移图形　　　图10-91 修剪图形

05 调用H【图案填充】命令，填充【SOLID】图案，得到最终效果如图10-88所示。

10.8 其他元件符号的绘制

除了前面所述的电气元件符号外，还包括有监视装置、逆变器、保护接地、电流互感器以及光电发生器等元件符号。本节将讲述其他元件符号的绘制方法。

10.8.1 绘制监视装置

监视装置是指用于监视生产或服务过程的工作状态的装置，是生产设备的组成部分，主要用来监控过程工艺参数。本实例讲解监视装置的绘制方法，如图10-92所示。

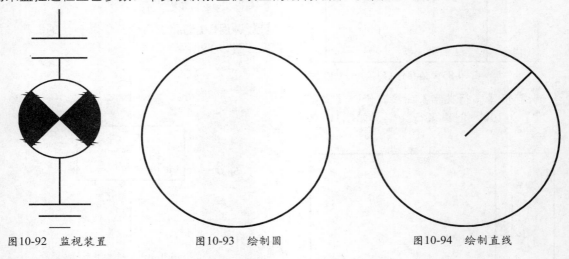

图10-92 监视装置   图10-93 绘制圆   图10-94 绘制直线

01 新建空白文件。调用C【圆】命令，绘制一个半径为270的圆，如图10-93所示。

02 调用L【直线】命令，结合【45°极轴追踪】功能和【对象捕捉】功能，绘制直线，如图10-94所示。

03 单击【修改】面板中的【环形阵列】按钮，将新绘制的直线进行环形阵列的操作，如图10-95所示。

04 调用H【图案填充】命令，填充图案，如图10-96所示。

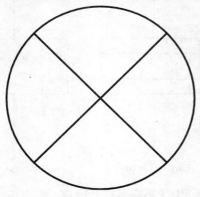 

图10-95 环形阵列图形   图10-96 填充图案

05 调用L【直线】命令，结合【对象捕捉】功能，绘制直线，如图10-97所示。

06 调用L【直线】命令和M【移动】命令，结合【对象捕捉】功能，绘制直线，如图10-98所示。

07 调用O【偏移】命令，偏移图形，如图10-99所示。

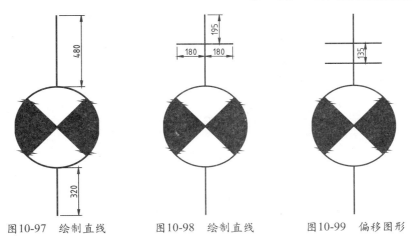

图10-97 绘制直线　　　　图10-98 绘制直线　　　　图10-99 偏移图形

08 调用TR【修剪】命令，修剪多余的图形，如图10-100所示。

09 调用L【直线】命令，结合【对象捕捉】功能和【夹点】功能，绘制直线，如图10-101所示。

10 重新调用L【直线】命令和M【移动】命令，结合【对象捕捉】功能，绘制其他直线，如图10-102所示。

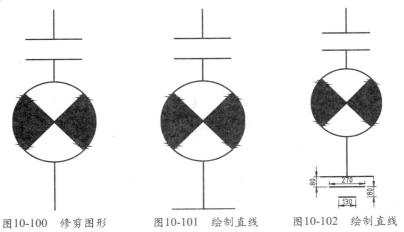

图10-100 修剪图形　　　　图10-101 绘制直线　　　　图10-102 绘制直线

10.8.2 绘制逆变器

逆变器是一种电源转换装置，可将12V或24V的直流电转换成230V、50Hz交流电或其他类型的交流电。它输出的交流电可用于各类设备，最大限度地满足移动供电场所或无电地区用户对交流电源的需要。本实例讲解逆变器的绘制方法，如图10-103所示。

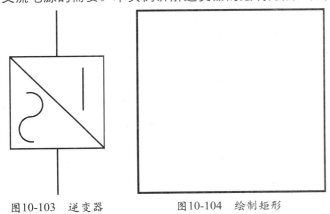

图10-103 逆变器　　　　图10-104 绘制矩形

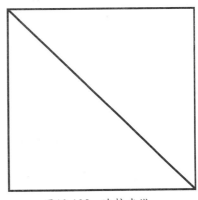

图10-105 连接直线

231

01 新建空白文件。调用REC【矩形】命令，绘制一个750×750的矩形，如图10-104所示。

02 调用L【直线】命令，结合【对象捕捉】功能，连接直线，如图10-105所示。

03 调用L【直线】命令和M【移动】命令，结合【对象捕捉】功能，绘制直线，如图10-106所示。

04 调用A【圆弧】和M【移动】命令，以【起点、端点、半径】方式绘制圆弧，如图10-107所示。

05 调用L【直线】命令，结合【对象捕捉】功能，绘制直线，尺寸如图10-108所示。

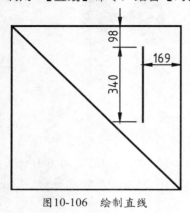

图10-106　绘制直线

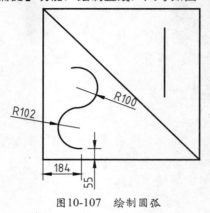

图10-107　绘制圆弧

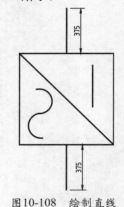

图10-108　绘制直线

10.8.3　绘制保护接地

保护接地，是为防止电气装置的金属外壳、配电装置的构架和线路杆塔等带电危及人身和设备安全而进行的接地。所谓保护接地就是将正常情况下不带电，而在绝缘材料损坏后或其他情况下可能带电的电器金属部分（即与带电部分相绝缘的金属结构部分）用导线与接地体可靠连接起来的一种保护接线方式。

接地保护与接零保护统称保护接地，是为了防止人身触电事故、保证电气设备正常运行所采取的一项重要技术措施。这两种保护的不同点主要表现在以下三个方面：

★ 保护原理不同。接地保护的基本原理是限制漏电设备对地的泄露电流，使其不超过某一安全范围，一旦超过某一整定值保护器就能自动切断电源；接零保护的原理是借助接零线路，使设备在绝缘损坏后碰壳形成单相金属性短路时，利用短路电流促使线路上的保护装置迅速动作。

★ 适用范围不同。根据负荷分布、负荷密度和负荷性质等相关因素，《农村低压电力技术规程》将上述两种电力网的运行系统的使用范围进行了划分。TT系统通常适用于农村公用低压电力网，该系统属于保护接地中的接地保护方式；TN系统主要适用于城镇公用低压电力网和厂矿企业等电力客户的专用低压电力网，该系统属于保护接地中的接零保护方式。

★ 线路结构不同。接地保护系统只有相线和中性线，三相动力负荷可以不需要中性线，只要确保设备良好接地就行了，系统中的中性线除电源中性点接地外，不得再有接地连接；接零保护系统要求无论什么情况，都必须确保保护中性线的存在，必要时还可以将保护中性线与接零保护线分开架设，同时系统中的保护中性线必须具有多处重复接地。

本实例讲解保护接地的绘制方法，如图10-109所示。

01 新建空白文件。调用C【圆】命令，绘制一个半径为500的圆。

02 调用L【直线】命令，结合【对象捕捉】功能，绘制直线，尺寸如图10-110所示。

03 调用L【直线】命令，结合【对象捕捉】功能和【夹点】功能，绘制直线，如图10-111所示。

04 调用O【偏移】命令，将新绘制的直线进行偏移；调用LEN【拉长】命令，拉伸图形，如图10-112所示。

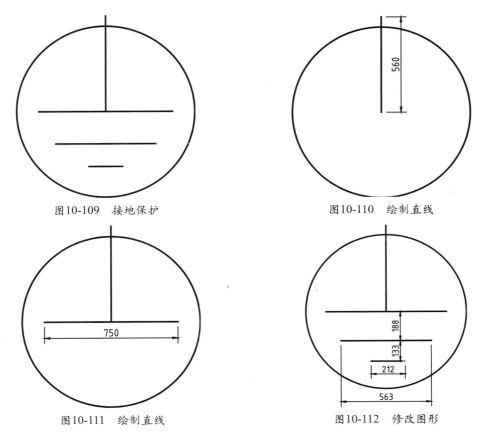

图10-109 接地保护　　　　　图10-110 绘制直线

图10-111 绘制直线　　　　　图10-112 修改图形

10.8.4 绘制电流互感器

电流互感器原理是依据电磁感应原理。电流互感器由闭合的铁心和绕组组成。电流互感器与变压器类似，也是根据电磁感应原理工作，变压器变换的是电压而电流互感器变换的是电流。本实例讲解电流互感器的绘制方法，如图10-113所示。

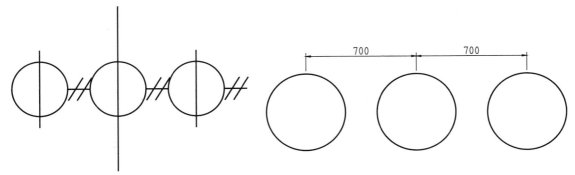

图10-113 电流互感器　　　　　图10-114 复制图形

01 新建空白文件。调用C【圆】命令，绘制一个半径为250的圆。

02 调用CO【复制】命令，复制图形，尺寸如图10-114所示。

03 调用L【直线】命令，结合【对象捕捉】功能，绘制直线，如图10-115所示。

04 调用L【直线】命令，绘制一条长度为236的水平直线；调用M【移动】和RO【旋转】命令，修改图形，如图10-116所示。

图10-115 绘制直线

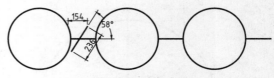

图10-116 绘制直线

05 调用CO【复制】命令，复制图形，如图10-117所示。

06 调用L【直线】命令，结合【对象捕捉】功能和【夹点】功能，绘制直线，如图10-118所示。

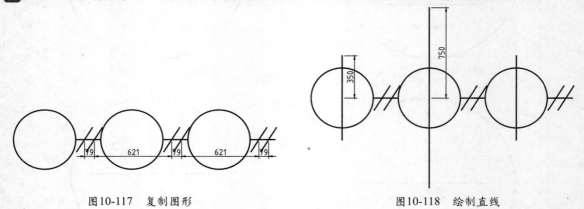

图10-117 复制图形

图10-118 绘制直线

10.8.5 绘制光电发生器

光电发生器是一种光电式信号发生器，是一种特殊的信号源，不仅具有一般信号源波形生成能力，而且可以仿真实际电路测试中需要的任意波形。本实例讲解光电发生器的绘制方法，如图10-119所示。

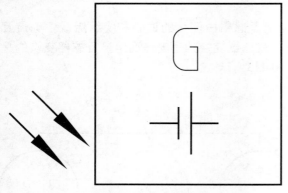

图10-119 光电发生器

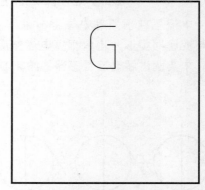

图10-120 创建多行文字

01 新建空白文件。调用REC【矩形】命令，绘制一个960×960的矩形。

02 调用MT【多行文字】命令，修改【文字高度】为300，创建多行文字，如图10-120所示。

03 调用L【直线】命令，结合【对象捕捉】功能，绘制直线，并调整直线的位置，如图10-121所示。

04 调用O【偏移】命令，偏移图形，尺寸如图10-122所示。

05 调用TR【修剪】命令，修剪多余的图形；调用E【删除】命令，删除多余的图形，如图10-123所示。

06 调用PL【多段线】命令，结合【对象捕捉】功能，修改【起始宽度】为50，【终止宽度】为0，绘制多段线；调用M【移动】命令和RO【旋转】命令，修改图形，如图10-124所示。

07 调用CO【复制】命令，将新绘制的多段线进行复制操作，如图10-125所示。

图10-121 绘制直线

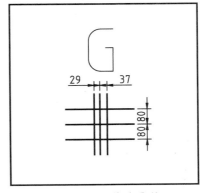

图10-122 偏移图形

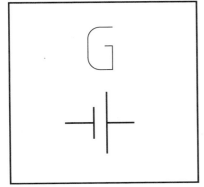

图10-123 修剪并删除图形

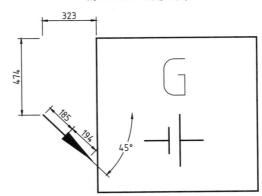

图10-124 绘制多段线

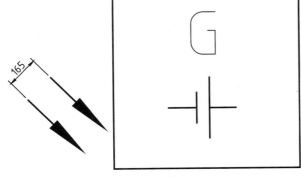

图10-125 复制图形

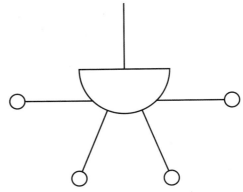

图10-126 四分配器

10.9 课后练习

10.9.1 绘制四分配器

分配器是有线电视传输系统中分配网络里最常用的部件，用来分配信号的部件，它的功能是将一路输入信号均等地分成几路输出，通常有二分配、三分配、四分配、六分配等。本实例讲解四分配器的绘制方法，如图10-126所示。

提示步骤如下：

01 新建空白文件。调用L【直线】命令，绘制一个长度为1200的水平直线。

02 调用C【圆】命令，通过两点绘制圆，如图10-127所示。

03 调用TR【修剪】命令，修剪圆，如图10-128所示。

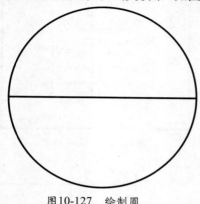

图10-127 绘制圆

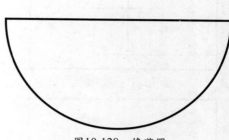

图10-128 修剪圆

04 调用L【直线】、RO【旋转】和M【移动】命令，结合【对象捕捉】功能，绘制直线，如图10-129所示。

05 调用MI【镜像】命令，镜像图形，如图10-130所示。

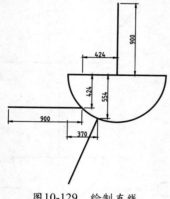

图10-129 绘制直线

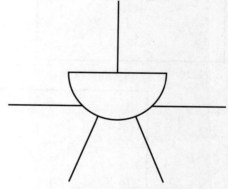

图10-130 镜像图形

06 调用C【圆】命令，结合【对象捕捉】功能，绘制圆，得到最终的图形效果如图10-126所示。

10.9.2 绘制电容器组

电容器组常接在变电所母线上作无功补偿。当母线接有硅整流等谐波源设备时，就有可能发生谐波过电压。本实例讲解电容器组的绘制方法，如图10-131所示。

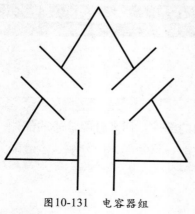

图10-131 电容器组

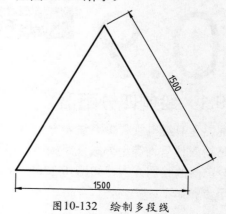

图10-132 绘制多段线

提示步骤如下：

01 新建空白文件。调用PL【多段线】命令，绘制一条封闭多段线，如图10-132所示。

02 调用L【直线】命令，结合【对象捕捉】和【夹点】功能，绘制直线，如图10-133所示。

03 调用CO【复制】命令，复制图形，如图10-134所示。

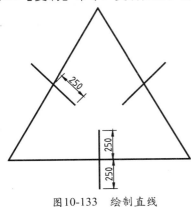

图10-133 绘制直线

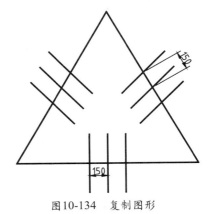

图10-134 复制图形

04 调用E【删除】命令，删除多余的图形，调用TR【修剪】命令，修剪多余的图形；得到最终图形效果如图10-131所示。

第11课
电力工程图设计

电力工程图是一类重要的电气工程图，主要包括输电工程图和变电工程图。其中，输电工程主要是指连接发电厂、变电站和各级电力用户的输电线路。而变电工程则是指升压变电和降压变电。本章将通过几个实例来详细介绍电力工程图的常用绘制方法。

【本课知识】：
1. 掌握工厂供电工程图的绘制方法。
2. 掌握低压配电系统图的绘制方法。
3. 掌握10KV一次接线图的绘制方法。
4. 掌握变电工程图的绘制方法。

11.1 创建工厂供电工程图

工厂的供电工程担负着从电力系统受电、经过变压、配电的任务，是整个工厂的供电系统。工厂的供电工程图是一种按照接线中高压或低压成套配电装置之间相互连接关系和排列位置而绘制的一种图纸，其特点是可以一目了然地看出成套配电装置的内部设备连接关系以及装置之间的相互排列位置。本实例讲解工厂供电工程图的绘制方法，如图 11-1所示。

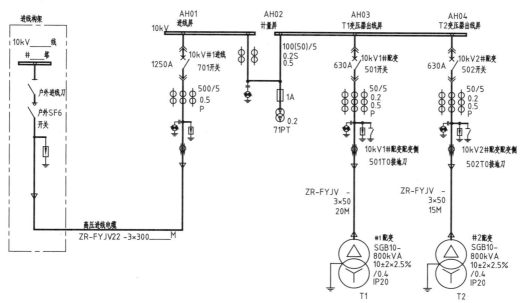

图11-1 工厂供电工程图

11.1.1 绘制电气元件

工厂供电工程图中的电气元件一般包含了接线端子、进线开关等电气元件，本节将依次介绍各电子元件的绘制方法。

01 新建空白文件。调用LA【图层】命令，打开【图层特性管理器】对话框，依次新建【标注】、【电气元件】、【框图】、【文字】和【线路】图层。

02 绘制隔离器。将【电气元件】图层置为当前。调用L【直线】命令，结合【对象捕捉】功能，绘制直线，如图 11-2所示。

03 调用L【直线】命令，结合【对象捕捉】和【夹点】功能，绘制直线，绘制完成隔离器，如图 11-3所示。

04 绘制隔离开关。调用L【直线】、C【圆】和命令，结合【对象捕捉】功能，绘制图形，如图 11-4所示。

05 绘制阀式避雷器1。调用PL【多段线】命令和REC【矩形】命令，绘制图形，尺寸如图 11-5所示。

06 调用L【直线】命令，结合【对象捕捉】和【夹点】功能，绘制直线，完成阀式避雷器1的绘制，如图 11-6所示。

07 重新调用PL【多段线】命令、REC【矩形】命令、L【直线】命令和M【移动】命令，完成阀式避雷器2的绘制，如图 11-7所示。

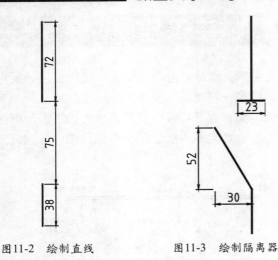

图11-2 绘制直线

图11-3 绘制隔离器

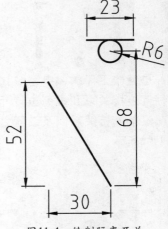

图11-4 绘制隔离开关

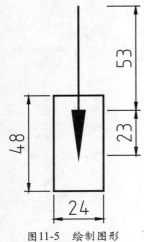

图11-5 绘制图形

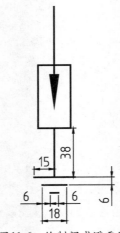

图11-6 绘制阀式避雷器1

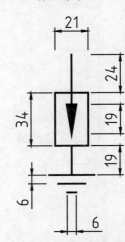

图11-7 绘制阀式避雷器2

08 绘制监视装置1。调用C【圆】命令，绘制半径为14的圆；调用L【直线】命令，结合【45°极轴追踪】和【对象捕捉】功能，绘制直线；调用H【图案填充】命令，填充图形，如图11-8所示。

09 调用L【直线】、O【偏移】和M【移动】命令，结合【对象捕捉】和【夹点】功能，绘制直线，完成监视装置1的绘制，如图11-9所示。

10 调用CO【复制】命令，将新绘制的监视装置1复制一份，将其修改为监视装置2，如图11-10所示。

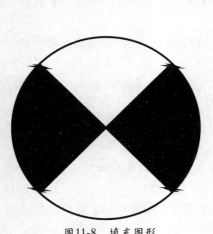

图11-8 填充图形

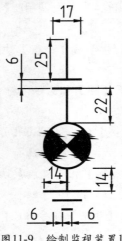

图11-9 绘制监视装置1

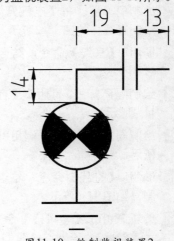

图11-10 绘制监视装置2

11 绘制隔离接地装置。调用L【直线】、M【移动】、O【偏移】和LEN【拉长】命令，结合【65°极轴追踪】和【对象捕捉】功能，绘制图形，尺寸如图11-11所示。

12 调用C【圆】命令、PL【多段线】和M【移动】命令，绘制电气元件，尺寸如图11-12所示。

13 调用PL【多段线】命令、CO【复制】命令、L【直线】命令、MI【镜像】命令，绘制图形，如图11-13所示。

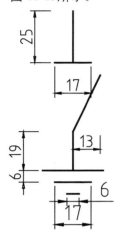

图11-11　绘制隔离接地装置

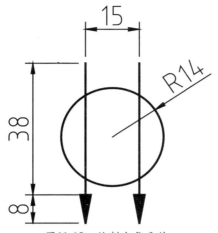

图11-12　绘制电气元件

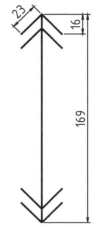

图11-13　绘制图形

14 调用L【直线】命令，结合【临时点捕捉】、【对象捕捉】和【60°极轴追踪】功能，绘制直线；调用TR【修剪】命令，修剪图形，完成电气元件的绘制，如图11-14所示。

15 调用REC【矩形】命令，绘制电阻器，尺寸如图11-15所示。

16 绘制变压器。调用C【圆】命令、CO【复制】命令和MT【多行文字】命令，绘制图形，如图11-16所示。

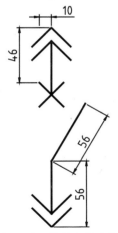

图11-14　绘制电气元件

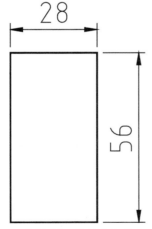

图11-15　绘制电阻器

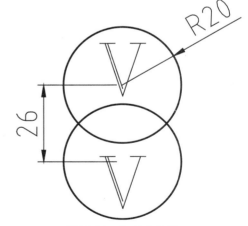

图11-16　绘制变压器

17 绘制电流互感器1。调用C【圆】命令，绘制一个半径为14的圆；调用AR【阵列】命令，对新绘制的圆进行矩形阵列操作；调用L【直线】命令，绘制直线，如图11-17所示。

18 调用CO【复制】命令，将电气元件图形进行两次复制操作，并将复制后的图形修改为电流互感器2，如图11-18所示，和电流互感器3，如图11-19所示。

19 绘制星形变压器。调用C【圆】命令，绘制圆对象，如图11-20所示。

20 调用L【直线】、M【移动】、RO【旋转】命令，结合【对象捕捉】功能，绘制图形，如图11-21所示。

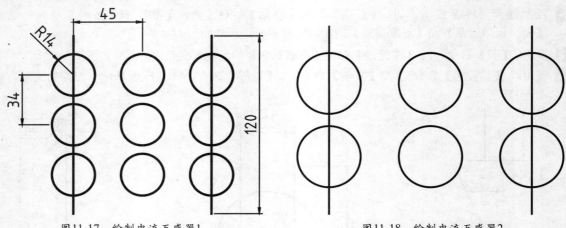

图 11-17　绘制电流互感器1　　　　　　图 11-18　绘制电流互感器2

21 调用L【直线】、O【偏移】和TR【修剪】命令，结合【极轴追踪】和【对象捕捉】功能，绘制直线，完成星形变压器的绘制，如图11-22所示。

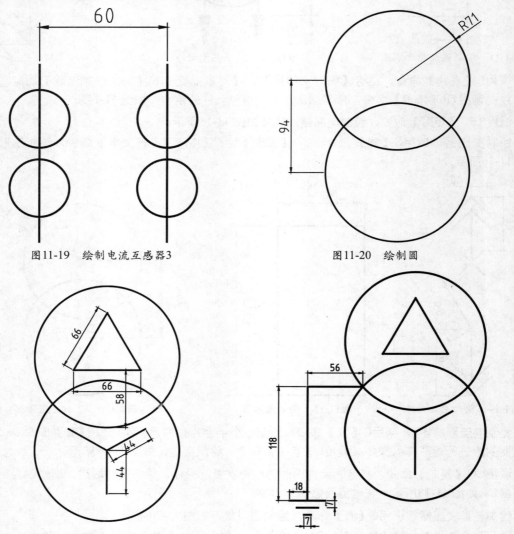

图 11-19　绘制电流互感器3　　　　　　图 11-20　绘制圆

图 11-21　绘制星形变压器　　　　　　图 11-22　绘制直线

11.1.2 绘制线路图

电气元件绘制完成后，需要绘制线路图，将电气元件串联组合在一起，形成一个完整的供电工程图。

01 将【线路】图层置为当前。调用REC【矩形】命令和C【圆】命令，绘制接线端子，并将圆图形移至【电气元件】图层，如图 11-23所示。

图11-23 绘制接线端子

02 调用L【直线】命令，绘制线路，如图 11-24所示。

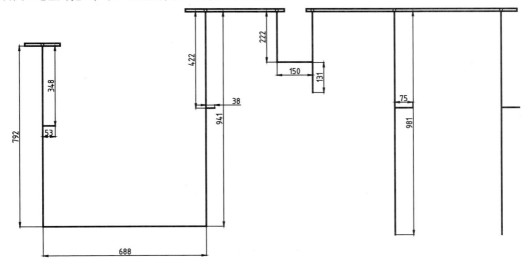

图11-24 绘制线路

03 调用CO【复制】命令、M【移动】命令等，将新绘制的电气元件布置到线路图中，如图 11-25所示。

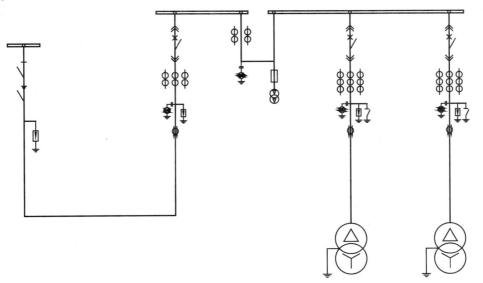

图11-25 绘制线路

04 调用TR【修剪】命令，修剪多余的图形；调用PL【多段线】命令、C【圆】命令、H【图案填充】和M【移动】命令，完善图形，如图 11-26所示。

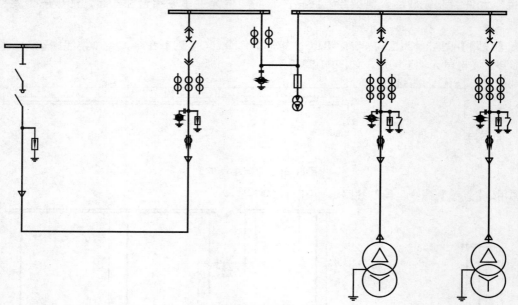

图11-26　完善图形

05 将【框图】图层置为当前。调用REC【矩形】命令，绘制框图，如图 11-27所示。

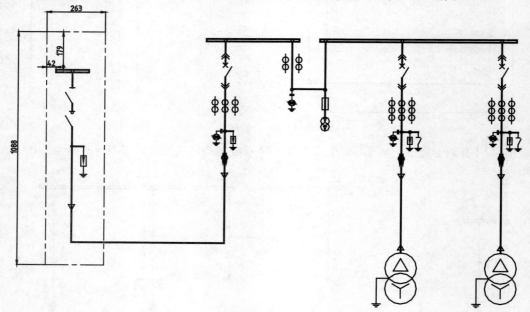

图11-27　绘制框图

11.1.3　添加文字标注

线路图绘制完成后，需要添加文字标注，对图形进行说明。

将【文字】图层置为当前。调用MT【多行文字】命令，在图形中的相应位置，标注多行文字，得到最终的图形效果，如图 11-1所示。

11.2　创建低压配电系统图

低压配电系统图由母线、主变支路、供电线路等图形组合而成，其主要作用是满足多层建筑的照明配电。本实例讲解低压配电系统图的绘制方法，如图11-28所示。

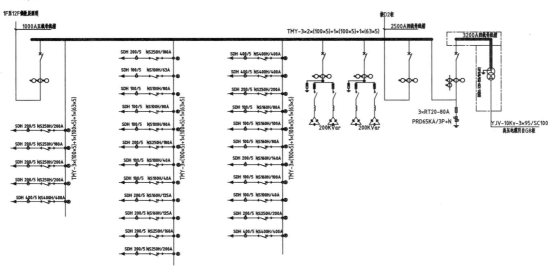

图11-28　低压配电系统图

11.2.1　绘制母线

母线是指在变电所中各级电压配电装置的连接，以及变压器等电气设备和相应配电装置的连接，大都采用矩形或圆形截面的裸导线或绞线，这统称为母线。母线的作用是汇集、分配和传送电能。

01 新建空白文件。调用LA【图层】命令，打开【图层特性管理器】对话框，依次新建【标注】、【电气元件】、【框图】、【文字】和【线路】图层。

02 将【线路】图层置为当前。调用L【直线】命令，修改【线宽】为【0.40mm】，绘制直线，尺寸如图 11-29所示。

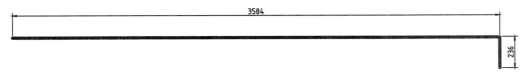

图11-29　绘制母线

11.2.2　绘制主变支路

主变支路包含了开关、变压器以及电容器组等图形，本实例中包含了5条主变支路，下面将介绍其绘制步骤。

01 调用L【直线】命令，绘制一条长度为492的垂直直线。

02 将【电气元件】图层置为当前。调用L【直线】、M【移动】和RO【旋转】命令，结合【对象捕捉】功能，绘制直线，如图 11-30所示。

03 调用C【圆】命令，结合【临时点捕捉】和【对象捕捉】功能，绘制圆；调用CO【复制】命令，将新绘制的圆进行复制操作，如图 11-31所示。

04 调用L【直线】、RO【旋转】和M【移动】命令，结合【对象捕捉】功能，绘制直线，如图11-32所示。

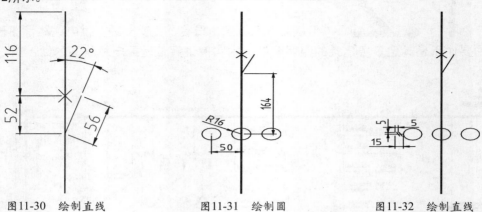

图11-30 绘制直线　　　图11-31 绘制圆　　　图11-32 绘制直线

05 调用CO【复制】命令，将新绘制的直线进行复制操作，如图11-33所示。

06 调用TR【修剪】命令，修剪图形，完成主支变路1的绘制，如图11-34所示。

07 调用CO【复制】命令，将主支变路1图形，复制两份。

08 选择复制后的第1个图形，调用M【移动】命令，移动变压器的位置，如图11-35所示。

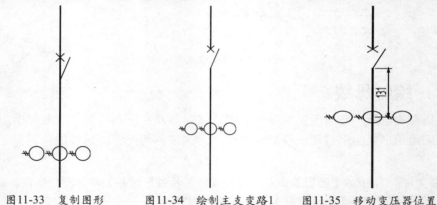

图11-33 复制图形　　　图11-34 绘制主支变路1　　　图11-35 移动变压器位置

09 调用L【直线】命令、PL【多段线】命令，结合【对象捕捉】功能，绘制图形，尺寸如图11-36所示。

10 调用REC【矩形】命令，结合【对象捕捉】功能，绘制矩形，如图11-37所示。

11 调用L【直线】、O【偏移】和TR【修剪】命令，结合【对象捕捉】功能，绘制直线，尺寸如图11-38所示。

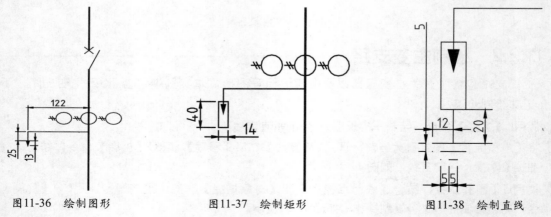

图11-36 绘制图形　　　图11-37 绘制矩形　　　图11-38 绘制直线

12 调用L【直线】命令，绘制直线；调用M【移动】命令，移动直线位置，尺寸如图 11-39所示。

13 调用L【直线】、RO【旋转】和M【移动】命令，结合【对象捕捉】功能，绘制图形，尺寸如图 11-40所示。

14 调用A【圆弧】命令，以【起点、端点、半径】方式，绘制圆弧；调用CO【复制】命令，复制相应的圆弧，尺寸如图 11-41所示。

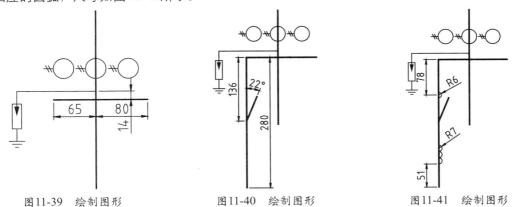

图11-39　绘制图形　　　　图11-40　绘制图形　　　　图11-41　绘制图形

15 调用CO【复制】命令，将步骤10中的矩形进行复制操作，尺寸如图 11-42所示。

16 调用TR【修剪】和BR【打断】命令，修剪图形，并将相应的图形移至【线路】图层中，尺寸如图 11-43所示。

17 调用PL【多段线】命令，结合【对象捕捉】和【60°极轴追踪】功能，绘制一条封闭的多段线，如图 11-44所示。

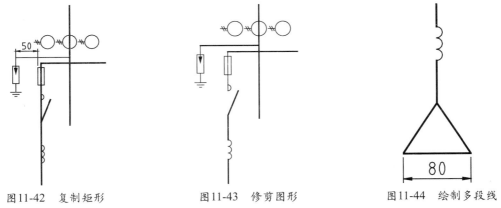

图11-42　复制矩形　　　　图11-43　修剪图形　　　　图11-44　绘制多段线

18 调用L【直线】命令，结合【对象捕捉】、【45°极轴追踪】和【夹点】功能，绘制直线，尺寸如图 11-45所示。

19 调用CO【复制】命令，将绘制的直线依次进行复制操作，尺寸如图 11-46所示。

20 调用TR【修剪】命令，修剪多余的图形；调用【删除】命令，删除多余的图形，如图 11-47所示。

21 调用CO【复制】命令，选择合适的图形，对其进行复制操作；调用TR【修剪】命令，修剪多余的图形，完成主变支路2图形的绘制，如图 11-48所示。

22 选择步骤7中复制的第2个图形，调用CO【复制】命令，选择变压器中合适的图形，进行复制；调用L【直线】命令，绘制直线，如图 11-49所示。

23 调用LEN【拉长】命令，修改【增量】为210，将主变支路图形的下端点进行拉长操作。

24 调用REC【矩形】命令，结合【临时点捕捉】和【对象捕捉】功能，绘制矩形，如图 11-50所示。

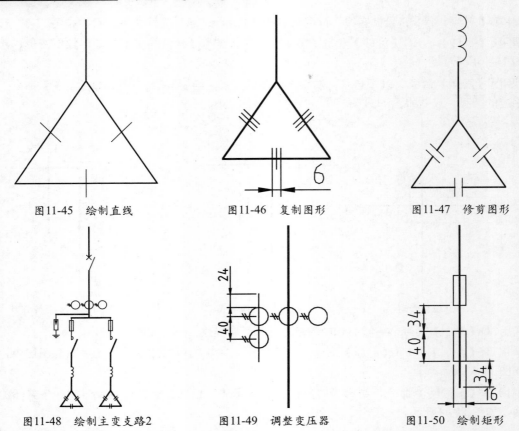

图11-45　绘制直线　　　　图11-46　复制图形　　　　图11-47　修剪图形

图11-48　绘制主变支路2　　　图11-49　调整变压器　　　图11-50　绘制矩形

25 调用L【直线】、M【移动】和CO【复制】命令，结合【对象捕捉】功能，绘制直线，尺寸如图11-51所示。

26 调用L【直线】、O【偏移】和TR【修剪】命令，结合【对象捕捉】功能，绘制直线，如图11-52所示。完成主变支路3图形的绘制，尺寸如图11-53所示。

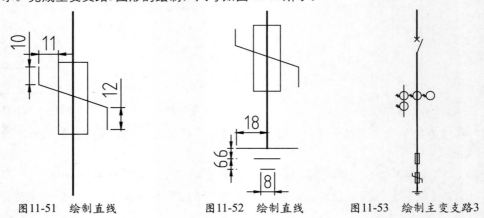

图11-51　绘制直线　　　　图11-52　绘制直线　　　图11-53　绘制主变支路3

▌11.2.3　绘制供电线路

供电线路包含了开关、变压器等图形。下面将介绍绘制供电线路的操作方法。

01 将【线路】图层置为当前。调用L【直线】命令，结合【对象捕捉】功能，绘制一条长度为425.4的水平直线。

02 将【电气元件】图层置为当前。调用L【直线】、M【移动】命令，结合【45°极轴追踪】和【对象捕捉】功能，绘制直线，如图11-54所示。

03 调用MI【镜像】命令，镜像图形，如图 11-55所示。

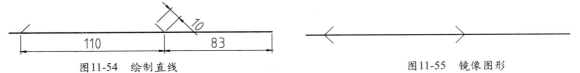

图11-54 绘制直线   图11-55 镜像图形

04 调用L【直线】、RO【旋转】和M【移动】命令，结合【对象捕捉】功能，绘制直线，如图 11-56所示。

05 调用TR【修剪】命令，修剪图形，如图 11-57所示。

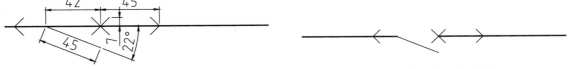

图11-56 绘制直线   图11-57 修剪图形

06 调用C【圆】命令，结合【对象捕捉】功能，绘制圆；调用L【直线】命令，绘制垂直直线，如图 11-58所示。

07 调用L【直线】，绘制直线；调用RO【旋转】命令，将新绘制的直线旋转28°；调用CO【复制】命令，复制图形，如图 11-59所示。

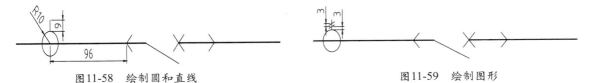

图11-58 绘制圆和直线   图11-59 绘制图形

08 调用PL【多段线】命令，修改【起始宽度】为0，【终止宽度】为200，绘制多段线，完成供电线路的绘制，如图 11-60所示。

图11-60 绘制供电线路

11.2.4 完善低压配电系统图

　　绘制好母线、主变支路以及供电线路图形后，就需要将这些图形组合在一起，得到完整的系统图。下面将介绍其绘制步骤。

01 将【线路】图层置为当前。调用L【直线】命令，绘制线路图形，如图 11-61所示。

02 调用CO【复制】和M【移动】命令，将新绘制的主变支路布置到线路图中，如图 11-62所示。

03 调用CO【复制】命令，将新绘制的供电线路布置到线路图中，如图 11-63所示。

04 调用I【插入】命令，打开【插入】对话框，单击【浏览】按钮，如图 11-64所示。

05 打开【选择图形文件】对话框，选择【变压器】图形文件，如图 11-65所示。

06 单击【打开】和【确定】按钮，根据命令行提示，捕捉插入端点，插入变压器，并调整图块大小。

07 重新调用I【插入】命令，将【电流表】图块插入到系统图中，并调整图形大小；调用CO【复制】命令，对插入的图块进行复制操作；调用TR【修剪】命令，修剪多余的图形，如图 11-66所示。

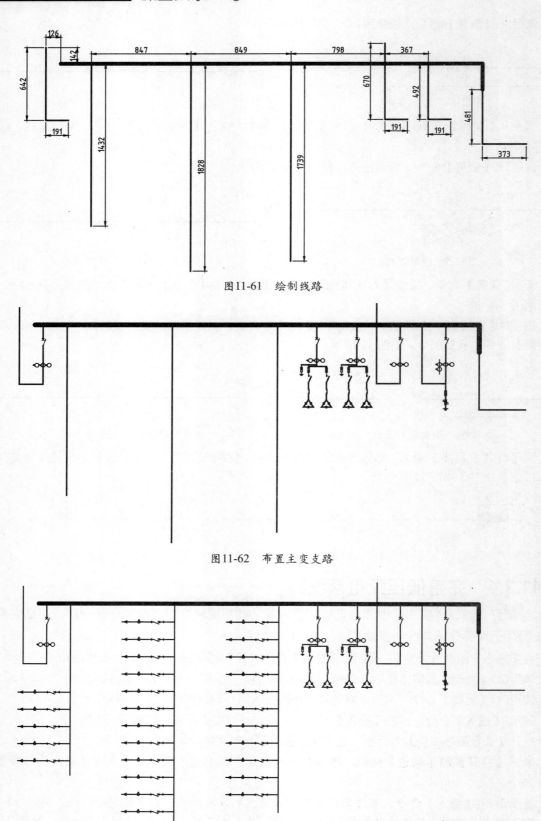

图11-61　绘制线路

图11-62　布置主变支路

图11-63　布置供电线路

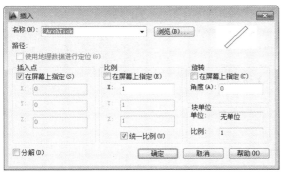

图11-64 【插入】对话框　　　　　　　　　图11-65 【选择图形文件】对话框

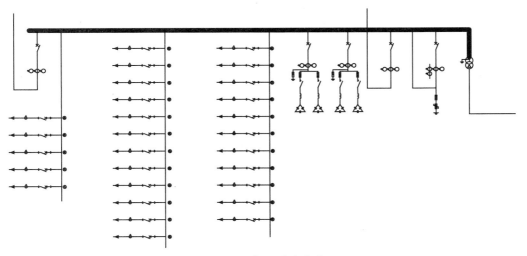

图11-66 插入图块效果

08 将【框图】图层置为当前。调用REC【矩形】命令，绘制框图；调用TR【修剪】命令，修剪图形，如图 11-67所示。

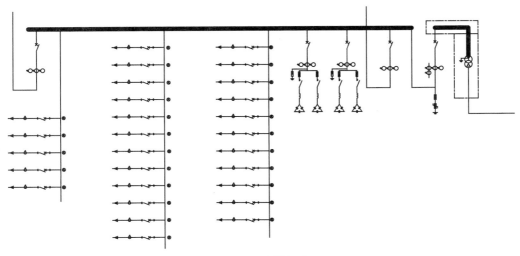

图11-67 绘制框图

09 调用C【圆】命令和H【图案填充】命令，绘制节点，如图 11-68所示。

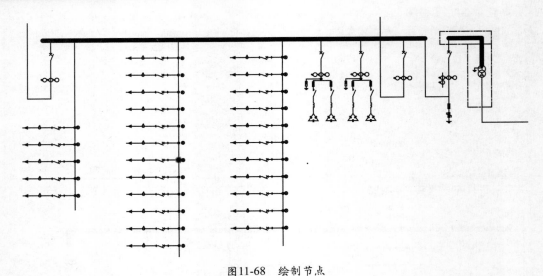

图11-68 绘制节点

10 将【文字】图层置为当前。调用MLD【多重引线】命令和MT【多行文字】命令，标注文字，得到最终效果，如图 11-28所示。

11.3 创建10KV一次接线图

10KV接线图主要讲述将发电厂发出的电能，通过电力输送线路，输送给各用户的一种输电工程图。本实例采用的是母线接线形式，该形式是发电厂和变电站的重要装置。

本实例讲解10KV一次接线图的绘制方法，如图 11-69所示。

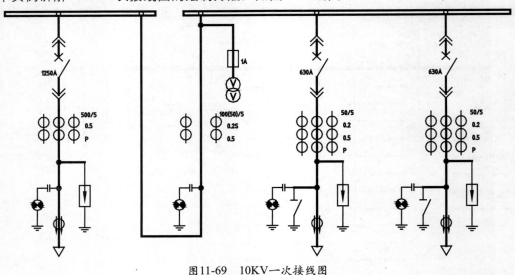

图11-69 10KV一次接线图

11.3.1 绘制线路图

线路图用作输电线路使用，主要通过【矩形】命令、【圆】命令以及【直线】命令绘制出来。

01 新建空白文件。调用LA【图层】命令，打开【图层特性管理器】对话框，依次新建【标注】、

【电气元件】、【框图】、【文字】和【线路】图层。

02 将【线路】图层置为当前。调用REC【矩形】命令，绘制矩形，尺寸如图 11-70所示。

图11-70　绘制矩形

03 将【电气元件】图层置为当前。调用C【圆】命令，在矩形内部绘制圆；调用CO【复制】命令，将新绘制的圆对象进行复制操作，尺寸如图 11-71所示。

图11-71　绘制并复制圆

04 将【线路】图层置为当前。调用L【直线】命令，绘制线路图，如图 11-72所示。

11.3.2　完善10KV一次接线图

在绘制好线路图后，需要在线路图中布置电气元件，还需要添加文字标注，以得到完整的图形。

01 将【电气元件】图层置为当前。插入随书光盘中的各电气元件图块，调整图块大小并布置到线路图中的相应位置，其图形效果如图 11-73所示。

图11-72　绘制线路图

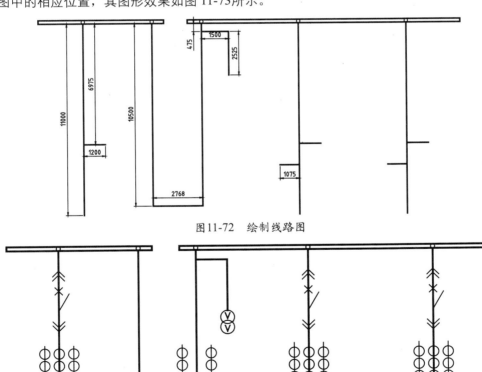

图11-73　插入电气元件效果

02 调用REC【矩形】命令和PL【多段线】命令，绘制其他的电气元件，如图 11-74所示。

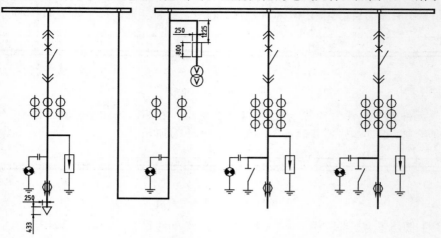

图11-74 绘制其他的电气元件

03 调用CO【复制】命令，复制电气元件；调用TR【修剪】命令，修剪多余的图形，如图 11-75 所示。

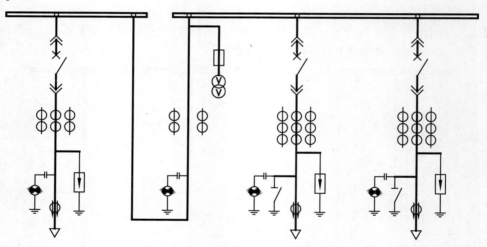

图11-75 复制并修剪图形

04 调用C【圆】命令和H【图案填充】命令，绘制节点，如图11-76所示。

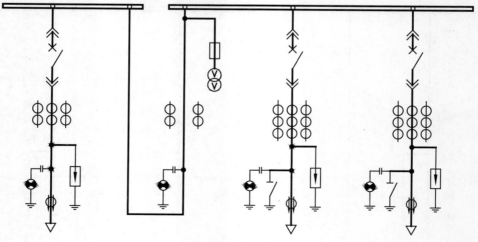

图11-76 绘制节点

05 将【文字】图层置为当前。调用MT【多行文字】命令，添加标注文字，得到最终的图形效果，如图 11-69 所示。

11.4 课后练习

变电工程图一般为高压110KV及以上或中压（城市电网一般为11万/10KV 10KV/0.4KV）的变电所，主要涉及变电所设备布局:变压器、绝缘子、母线、电柜、控制信号屏和控制室等，涉及电业部门的通用职守电站、业主向电业移交电站、业主自管电站，涉及方方面面，一切以电气专业为主，建筑、结构、水、通风等专业为辅。本实例讲解变电工程图的绘制方法，如图 11-77 所示。

提示步骤如下：

01 新建空白文件。调用LA【图层】命令，打开【图层特性管理器】对话框，依次新建【标注】、【电气元件】、【框图】、【文字】和【线路】图层。

02 将【电气元件】图层置为当前。调用REC【矩形】命令，绘制矩形，尺寸如图 11-78 所示。

03 调用L【直线】、O【偏移】、EX【延伸】和TR【修剪】命令，结合【对象捕捉】功能，绘制直线，尺寸如图11-79所示。

04 绘制阀式避雷器。调用PL【多段线】命令，修改【起始宽度】为2、【终止宽度】为0，绘制多段线，尺寸如图 11-80 所示。

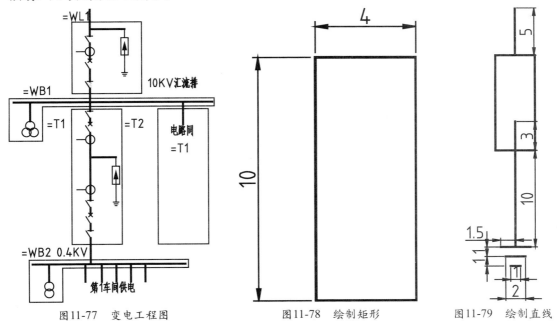

图11-77　变电工程图　　　　图11-78　绘制矩形　　　　图11-79　绘制直线

05 绘制变压器。调用C【圆】命令，结合【临时点捕捉】和【对象捕捉】功能，绘制图形，尺寸如图 11-81 所示。

06 绘制三相变压器。调用C【圆】命令，结合【临时点捕捉】和【对象捕捉】功能，绘制图形，尺寸如图 11-82 所示。

07 绘制隔离器。调用L【直线】命令，结合【临时点捕捉】和【对象捕捉】功能，绘制图形，尺寸如图 11-83 所示。

08 绘制断路器。调用L【直线】命令，结合【临时点捕捉】和【对象捕捉】功能，绘制图形，尺寸如图 11-84所示。

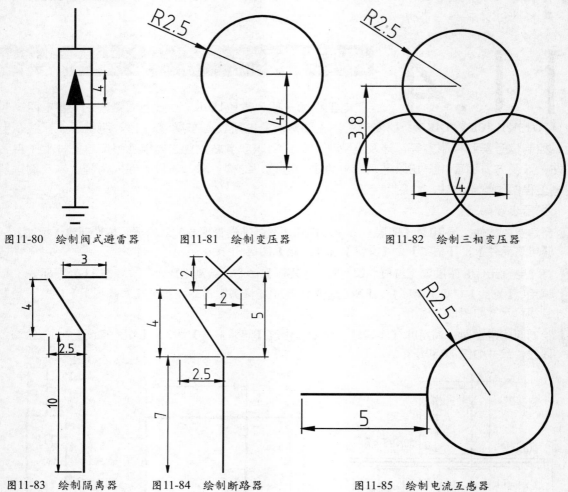

图11-80　绘制阀式避雷器　　　图11-81　绘制变压器　　　　图11-82　绘制三相变压器

图11-83　绘制隔离器　　　图11-84　绘制断路器　　　　图11-85　绘制电流互感器

09 绘制电流互感器。调用C【圆】命令和L【直线】命令，结合【对象捕捉】功能，绘制图形，尺寸如图 11-85所示。

10 将【线路】图层置为当前。调用L【直线】命令，绘制线路图，尺寸如图 11-86所示。

11 调用CO【复制】命令、M【移动】命令以及SC【缩放】命令等，将电气元件布置到线路图中，尺寸如图 11-87所示。

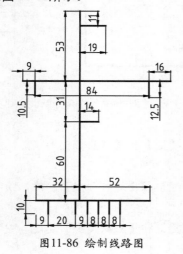

图11-86　绘制线路图

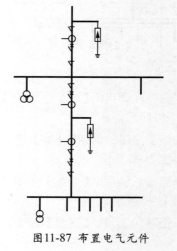

图11-87　布置电气元件

12 调用TR【修剪】命令，修剪多余的图形；调用E【删除】命令，删除多余的图形，尺寸如图 11-88所示。

13 将【框图】图层置为当前。调用REC【矩形】命令和PL【多段线】命令，绘制框图，如图 11-89所示。

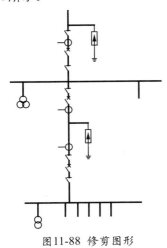

图11-88 修剪图形

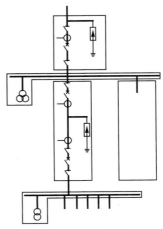

图11-89 绘制框图

14 将【文字】图层置为当前。调用MT【多行文字】命令，标注文字，得到最终效果，如图 11-77 所示。

第12课
电子线路图设计

用导线将电源、开关（电键）、用电器、电流表、电压表等连接起来组成电路，再按照统一的符号将它们表示出来，这样绘制出的就叫做电路图。电子线路图又称作电路图或电路原理图，它是一种反映电子产品和电子设备中各元器件的电气连接情况的图纸。它是一种工程语言，可帮助人们尽快熟悉电子设备的电路结构及工作原理。因此看懂电路图是学习电子技术的一项重要内容，是进行电子制作或修理的前提，也是电子技术爱好者必须掌握的基本技能。

电子线路图主要由元件符号、连线、结点、注释四大部分组成。其中，元件符号表示实际电路中的元件，它的形状与实际的元件不一定相似，甚至完全不一样，但是它一般都表示出了元件的特点。本节将通过一些常用的电气实例，讲述电子线路图的设计方法。

【本课知识】：
1. 掌握手机充电器线路图的绘制方法。
2. 掌握录音机线路图的绘制方法。
3. 掌握信号屏接线图的绘制方法。
4. 掌握热水循环泵电路图的绘制方法。

12.1 绘制手机充电器线路图

手机充电器线路图采取了220V交流输入，一端经过一个4007半波整流，另一端经过一个10欧的电阻后，由10uF电容滤波。这个10欧的电阻用来做保护的，如果后面出现故障等导致过流，那么这个电阻将被烧断，从而避免引起更大的故障。右边的4007、4700pF电容、82KΩ电阻，构成一个高压吸收电路，当开关管13003关断时，负责吸收线圈上的感应电压，从而防止高压加到开关管13003上而导致击穿。中间的13003为开关管，耐压400V，集电极最大电流1.5A，最大集电极功耗为14W，用来控制原边绕组与电源之间的通、断。当原边绕组不停的通断时，就会在开关变压器中形成变化的磁场，从而在次级绕组中产生感应电压。本实例讲解手机充电器线路图的绘制方法，如图12-1所示。

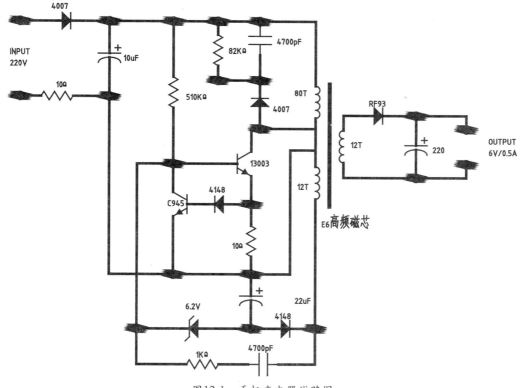

图12-1　手机充电器线路图

12.1.1　绘制元件符号

手机充电器的线路图中包含的元件符号有电容器、电阻器、电感器、PNP半导体管等，本节将对这些元件符号的绘制方法进行一个讲解。

01 新建空白文件。调用LA【图层】命令，打开【图层特性管理器】对话框，依次新建【标注】、【电气元件】、【框图】、【文字】和【线路】图层。

02 绘制电容器。将【电气元件】图层置为当前。调用L【直线】和O【偏移】命令，结合【对象捕捉】功能，绘制图形，如图12-2所示。

03 绘制电感器。调用PL【多段线】命令，绘制图形，如图12-3所示。

04 绘制电气元件。调用L【直线】命令，结合【临时点捕捉】和【对象捕捉】功能，绘制直线，尺寸如图12-4所示。

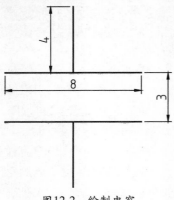

图12-2　绘制电容

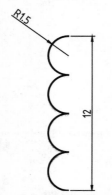

图12-3　绘制电感器

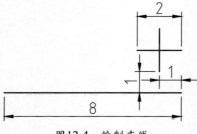

图12-4　绘制直线

05 调用O【偏移】命令，将新绘制的最下方水平直线进行偏移操作；调用EL【椭圆】命令，绘制椭圆，如图 12-5所示。

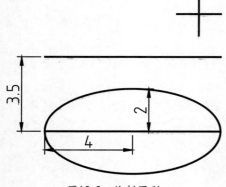

图12-5　绘制图形

06 调用TR【修剪】命令，修剪多余的图形；调用E【删除】命令，删除图形，完成电气元件的绘制，如图 12-6所示。

图12-6　绘制电气元件

07 调用L【直线】命令、O【偏移】命令，绘制图形，如图 12-7所示。

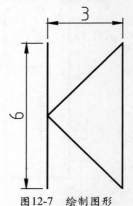

图12-7　绘制图形

08 调用H【图案填充】命令，填充图形，如图12-8所示。

图12-8　填充图形

09 调用CO【复制】命令，将图12-8的电气元件图形进行复制操作；调用L【直线】命令，结合【对象捕捉】功能，对复制后的图形进行编辑操作，得到电气元件，如图12-9所示。

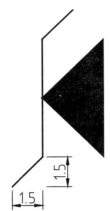

图12-9　绘制电气元件

10 绘制电阻器。调用PL【多段线】命令，结合【328°和211°极轴追踪】功能，绘制图形，如图12-10所示。

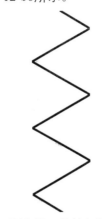

图12-10　绘制电阻器

11 绘制三极管。调用L【直线】命令，结合【临时点捕捉】和【对象捕捉】功能，绘制直线，尺寸如图12-11所示。

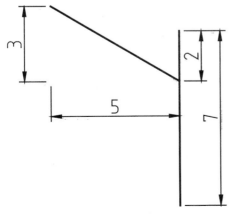

图12-11　绘制直线

12 调用MI【镜像】命令，对相应的直线进行镜像操作，如图12-12所示。

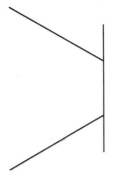

图12-12　镜像图形

13 调用PL【多段线】命令，结合【临时点捕捉】和【对象捕捉】功能，绘制多段线，尺寸如图12-13所示。

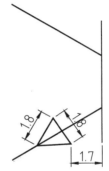

图12-13　绘制多段线

14 调用TR【修剪】命令，修剪多余的图形；调用H【图案填充】命令，填充图形，完成三极管绘制，如图12-14所示。

图12-14　绘制三极管

12.1.2　绘制线路图

　　线路图是指手机充电器的供电和输电相结合的电路图，主要通过【直线】命令以及【多段线】命令等绘制出来。

01 将【线路】图层置为当前。调用L【直线】命令，绘制主线路图形，如图 12-15所示。

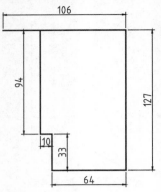

图12-15 绘制主线路

02 调用L【直线】命令，结合【正交】和【对象捕捉】功能，绘制直线，如图 12-16所示。

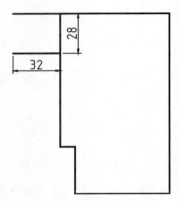

图12-16 绘制直线

03 调用L【直线】命令，结合【正交】和【对象捕捉】功能，绘制直线，如图 12-17所示。

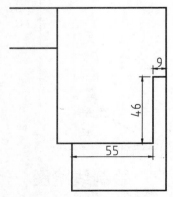

图12-17 绘制直线

04 调用O【偏移】命令，拾取L1和L2直线，进行偏移操作，如图 12-18所示。

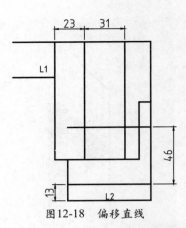

图12-18 偏移直线

05 调用L【直线】命令，结合【对象捕捉】功能，绘制直线，尺寸如图 12-19所示。

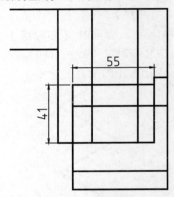

图12-19 绘制直线

06 调用L【直线】命令，结合【正交】、【极轴追踪】和【对象捕捉】功能，绘制直线，尺寸如图 12-20所示。

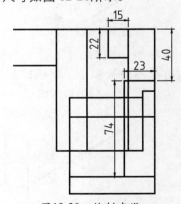

图12-20 绘制直线

07 调用TR【修剪】命令，修剪多余的图形，如图 12-21所示。

08 调用PL【多段线】和M【移动】命令，修改【宽度】为0.5，绘制多段线，尺寸如图 12-22所示。

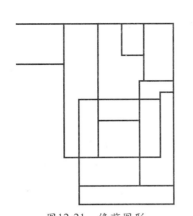

图12-21　修剪图形

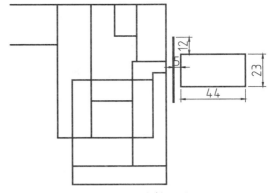

图12-23　绘制矩形

10 调用X【分解】命令，分解矩形；调用O【偏移】命令，偏移图形，完成线路图的绘制，如图 12-24所示。

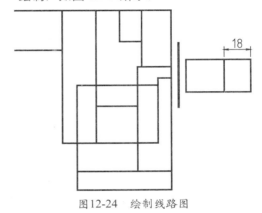

图12-24　绘制线路图

图12-22　绘制多段线

09 调用REC【矩形】和M【移动】命令，结合【对象捕捉】功能，绘制矩形，如图 12-23所示。

12.1.3　完善线路图

绘制好线路图后，需要在图中添加元件符号、节点以及文字说明，才能得到一张完整的图形。

01 调用CO【复制】命令、M【移动】命令以及RO【旋转】命令等，将【电容】图形布置到线路图中，效果如图 12-25所示。

02 调用CO【复制】命令、M【移动】命令以及MI【镜像】命令，将【电感】图形布置到线路图中，效果如图 12-26所示。

图12-25　布置元件符号1

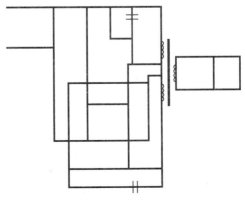

图12-26　布置电气元件2

03 调用CO【复制】命令、M【移动】命令以及RO【旋转】命令等，布置其他的元件符号至线路图中，如图 12-27 所示。

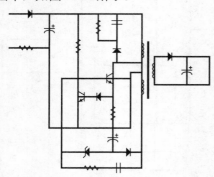

图12-27 布置元件符号

04 调用C【圆】命令和H【图案填充】命令，绘制一个节点，如图 12-28 所示。

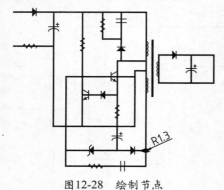

图12-28 绘制节点

05 调用CO【复制】命令，将绘制的节点复制到图形中的对应位置，如图 12-29 所示。

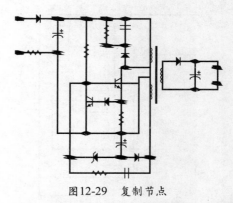

图12-29 复制节点

06 调用TR【修剪】命令，修剪多余的图形，如图 12-30 所示。

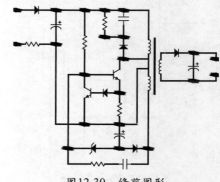

图12-30 修剪图形

07 将【文字】图层置为当前。调用MT【多行文字】命令，标注多行文字，最终效果如图 12-1所示。

12.2 绘制录音机电路图

录音机即是把声音记录下来以便重放的机器，他以硬磁性材料为载体，利用磁性材料的剩磁特性将声音信号记录在载体上，一般都具有重放功能。

本实例讲解录音机电路图的绘制方法，如图 12-31所示。

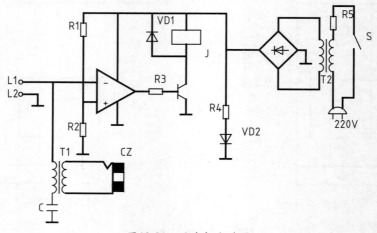

图12-31 录音机电路图

12.2.1 绘制元件符号

录音机的线路图中包含的元件符号，主要有电感、电阻以及电容等。

01 新建空白文件。调用LA【图层】命令，打开【图层特性管理器】对话框，依次新建【标注】、【电气元件】、【框图】、【文字】和【线路】图层。

02 绘制电容器。将【电气元件】图层置为当前。调用L【直线】和O【偏移】命令，结合【对象捕捉】功能，绘制图形，尺寸如图12-32所示。

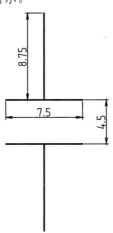

图12-32　绘制电容

03 绘制变压器。调用PL【多段线】命令，绘制多段线，如图12-33所示。

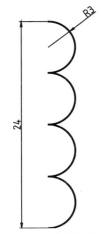

图12-33　绘制多段线

04 调用L【直线】和M【移动】命令，结合【对象捕捉】功能，绘制直线，尺寸如图12-34所示。

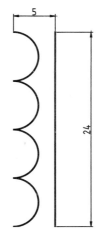

图12-34　绘制直线

05 调用MI【镜像】命令，镜像多段线对象，如图12-35所示。

图12-35　绘制变压器

06 绘制PNP半导体管。调用L【直线】命令和MI【镜像】命令，绘制图形，如图12-36所示。

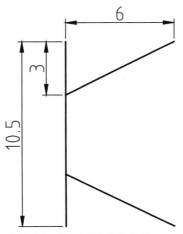

图12-36　绘制PNP半导体管

07 绘制电气元件。调用L【直线】命令和O【偏移】命令，绘制图形，如图 12-37所示。

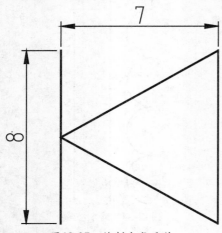

图12-37　绘制电气元件

08 绘制插座。调用L【直线】和M【移动】命令，结合【对象捕捉】功能，绘制直线，如图 12-38所示。

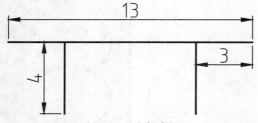

图12-38　绘制直线

09 调用A【圆弧】命令，以【三点】方式绘制圆弧，如图 12-39所示。

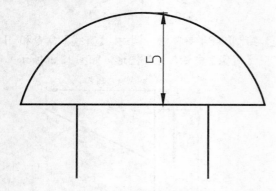

图12-39　绘制插座

10 绘制二极管。调用L【直线】、O【偏移】和M【移动】命令，结合【对象捕捉】功能，绘制图形，如图 12-40所示。

11 绘制电阻。调用REC【矩形】命令，绘制矩形，如图 12-41所示。

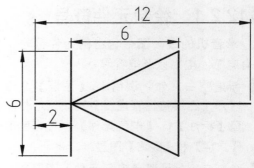

图12-40　绘制二极管

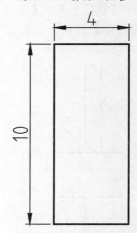

图12-41　绘制矩形

12 调用REC【矩形】命令，绘制一个8×21的矩形对象；调用X【分解】命令，分解新绘制的矩形；调用O【偏移】命令，偏移图形对象，如图 12-42所示。

13 调用H【图案填充】命令，填充图形，如图 12-43所示。

14 调用REC【矩形】命令，绘制矩形，如图 12-44所示。

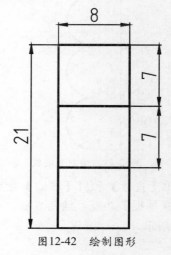

图12-42　绘制图形

图12-43 绘制图形

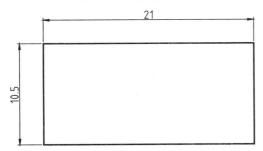

图12-44 绘制矩形

12.2.2 绘制线路图

元件绘制完成后，需要通过线路图将这些元件符号组合在一起。

01 将【线路】图层置为当前。调用L【直线】命令，绘制线路，如图 12-45所示。

02 调用L【直线】命令，结合【对象捕捉】和【夹点】功能，绘制短直线，如图 12-46所示。

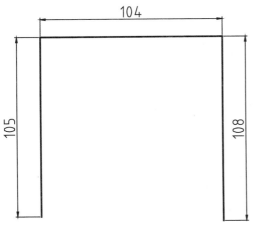

图12-45 绘制线路

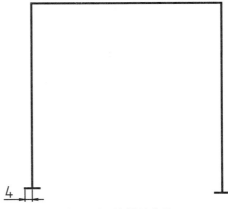

图12-46 绘制短直线

03 调用L【直线】和M【移动】命令，结合【对象捕捉】功能，绘制直线，如图 12-47所示。

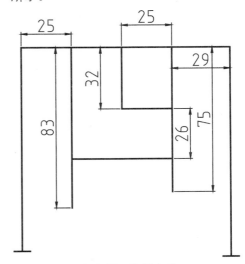

图12-47 绘制直线

04 调用PL【多段线】和M【移动】命令，结合【对象捕捉】功能，绘制三角形，如图 12-48所示。

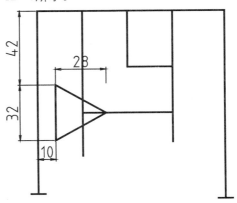

图12-48 绘制三角形

05 调用L【直线】和M【移动】命令，结合【对象捕捉】功能，绘制直线，如图12-49所示。

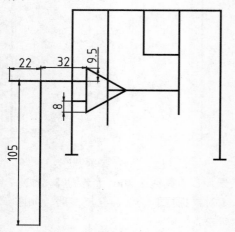

图12-49　绘制直线

06 调用O【偏移】和TR【修剪】命令，绘制直线，如图12-50所示。

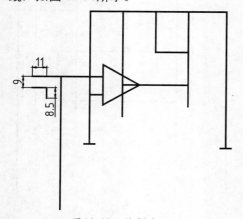

图12-50　绘制直线

07 调用TR【修剪】命令，修剪图形，如图12-51所示。

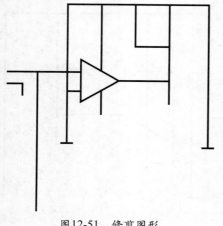

图12-51　修剪图形

08 调用L【直线】和M【移动】命令，结合【对象捕捉】功能，绘制直线，如图12-52所示。

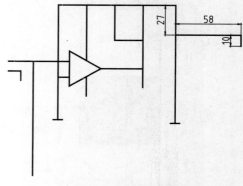

图12-52　绘制直线

09 调用L【直线】命令，结合【对象捕捉】和【极轴追踪】功能，绘制短直线，如图12-53所示。

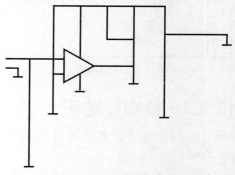

图12-53　绘制短直线

10 调用PL【多段线】和M【移动】命令，结合【对象捕捉】功能，绘制多段线，如图12-54所示。

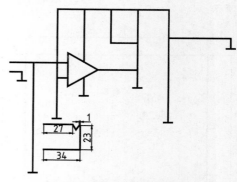

图12-54　绘制多段线

11 调用REC【矩形】命令，绘制矩形；调用RO【旋转】命令，将矩形进行45°旋转，如图12-55所示。

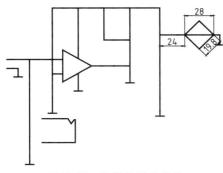

图12-55　绘制封闭多段线

12 调用TR【修剪】命令，修剪多余的图形，如图 12-56所示。

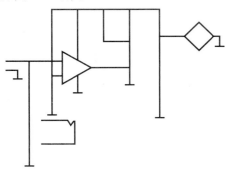

图12-56　修剪图形

13 调用L【直线】命令，结合【对象捕捉】功能，绘制直线，如图 12-57所示。

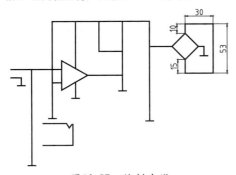

图12-57　绘制直线

14 调用L【直线】和M【移动】命令，结合【对象捕捉】功能，绘制直线，如图 12-58所示。

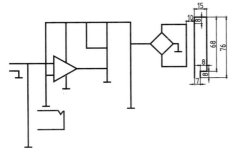

图12-58　绘制直线

12.2.3　完善电路图

在绘制好的线路图中，可以通过【插入】命令插入元件符号，通过【文字】命令添加文字，完善图形。

01 将【电气元件】图层置为当前。调用C【圆】命令，绘制节点，如图 12-59所示。

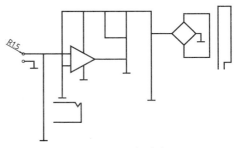

图12-59　绘制节点

02 调用L【直线】命令，结合【临时点捕捉】和【对象捕捉】功能，绘制开关符号，如图 12-60所示。

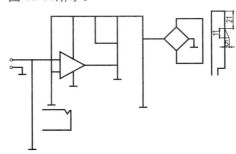

图12-60　绘制开关符号

03 调用TR【修剪】命令，修剪图形；调用E【删除】命令，删除图形，如图 12-61所示。

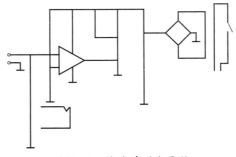

图12-61　修剪并删除图形

04 调用M【移动】命令，将【电容】图形布置到线路图中，如图 12-62所示。

05 调用CO【复制】命令和M【移动】命令，将【变压器】图形布置到线路图中，如图 12-63所示。

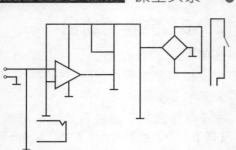

图12-62　布置电气元件

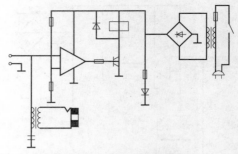

图12-64　布置其他电气元件图形

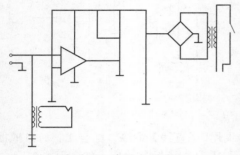

图12-63　布置电气元件

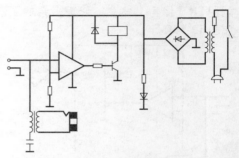

图12-65　修剪图形

06 调用CO【复制】命令、M【移动】命令以及RO【旋转】命令，将其他的电气元件图形布置到线路图中，效果如图12-64所示。

07 调用TR【修剪】命令，修剪多余的图形，如图12-65所示。

08 将【文字】图层置为当前。调用MT【多行文字】命令，标注多行文字，得到最终效果如图12-31所示。

12.3 绘制热水循环泵电路图

热水循环泵是一种将水循环起来，然后通过水暖供热管道供应热水的一种水泵，该循环泵的流量中等大小，在稳定工作条件下，泵的流量变化比较小，它的扬程小低，只是用来克服循环系统的压力降。

本实例讲解热水循环泵电路图的绘制方法，如图12-66所示。

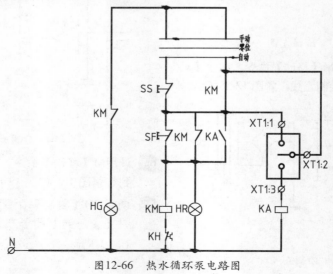

图12-66　热水循环泵电路图

12.3.1 绘制元件符号

热水循环泵电路图中的元件符号包含有电阻器以及各种开关符号等，下面将对这些元件符号的绘制步骤进行讲解。

01 新建空白文件。调用LA【图层】命令，打开【图层特性管理器】对话框，依次新建【标注】、【电气元件】、【框图】、【文字】和【线路】图层。

02 将【电气元件】图层置为当前。调用C【圆】命令，绘制半径为33的圆，如图12-67所示。

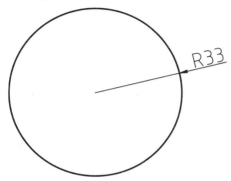

图12-67　绘制圆

03 绘制端子排1。调用L【直线】命令，结合【45°极轴追踪】、【对象捕捉】和【夹点】功能绘制直线，如图12-68所示。

图12-68　绘制端子排1

04 调用CO【复制】命令，将端子排1图形进行复制操作；调用E【删除】命令，删除图形，完成端子排2图形的绘制，如图12-69所示。

05 绘制信号灯。调用C【圆】命令，绘制一个半径为70的圆；调用L【直线】命令，结合【对象捕捉】功能，绘制垂直直线，如图12-70所示。

06 调用L【直线】和RO【旋转】命令，结合【对象捕捉】功能，绘制并旋转直线，完成信号灯图形的绘制，效果如图12-71所示。

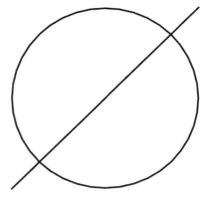

图12-69　绘制端子排2

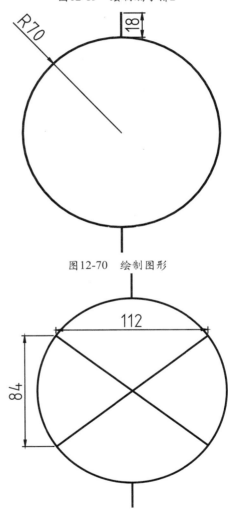

图12-70　绘制图形

图12-71　绘制信号灯

07 绘制中间继电器。调用REC【矩形】命令，绘制一个129.5×66的矩形，如图12-72所示。

08 调用L【直线】命令，结合【对象捕捉】功能，绘制直线，完成中间继电器的绘制，如图12-73所示。

图12-72 绘制矩形

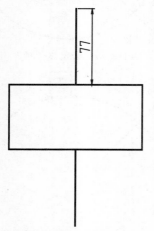

图12-73 绘制中间继电器

09 绘制刀开关。调用L【直线】命令，结合【临时点捕捉】和【对象捕捉】功能，绘制直线，效果如图 12-74所示。

10 调用PL【多段线】命令，修改【宽度】为5，结合【30°极轴追踪】和【对象捕捉】功能，绘制多段线，完成刀开关绘制，如图 12-75所示。

11 绘制动态触点开关。调用L【直线】和M【移动】命令，结合【正交】和【对象捕捉】功能，绘制直线，效果如图 12-76所示。

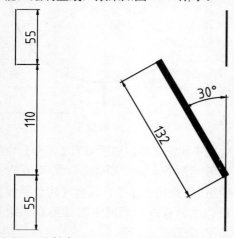

图12-74 绘制直线 图12-75 绘制刀开关

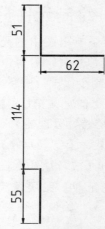

图12-76 绘制直线

12 调用PL【多段线】和RO【旋转】命令，修改【宽度】为5，结合【对象捕捉】功能，绘制多段线，完成动态触点开关绘制，如图 12-77所示。

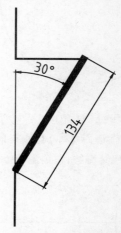

图12-77 绘制动态触点开关

13 绘制手动按钮开关。调用CO【复制】命令，将新绘制的动态触点开关图形进行复制操作；调用L【直线】命令，结合【正交】和【对象捕捉】功能，绘制直线，如图 12-78所示。

14 调用PL【多段线】命令，修改【宽度】为5，结合【极轴追踪】和【对象捕捉】功能，绘制多段线，手动按钮开关，效果如图 12-79所示。

15 绘制热继电器。调用L【直线】和M【移动】命令，结合【对象捕捉】功能，绘制直线，效果如图 12-80所示。

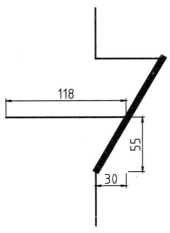

图12-78 绘制直线

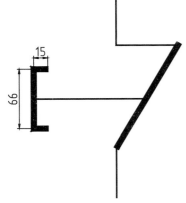

图12-79 绘制手动按钮开关

16 调用PL【多段线】命令，结合【对象捕捉】功能，绘制多段线，如图12-81所示。

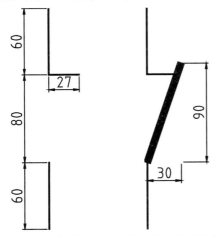

图12-80 绘制直线　　　　图12-81 绘制多段线

17 调用L【直线】和M【移动】命令，结合【对象捕捉】功能，绘制直线，效果如图12-82所示。

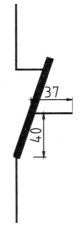

图12-82 绘制直线

18 调用PL【多段线】和M【移动】命令，修改【宽度】为0，结合【对象捕捉】功能，绘制多段线，完成热继电器的绘制，如图12-83所示。

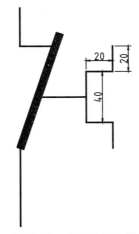

图12-83 绘制热继电器

19 调用L【直线】命令，绘制一条长度为830的水平直线。

20 调用O【偏移】命令，偏移图形，如图12-84所示。

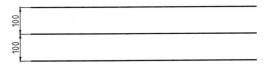

图12-84 偏移图形

21 调用C【圆】命令，结合【临时点捕捉】和【对象捕捉】功能，绘制圆，如图 12-85所示。

22 调用H【图案填充】命令，填充图形，如图12-86所示。

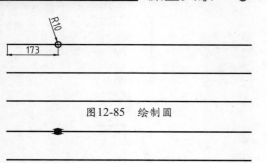

图12-85　绘制圆

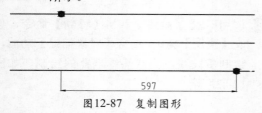

图12-86　填充图形

23 调用CO【复制】命令，复制图形，如图12-87所示。

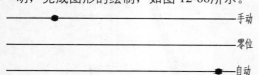

图12-87　复制图形

24 调用MT【多行文字】命令，添加文字说明，完成图形的绘制，如图12-88所示。

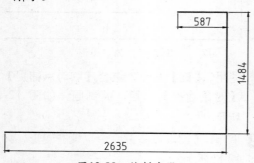

图12-88　绘制电气元件

■ 12.3.2　绘制线路图

热水循环泵的线路图主要通过【直线】命令、【矩形】命令以及【修剪】命令绘制而成。

01 将【线路】图层置为当前。调用L【直线】命令，绘制直线，如图12-89所示。

02 调用L【直线】和M【移动】命令，结合【对象捕捉】功能，绘制直线，如图12-90所示。

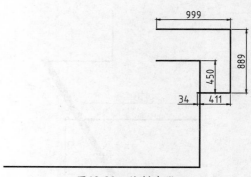

图12-89　绘制直线

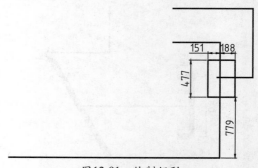

图12-90　绘制直线

03 调用REC【矩形】和M【移动】命令，结合【对象捕捉】功能，绘制矩形，如图12-91所示。

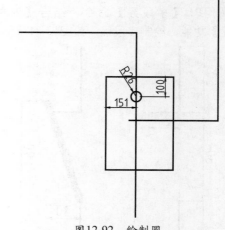

图12-91　绘制矩形

04 调用C【圆】和M【移动】命令，以【圆心、半径】方式，绘制圆，如图12-92所示。

图12-92　绘制圆

05 调用CO【复制】命令，将新绘制的圆进行复制操作，如图12-93所示。

06 调用TR【修剪】命令，修剪多余的图形，如图12-94所示。

07 调用L【直线】和M【移动】命令，结合【正交】和【对象捕捉】功能，绘制直线，如图 12-95所示。

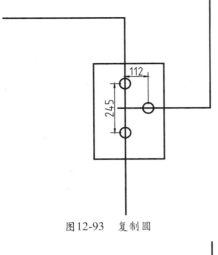

图12-93 复制圆

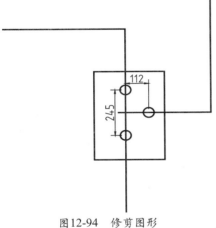

图12-94 修剪图形

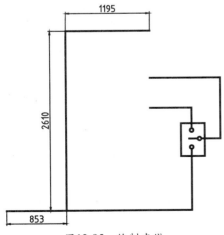

图12-95 绘制直线

08 调用O【偏移】命令，将新绘制垂直直线进行偏移操作，如图 12-96所示。

09 调用O【偏移】命令，将新绘制水平直线进行偏移操作，如图12-97所示。

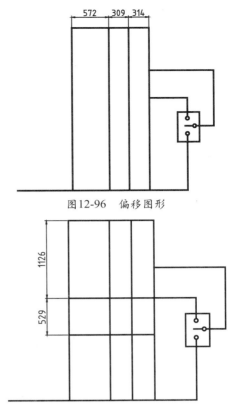

图12-96 偏移图形

图12-97 偏移图形

10 调用TR【修剪】命令，修剪图形，如图12-98所示。

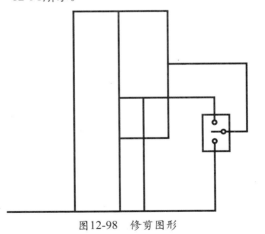

图12-98 修剪图形

12.3.3 完善电路图

电路图的完善操作主要通过添加节点、布置元件符号以及添加文字说明等实现。

01 调用C【圆】命令，绘制圆；调用H【图案填充】命令，填充图形，完成节点的绘制，如图12-99所示。

02 调用CO【复制】命令，将新绘制的节点进行复制操作，如图 12-100所示。

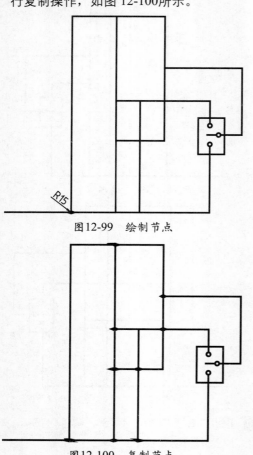

图12-99　绘制节点

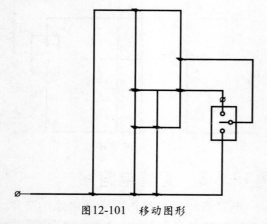

图12-100　复制节点

03 调用M【移动】命令，将【端子排1】和【端子排2】图形移动至合适的位置，如图12-101所示。

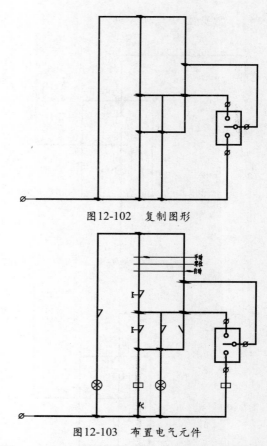

图12-102　复制图形

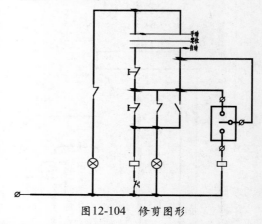

图12-103　布置电气元件

06 调用TR【修剪】命令，修剪多余的图形，如图 12-104所示。

图12-101　移动图形

04 调用CO【复制】命令，将移动后的【端子排2】图形进行复制操作，如图 12-102所示。

05 调用M【移动】命令、CO【复制】命令，将其他电气元件布置到电路图中，如图12-103所示。

图12-104　修剪图形

07 将【文字】图层置为当前。调用MT【多行文字】命令，标注多行文字，得到最终效果如图 12-66所示。

12.4 课后练习

变配电所中，为了使运行值班人员及时掌握电气设备的工作情况，除了利用测量仪表反映设备的运行情况外，还必须用信号及时地显示出电气设备的工作状态，例如断路器是处在合闸位置还是跳闸位置，是自动跳闸还是手动跳闸，隔离开关是处在闭合位置还是处在断开位置等。当电气设备发生事故或出现不正常工作情况时，应发出各种灯光和音响信号，唤起值班人员的注意，帮助分析判断事故的范围和地点或不正常运行情况的具体内容等。信号装置对变配电所安全稳定运行起着重要作用。

变配电所常见的预告信号有：变压器轻瓦斯保护动作、变压器油温过高、电压互感器二次回路断线、交直流回路绝缘损坏、控制回路断线及其他要求采取处理措施的不正常情况。

通常将事故信号、预告信号回路及其他一些公用信号回路集中在一起成为一套装置，称为中央信号装置，它们装设在控制室的中央信号屏上。

本实例讲解信号屏接线图的绘制方法，如图12-105所示。

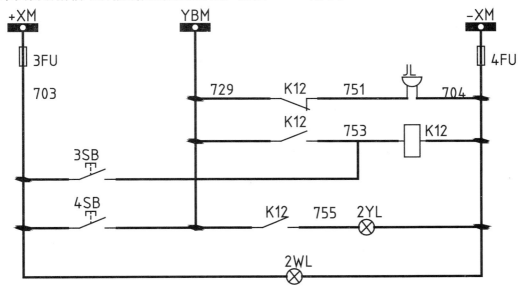

图12-105　信号屏接线图

提示步骤如下：

01 新建空白文件。调用LA【图层】命令，打开【图层特性管理器】对话框，依次新建【标注】、【电气元件】、【框图】、【文字】和【线路】图层。

02 绘制接线端子。将【电气元件】图层置为当前。调用REC【矩形】命令、C【圆】命令和H【图案填充】命令，绘制图形，如图12-106所示。

03 绘制继电器。调用REC【矩形】命令，绘制图形，如图12-107所示。

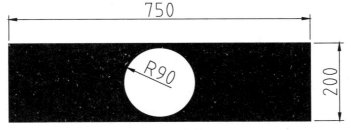

图12-106　绘制接线端子

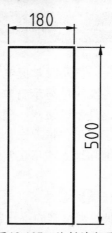

图12-107 绘制继电器

04 绘制电阻器。调用REC【矩形】命令和L【直线】命令，绘制图形，如图 12-108所示。

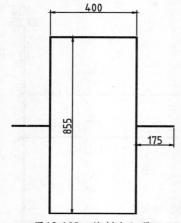

图12-108 绘制电阻器

05 绘制信号灯。调用C【圆】命令和L【直线】命令，绘制图形，如图 12-109所示。

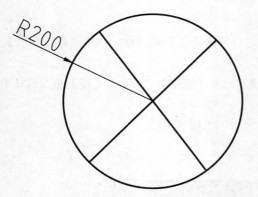

图12-109 绘制信号灯

06 绘制蜂鸣器。调用L【直线】命令和C【圆】命令，绘制图形，如图 12-110所示。

07 调用TR【修剪】命令，修剪图形，如图12-111所示。

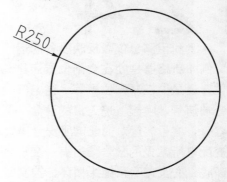

图12-110 绘制图形

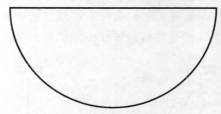

图12-111 修剪图形

08 调用L【直线】命令，结合【对象捕捉】命令，绘制直线，如图 12-112所示。

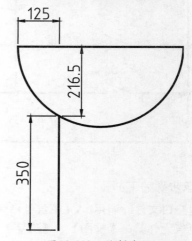

图12-112 绘制直线

09 调用MI【镜像】命令，镜像图形，绘制完成蜂鸣器，如图 12-113所示。

10 绘制刀开关。调用L【直线】命令，结合【临时点捕捉】和【对象捕捉】命令，绘制图形，如图12-114所示。

11 绘制按钮开关。调用CO【复制】命令，将刀开关图形复制一份；调用L【直线】和CO【复制】命令，结合【对象捕捉】功能，绘制直线，如图12-115所示。

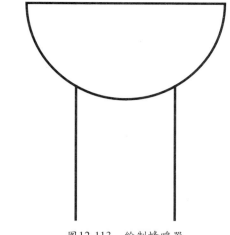

图12-113 绘制蜂鸣器

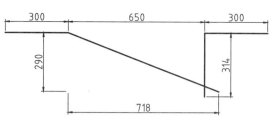

图12-117 绘制动断触点

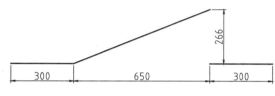

图12-114 绘制刀开关

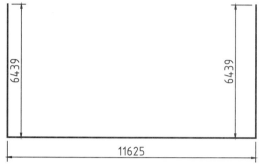

图12-118 绘制直线

15 调用O【偏移】命令，将最下方的水平直线进行偏移操作，如图 12-119所示。

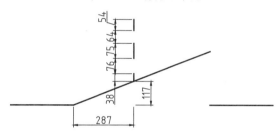

图12-115 绘制直线

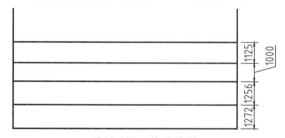

图12-119 偏移图形

12 调用REC【矩形】和TR【修剪】命令，结合【对象捕捉】功能，绘制矩形，效果如图 12-116所示。

16 调用O【偏移】命令，将最左侧的垂直直线进行偏移操作，效果如图 12-120所示。

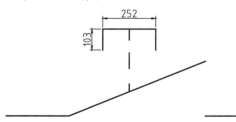

图12-116 绘制按钮开关

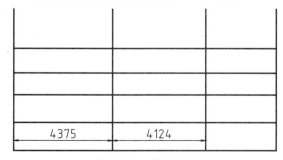

图12-120 偏移图形

13 绘制动断触点。调用L【直线】、RO【旋转】和M【移动】命令，结合【正交】和【对象捕捉】功能，绘制图形，如图12-117所示。

17 调用TR【修剪】命令，修剪多余的图形，如图 12-121所示。

18 调用C【圆】命令和H【图案填充】命令，绘制节点，效果如图12-122所示。

14 将【线路】图层置为当前。调用L【直线】命令，绘制直线，效果如图 12-118所示。

19 调用CO【复制】命令，复制节点，如图 12-123所示。

279

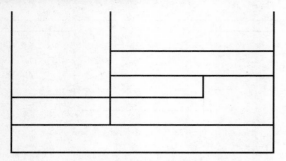

图12-121 修剪图形

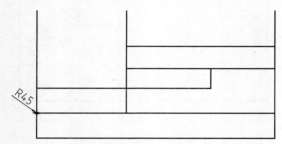

图12-122 绘制节点

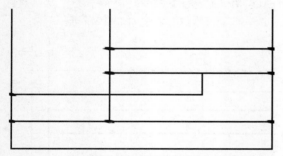

图12-123 复制节点

20 调用M【移动】命令、CO【复制】命令，将电气元件图形布置到电路图中，效果如图12-124所示。

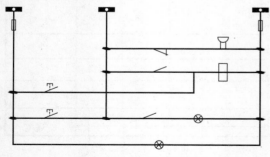

图12-124 布置元件符号

21 调用TR【修剪】和BR【打断】命令，修剪多余的图形，如图12-125所示。

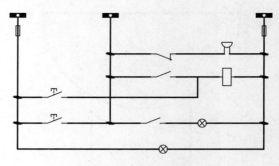

图12-125 修剪图形

22 将【文字】图层置为当前。调用MT【多行文字】命令，标注多行文字，得到最终效果如图12-105所示。

第13课
控制电气图设计

控制电路是电路图中的一个重要单元，对电路的功能实现起着至关重要的作用。无论是机械电路、汽车电路还是变电工程电路，控制电路都占据着核心位置。按照控制电路的终极功能，控制电路分为报警电路、自动控制、开关电路、定时控制以及保护电路等多种类型。本章将对一些常见的控制电路图进行设计，讲述控制电气图的绘制方法。

【本课知识】：
1. 掌握电容屏控制图的绘制方法。
2. 掌握电动机正反控制的绘制方法。
3. 掌握智能彩灯控制图的绘制方法。
4. 掌握路灯照明系统图的绘制方法。

13.1 绘制电容屏控制图

电容屏基本工作原理是：人是假想的接地物（零电势体），给工作面通上一个很低的电压，当用户触摸屏幕时，手指头吸收走一个很小的电流，这个电流分别从触摸屏四个角或四条边上的电极中流出，并且理论上流经这四个电极的电流与手指到四角的距离成比例，控制器通过对这四个电流比例的精密计算，得出触摸点的位置电容屏。

本实例讲解电容屏控制图的绘制方法，如图13-1所示。

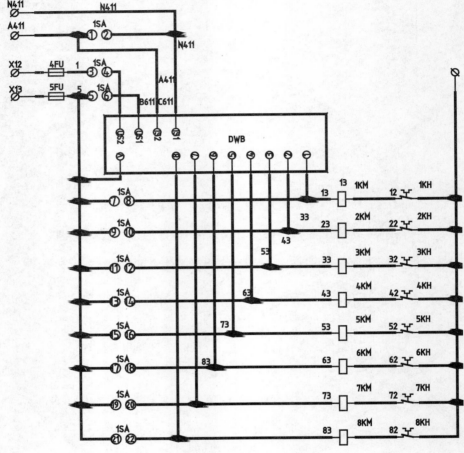

图13-1　电容屏控制图

13.1.1　绘制元件符号

电容屏控制图中元件符号有电阻器、开关等，本节将对这些元件符号的绘制方法进行一个讲解。

01　新建文件。调用LA【图层】命令，打开【图层特性管理器】按钮，依次新建【标注】、【电气元件】、【框图】、【文字】和【线路】图层。

02　绘制端子排。将【电气元件】图层置为当前。调用C【圆】命令和L【直线】命令，绘制图形，如图13-2所示。

03　绘制继电器。调用REC【矩形】命令和L【直线】命令，绘制图形，尺寸如图13-3所示。

04　绘制熔断器。调用REC【矩形】命令和L【直线】命令，绘制图形，尺寸如图13-4所示。

05　调用L【直线】命令，结合【临时点捕捉】和【对象捕捉】功能，绘制直线，如图13-5所示。

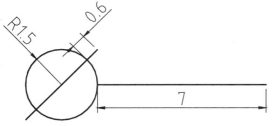

图13-2 绘制端子排

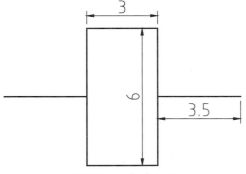

图13-3 绘制继电器

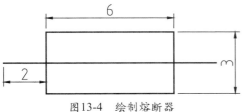

图13-4 绘制熔断器

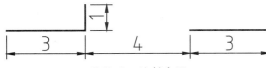

图13-5 绘制直线

06 绘制热继电器。调用PL【多段线】和RO【旋转】命令，修改【宽度】为0.2，结合【对象捕捉】功能，绘制多段线，如图13-6所示。

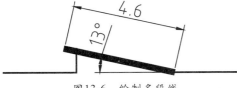

图13-6 绘制多段线

07 调用L【直线】和M【移动】命令，结合【对象捕捉】功能，绘制直线，并修改新绘制直线的线型为【DASHED】，如图13-7所示。

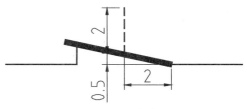

图13-7 绘制直线

08 调用PL【多段线】和M【移动】命令，修改【宽度】为0，结合【对象捕捉】功能，绘制多段线，完成热继电器的绘制，如图13-8所示。

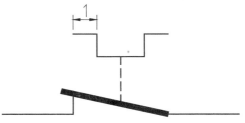

图13-8 绘制热继电器

13.1.2 绘制变频器

变频器是一种利用电力半导体器件的通断作用将工频电源变换为另一频率的电能控制装置。变频器的主电路大体上可分为两类：电压型是将电压源的直流变换为交流的变频器，直流回路的滤波是电容；电流型是将电流源的直流变换为交流的变频器，其直流回路滤波是电感。

01 调用REC【矩形】命令，修改【宽度】为0.5，绘制矩形，如图13-9所示。

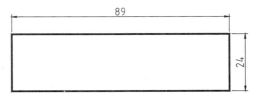

图13-9 绘制矩形

02 调用C【圆】和M【移动】命令，结合【对象捕捉】功能，绘制圆，尺寸如图13-10所示。

03 调用CO【复制】功能，将新绘制的圆进行复制操作，尺寸如图13-11所示。

04 调用L【直线】命令，结合【正交】和【对象捕捉】功能，绘制直线，如图13-12所示。

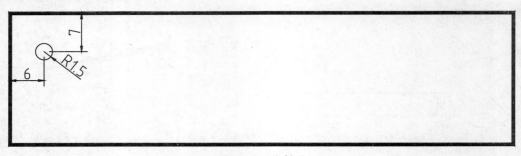

图13-10 绘制圆

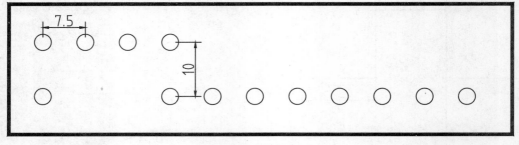

图13-11 复制图形

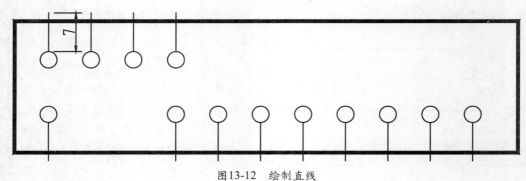

图13-12 绘制直线

13.1.3 绘制线路图

电容屏控制图中的线路图是从变频器中分流出来的，下面将介绍其绘制步骤。

01 将【线路】图层置为当前。调用L【直线】命令，结合【对象捕捉】功能，绘制线路1，如图13-13所示。

02 调用L【直线】命令，结合【对象捕捉】功能，绘制线路2，如图 13-14所示。

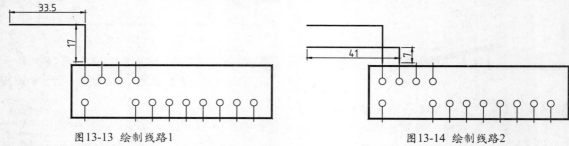

图13-13 绘制线路1   图13-14 绘制线路2

03 用L【直线】命令，结合【对象捕捉】功能，绘制线路3，如图 13-15所示。

04 调用L【直线】命令和O【偏移】命令，结合【对象捕捉】功能，绘制线路4，如图13-16所示。

05 调用L【直线】命令，结合【对象捕捉】功能，绘制线路5；调用M【移动】命令，调整新绘制线路位置，如图 13-17所示。

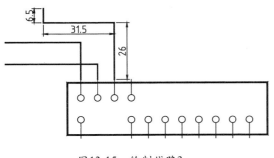

图13-15　绘制线路3

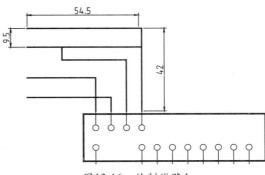

图13-16　绘制线路4

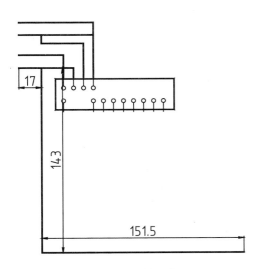

图13-17　绘制线路5

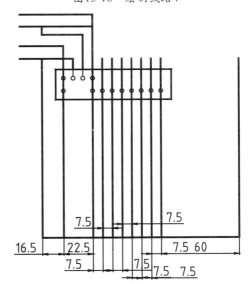

图13-18　偏移图形

06 调用O【偏移】命令，将新绘制的垂直直线进行偏移操作，如图 13-18所示。

07 调用O【偏移】命令，将新绘制的水平直线进行偏移操作，如图 13-19所示。

08 调用TR【修剪】命令，修剪多余的图形；调用E【删除】命令，删除多余的图形，完成线路图的绘制，其图形效果如图 13-20所示。

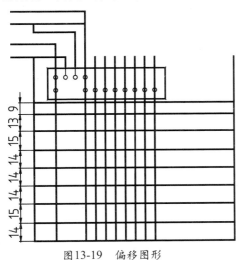

图13-19　偏移图形

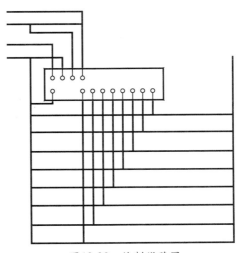

图13-20　绘制线路图

13.1.4 完善控制图

电容屏控制图中的线路图是从变频器中分流出来的，下面将介绍其绘制步骤。

01 调用C【圆】命令和H【图案填充】命令，绘制节点，如图 13-21所示。

02 调用CO【复制】命令，复制节点图形，如图 13-22所示。

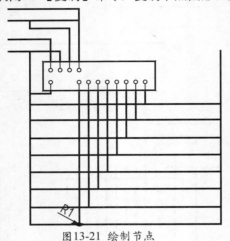

图13-21 绘制节点

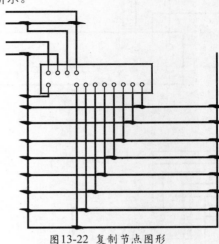

图13-22 复制节点图形

03 调用M【移动】命令、CO【复制】命令以及RO【旋转】命令，将电气元件布置到线路图中，如图 13-23所示。

04 调用TR【修剪】命令，修剪多余的图形，如图 13-24所示。

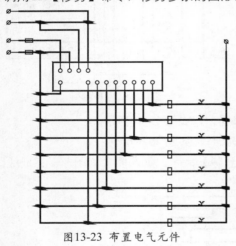

图13-23 布置电气元件

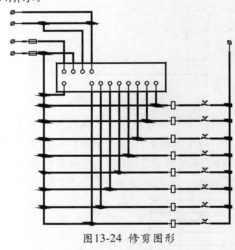

图13-24 修剪图形

05 将【电气元件】图层置为当前。调用C【圆】命令，绘制一个半径为2的圆，如图 13-25所示。

06 调用ATT【定义属性】命令，打开【属性定义】对话框，修改各参数，如图 13-26所示。

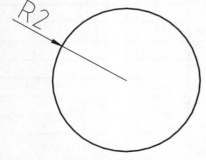

图13-25 绘制圆

图13-26 【属性定义】对话框

07 单击【确定】按钮，根据命令行提示指定插入点，创建属性图块，如图 13-27所示。

08 调用B【创建块】命令，打开【块定义】对话框，修改【名称】为【属性图块】，如图 13-28 所示。

图13-27　创建属性图块

图13-28　【块定义】对话框

09 单击【选择对象】按钮，拾取圆和文字对象；单击【拾取点】按钮，拾取圆心点，如图 13-29所示。

10 按回车键结束，返回到【块定义】对话框，单击【确定】按钮，打开【编辑属性】对话框，在【请输入标记】文本框中输入"1"，如图 13-30所示。

图13-29　拾取圆心点

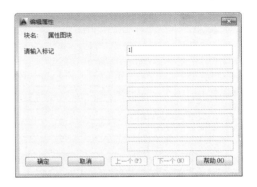

图13-30　【编辑属性】对话框

11 单击【确定】按钮，完成属性图块的创建。

12 调用M【移动】命令和CO【复制】命令，将创建好的属性图块进行复制操作，如图 13-31所示。

13 调用TR【修剪】命令，修剪图形，如图 13-32所示。

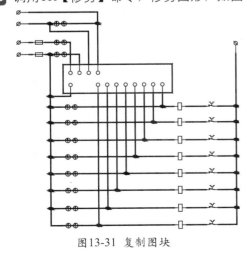

图13-31　复制图块

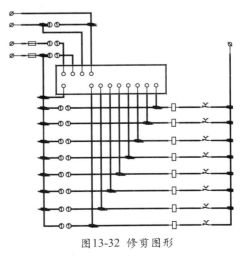

图13-32　修剪图形

14 双击复制后的属性图块，打开【增强属性编辑器】对话框，修改【值】为2，如图13-33所示。

15 单击【确定】按钮，即可修改属性值，如图13-34所示。

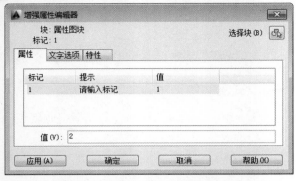

图13-33　【增强属性编辑器】对话框

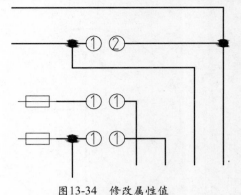

图13-34　修改属性值

16 重新调用上述方法，修改其他的属性值，并将最下方4个属性图块中的文字大小调整为【3】，如图 13-35所示。

17 将【文字】图层置为当前。调用MT【多行文字】命令，在变频器的圆内标注多行文字，如图 13-36所示。

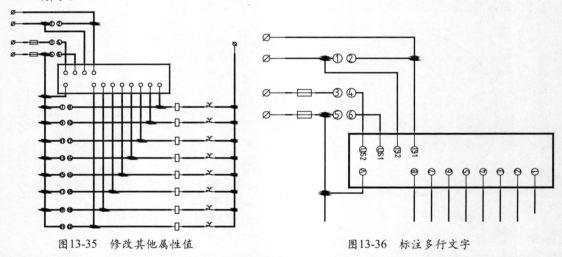

图13-35　修改其他属性值　　　　　　　　　　图13-36　标注多行文字

18 重新调用MT【多行文字】命令，标注其他的多行文字，得到最终效果，如图 13-1所示。

13.2 绘制电动机正反控制图 ———○

要实现电动机的正反转，只要将接至电动机三相电源进线中的任意两相对调接线，即可达到反转的目的。本实例讲解电动机正反控制图的绘制方法，如图13-37所示。

本实例的主回路中采用了两个接触器，即正转接触器KM1和反转接触器KM2。当接触器KM1的三对主触头接通时，三相电源的相序按U-V-M接入电动机。当接触器KM1的三对主触头接通时，三相电源的相序按W-V-U接入电动机，电动机就向相反方向转动。

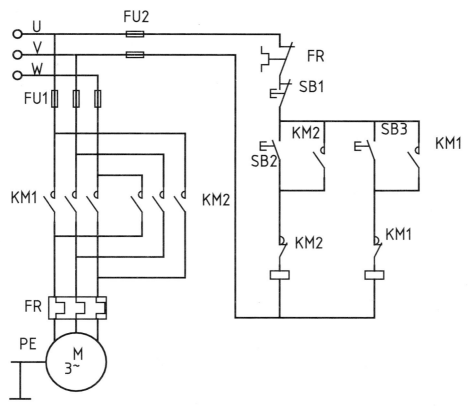

图13-37 电动机正反控制图

13.2.1 绘制元件符号

电动机正反控制图中包含的元件符号有熔断器、按钮开关、电阻器等，下面将介绍各元件符号的绘制方法。

01 新建文件。调用LA【图层】命令，打开【图层特性管理器】按钮，依次新建【标注】、【电气元件】、【框图】、【文字】和【线路】图层。

02 绘制继电器。将【电气元件】图层置为当前。调用REC【矩形】命令，绘制矩形，如图 13-38 所示。

03 调用X【分解】命令，分解矩形；调用O【偏移】命令，将矩形上方的水平直线进行偏移操作，尺寸如图 13-39所示。

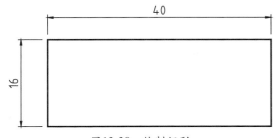

图13-38 绘制矩形

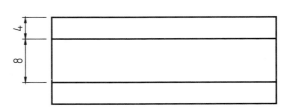

图13-39 偏移图形

04 调用O【偏移】命令，将矩形左侧的垂直直线进行偏移操作，如图 13-40所示。

05 调用TR【修剪】命令，修剪多余的图形，完成继电器图形的绘制，如图 13-41所示。

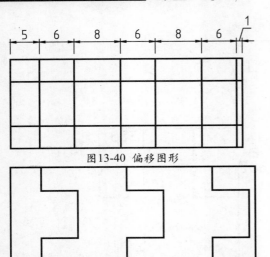

图13-40 偏移图形

图13-41 绘制继电器

06 绘制接触器。调用L【直线】命令，结合【正交】和【对象捕捉】功能，绘制直线，如图13-42所示。

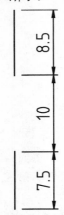

图13-42 绘制直线

07 调用L【直线】命令，结合【对象捕捉】功能，绘制直线，如图13-43所示。

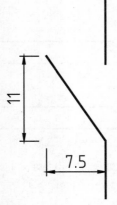

图13-43 绘制直线

08 调用A【圆弧】和M【移动】命令，结合【对象捕捉】功能，以【起点、端点、半径】方式绘制圆弧，完成接触器绘制，如图13-44所示。

图13-44 绘制接触器

09 绘制热继电器。调用L【直线】和M【移动】命令，结合【对象捕捉】功能，绘制直线，尺寸如图13-45所示。

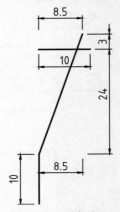

图13-45 绘制直线

10 调用L【直线】命令，结合【对象捕捉】功能，绘制直线，并将新绘制直线的线型修改为【DASHED】，如图13-46所示。

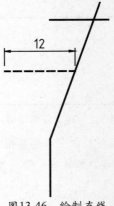

图13-46 绘制直线

11 调用REC【矩形】和M【移动】命令，结合【对象捕捉】功能，绘制矩形，如图13-47所示。

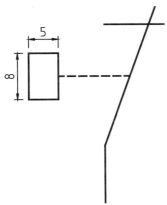

图13-47 绘制矩形

12 调用TR【修剪】命令，修剪多余的图形；调用L【直线】命令，结合【对象捕捉】功能，绘制直线，完成热继电器的绘制，如图13-48所示。

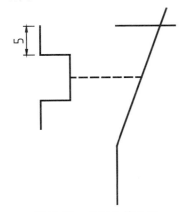

图13-48 绘制热继电器

13 绘制按钮开关1。调用L【直线】命令，结合【临时点捕捉】和【对象捕捉】功能，绘制直线，尺寸如图13-49所示。

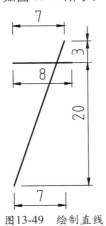

图13-49 绘制直线

14 调用L【直线】命令，结合【对象捕捉】功能，绘制直线，并将新绘制直线的线型修改为【DASHED】，如图13-50所示。

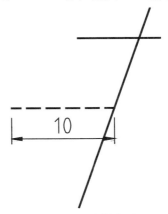

图13-50 绘制直线

15 调用REC【矩形】命令，结合【临时点捕捉】和【对象捕捉】功能，绘制矩形，如图13-51所示。

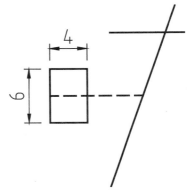

图13-51 绘制矩形

16 调用TR【修剪】命令，修剪图形，完成按钮开关1的绘制，如图13-52所示。

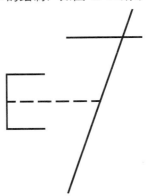

图13-52 绘制按钮开关1

17 绘制按钮开关2。调用L【直线】命令，结合【临时点捕捉】和【对象捕捉】功能，绘制直线，并将新绘制水平直线的线型修改为【DASHED】，如图 13-53所示。

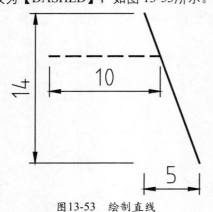

图13-53　绘制直线

18 调用REC【矩形】命令，结合【临时点捕捉】和【对象捕捉】功能，绘制矩形。

19 调用TR【修剪】命令，修剪图形，完成按钮开关2的绘制，如图 13-54所示。

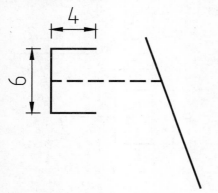

图13-54　绘制按钮开关2

20 调用L【直线】命令，结合【临时点捕捉】

和【对象捕捉】功能，绘制直线，如图13-55所示。

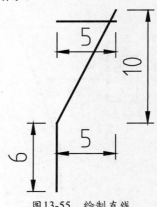

图13-55　绘制直线

21 绘制主接触器。调用A【圆弧】和M【移动】命令，结合【对象捕捉】功能，以【起点、端点、半径】方式绘制圆弧，如图13-56所示。

图13-56　绘制主接触器

13.2.2　绘制控制图

绘制好电气元件后，还需要通过绘制线路图将这些元件符号串联在一起，组合成完整图形。

01 将【线路】图层置为当前。调用C【圆】命令，绘制一个半径为21的圆，如图 13-57所示。

02 调用L【直线】命令，结合【象限点捕捉】功能，绘制直线，如图 13-58所示。

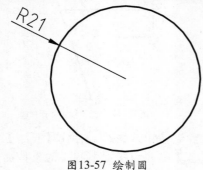

图13-57　绘制圆

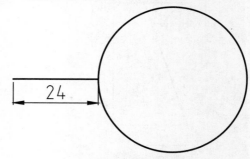

图13-58　绘制直线

03 调用L【直线】和M【移动】命令，结合【对象捕捉】和【夹点】功能，绘制直线，如图13-59所示。

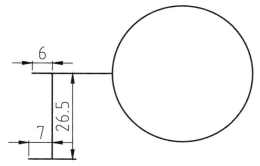

图13-59 绘制直线

04 调用L【直线】命令，结合【象限点捕捉】功能，绘制直线，如图13-60所示。

图13-60 绘制直线

05 调用L【直线】和M【移动】命令，结合【正交】和【对象捕捉】功能，绘制直线，如图13-61所示。

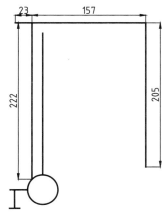

图13-61 绘制直线

06 调用L【直线】和M【移动】命令，结合

【正交】和【对象捕捉】功能，绘制直线，如图13-62所示。

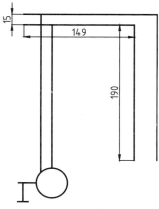

图13-62 绘制直线

07 调用L【直线】和M【移动】命令，结合【正交】和【对象捕捉】功能，绘制直线，如图13-63所示。

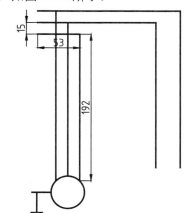

图13-63 绘制直线

08 调用O【偏移】命令，选择新绘制的水平直线向下进行偏移操作，如图13-64所示。

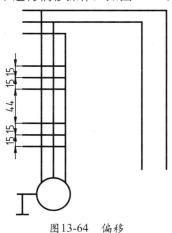

图13-64 偏移

09 调用O【偏移】命令，选择合适的垂直直线进行偏移操作，如图 13-65所示。

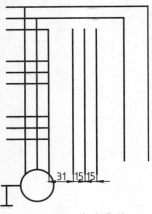

图13-66　偏移图形

10 调用EX【延伸】命令，延伸相应的图形，如图 13-66所示。

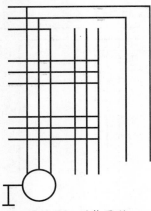

图13-66　延伸图形

11 调用TR【修剪】图形，修剪图形，如图 13-67所示。

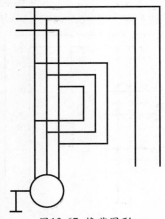

图13-67　修剪图形

12 调用L【直线】命令，结合【对象捕捉】功能，绘制直线，如图 13-68所示。

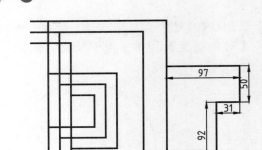

图13-68　绘制直线

13 调用L【直线】和M【移动】命令，结合【正交】和【对象捕捉】功能，绘制直线，如图 13-69所示。

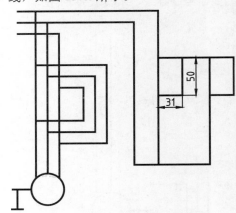

图13-69　绘制直线

14 将【电气元件】图层置为当前。调用REC【矩形】和M【移动】命令，结合【对象捕捉】功能，绘制矩形；调用CO【复制】命令，复制图形，如图 13-70所示。

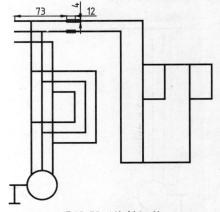

图13-70　绘制矩形

15 调用REC【矩形】和M【移动】命令，结合【对象捕捉】功能，绘制矩形；调用CO【复制】命令，复制图形，如图 13-71所示。

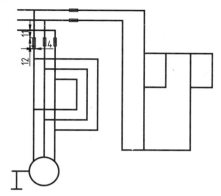

图13-71　绘制矩形

16 调用REC【矩形】命令，结合【临时点捕捉】和【对象捕捉】功能，绘制矩形，如图 13-72所示。

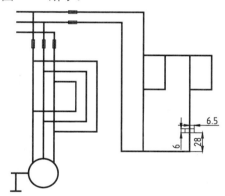

图13-72　绘制矩形

17 调用CO【复制】命令，复制图形；调用TR【修剪】命令，修剪图形，如图 13-73所示。

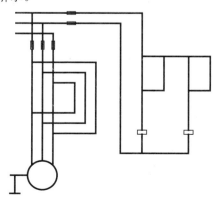

图13-73　修剪图形

18 调用M【移动】命令、CO【复制】命令，布置电气元件，如图 13-74所示。

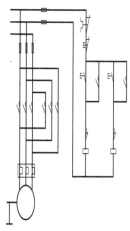

图13-74　布置电气元件

19 调用TR【修剪】命令，修剪图形，如图 13-75所示。

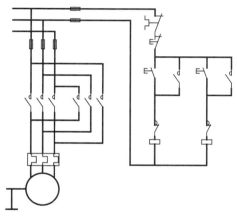

图13-75　修剪图形

20 将【线路】图层置为当前。调用C【圆】命令，结合【临时点捕捉】和【对象捕捉】功能，绘制圆，调用CO【复制】命令，将新绘制的圆进行复制操作，如图 13-76所示。

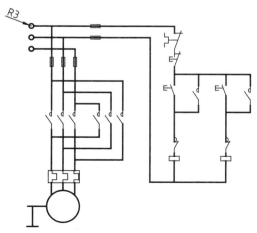

图13-76　绘制图形

21 将【文字】图层置为当前。调用MT【多行文字】命令，修改【文字高度】为10，添加文字说明，得到最终效果，如图 13-37所示。

13.3 绘制智能彩灯控制图

智能彩灯控制图是一种基于单片机的智能彩灯的控制系统。系统由AT89C51、LED发光二极管及按键组成，可以实现彩灯的不同类型显示切换。其硬件电路主要有主控制器，LED显示电路，复位电路，晶振电路。系统程序的设计包括主程序的设计，中断服务程序等等。以AT-89C51单片机作为主控核心，与按键、显示器等较少的辅助硬件电路相结合，利用软件实现对LED彩灯进行控制。本系统具有体积小、硬件少、电路结构简单及容易操作等优点。本实例讲解智能彩灯控制图的绘制方法，如图 13-77所示。

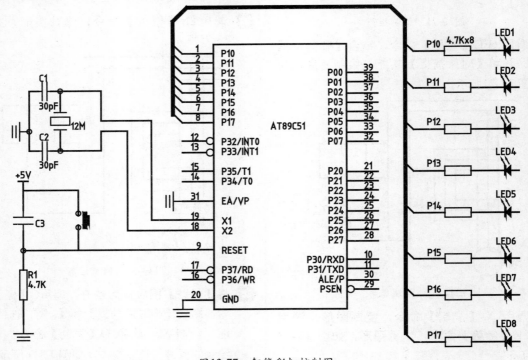

图13-77 智能彩灯控制图

▌13.3.1 绘制元件符号

元件符号是控制图中的基本部分，一般的控制图都是通过元件符号和线路组成的。下面将介绍本实例中各个元件符号的绘制方法。

01 新建文件。调用LA【图层】命令，打开【图层特性管理器】按钮，依次新建【标注】、【电气元件】、【框图】、【文字】和【线路】图层。

02 绘制接地元件。将【电气元件】图层置为当前。调用L【直线】命令，结合【对象捕捉】功能，绘制直线，如图 13-78所示。

03 调用O【偏移】命令，将最上方的水平直线进行偏移操作，如图 13-79所示。

04 调用O【偏移】命令，将最左侧的垂直直线进行偏移操作，如图 13-80所示。

05 调用TR【修剪】命令，修剪图形；调用E【删除】命令，删除图形，完成接地元件的绘制，如图 13-81所示。

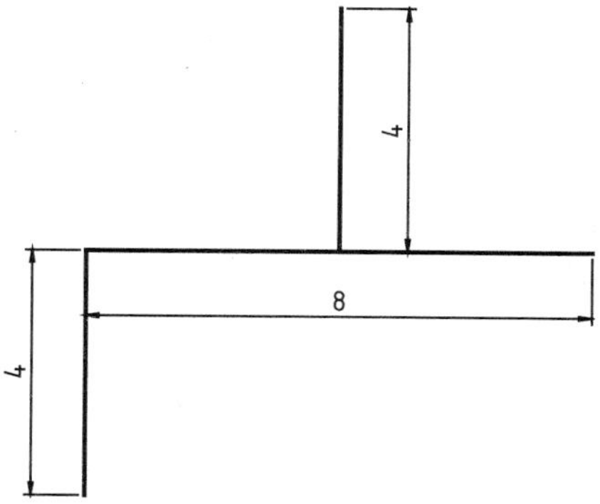

图13-78 绘制直线

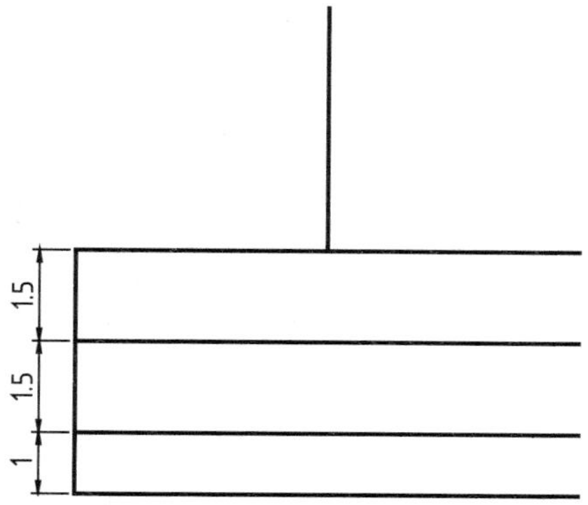

图13-79 偏移图形

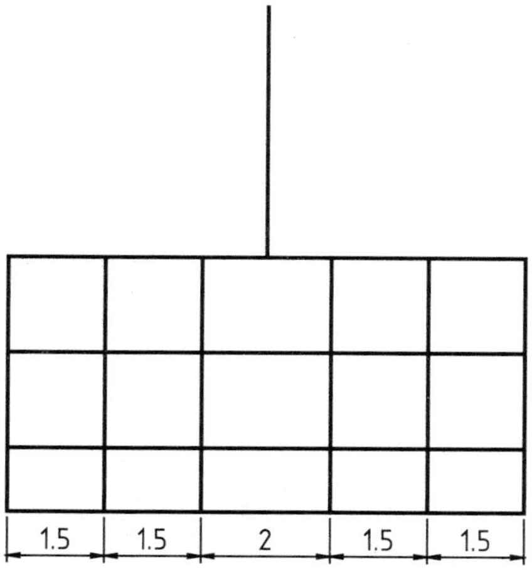

图13-80 偏移图形

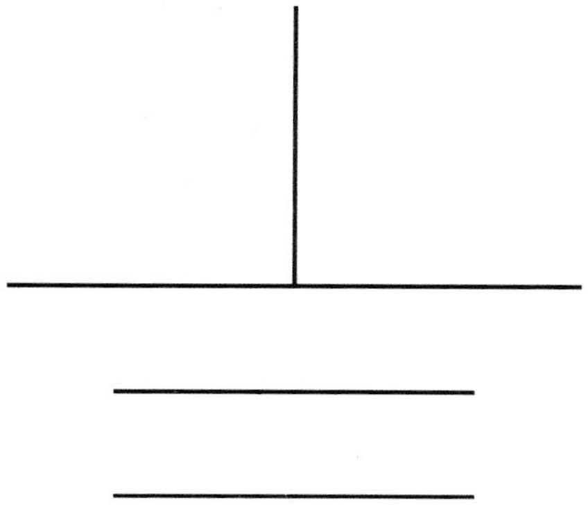

图13-81 绘制接地元件

06 绘制电容器1。调用L【直线】命令和O【偏移】命令，结合【对象捕捉】功能，绘制图形，如图13-82所示。

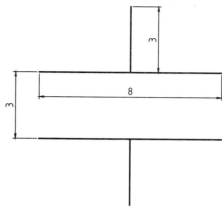

图13-82 绘制电容器1

07 绘制电容器2。调用L【直线】命令和O【偏移】命令，结合【对象捕捉】功能，绘制图形，如图13-83所示。

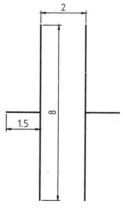

图13-83 绘制电容器2

08 绘制晶振体。调用REC【矩形】命令，绘制一个矩形，如图13-84所示。

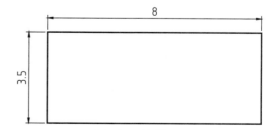

图13-84 绘制矩形

09 调用L【直线】和M【移动】命令，结合【正交】和【对象捕捉】功能，绘制直线，如图13-85所示。

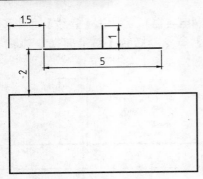

图13-85　绘制直线

10 调用MI【镜像】命令，将新绘制的图形进行镜像操作，完成晶振体的绘制，如图13-86所示。

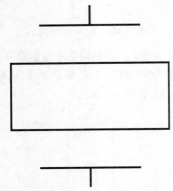

图13-86　绘制晶振体

11 调用REC【矩形】命令，结合【临时点捕捉】和【对象捕捉】功能，绘制两个矩形，如图13-87所示。

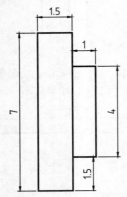

图13-87　绘制矩形

12 绘制复位开关。调用H【图案填充】命令，在新绘制的矩形内填充【SOLID】图案，如图13-88所示。

13 绘制发光二极管。调用REC【矩形】命令，绘制矩形，如图13-89所示。

图13-88　绘制复位开关　　图13-89　绘制矩形

14 调用X【分解】命令，分解新绘制的矩形；调用O【偏移】命令，偏移图形，如图13-90所示。

15 调用L【直线】命令，结合【对象捕捉】功能，绘制直线，如图13-91所示。

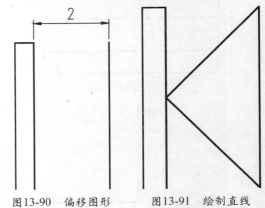

图13-90　偏移图形　　图13-91　绘制直线

16 调用H【图案填充】命令，填充【SOLID】图案，如图13-92所示。

图13-92　填充图形

17 调用PL【多段线】命令，修改【起始宽度】为0.3，【终止宽度】为0，绘制多段线；调用RO【旋转】和M【移动】命令，调整图形，如图13-93所示。

18 调用CO【复制】命令，将新绘制的多段线进行复制操作，完成发光二极管的绘制，如图 13-94所示。

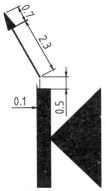

图13-93 绘制多段线

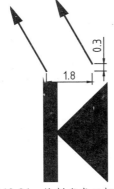

图13-94 绘制发光二极管

13.3.2 绘制电源图

智能彩灯控制图中的电源主要用于控制彩灯的开或关，主要由【矩形】命令、【直线】命令以及【修剪】命令等绘制而成。

01 将【线路】图层置为当前。调用REC【矩形】命令，绘制矩形，如图 13-95所示。

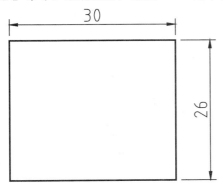

图13-95 绘制矩形

02 调用L【直线】命令，结合【正交】和【对象捕捉】功能，绘制直线，如图13-96所示。

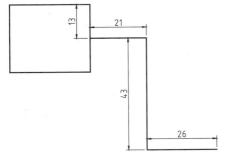

图13-96 绘制直线

03 调用O【偏移】和TR【修剪】命令，绘制直

线，如图 13-97所示。

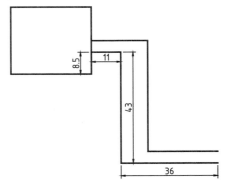

图13-97 绘制直线

04 调用X【分解】命令，分解矩形；调用O【偏移】命令，偏移图形，如图 13-98所示。

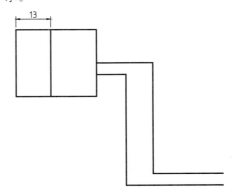

图13-98 偏移图形

05 调用M【移动】命令、CO【复制】命令和RO【旋转】命令，将接地元件、电容器2和晶振体图形布置到电源图中，如图 13-99所示。

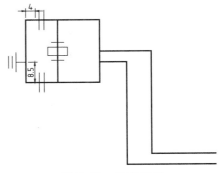

图13-99 布置图形

06 调用TR【修剪】命令，修剪图形，如图13-100所示。

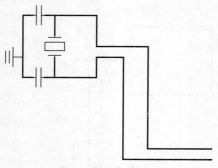

图13-100 修剪图形

07 调用L【直线】和M【移动】命令，结合【正交】和【对象捕捉】功能，绘制直线，如图13-101所示。

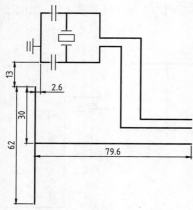

图13-101 绘制直线

08 调用L【直线】和M【移动】命令，结合【正交】和【对象捕捉】功能，绘制直线，如图13-102所示。

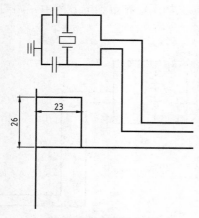

图13-102 绘制直线

09 调用L【直线】命令，结合【对象捕捉】和【夹点】功能，绘制短直线，如图13-103所示。

10 【将电气元件】图层置为当前。调用REC

【矩形】命令，结合【临时点捕捉】和【对象捕捉】功能，绘制矩形，如图13-104所示。

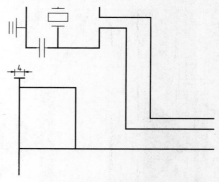

图13-103 绘制短直线

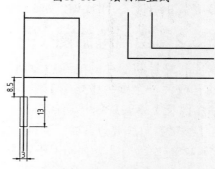

图13-104 绘制矩形

11 调用C【圆】命令，结合【对象捕捉】功能，在相应位置绘制节点；调用M【移动】命令调整图形，如图13-105所示。

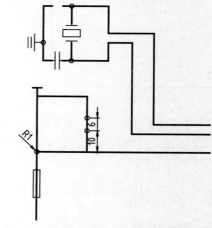

图13-105 绘制节点

12 调用M【移动】命令，将接地元件、电容器1以及复位开关图形布置到电源图中，如图13-106所示。

13 调用TR【修剪】命令，修剪图形，完成电源图的绘制，如图13-107所示。

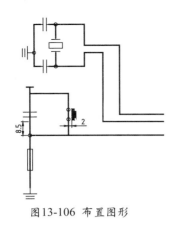

图13-106　布置图形

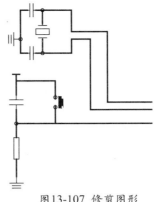

图13-107　修剪图形

13.3.3　绘制芯片图

智能彩灯控制图中的芯片主要用于控制彩灯组件，主要由【矩形】命令、【直线】命令以及【复制】命令等绘制而成。

01 将【线路】图层置为当前。调用REC【矩形】命令，绘制矩形，如图 13-108所示。

02 调用L【直线】和M【移动】命令，结合【正交】和【对象捕捉】功能，绘制直线，如图 13-109所示。

03 调用CO【复制】命令，将新绘制的直线进行复制操作，如图 13-110所示。

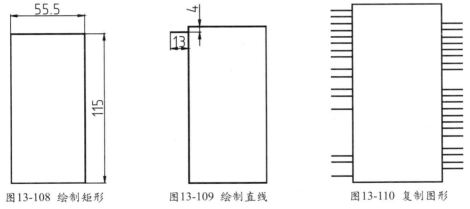

图13-108　绘制矩形　　　　　图13-109　绘制直线　　　　　图13-110　复制图形

04 调用PL【多段线】命令，修改【宽度】为1，结合【临时点捕捉】和【对象捕捉】功能，绘制图形，如图 13-111所示。

05 将【电气元件】图层置为当前。调用C【圆】命令，结合【对象捕捉】功能，绘制圆，如图 13-112所示。

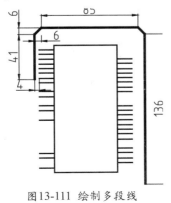

图13-111　绘制多段线

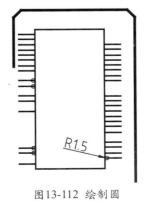

图13-112　绘制圆

06 调用TR【修剪】命令，修剪图形，如图 13-113所示。

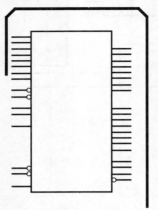

图13-113 绘制矩形

07 调用M【移动】命令、CO【复制】命令和 RO【旋转】命令，将接地元件图形布置到 图片中，如图 13-114所示。

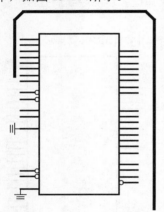

图13-114 布置图形

08 调用L【直线】命令，结合【对象捕捉】功 能，绘制直线，并将其修改至【线路】图 层，如图 13-115所示。

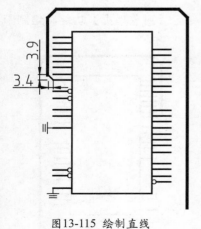

图13-115 绘制直线

09 调用CO【复制】命令，复制新绘制的直 线，如图 13-116所示。

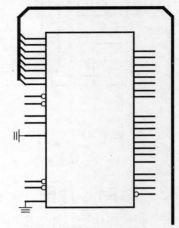

图13-116 复制图形

10 调用L【直线】命令，结合【对象捕捉】功 能，绘制直线，并将其修改至【线路】图 层，如图 13-117所示。

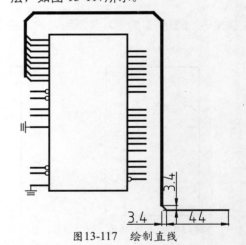

图13-117 绘制直线

11 调用REC【矩形】和M【移动】命令，结 合【对象捕捉】功能，绘制矩形，如图 13-118所示。

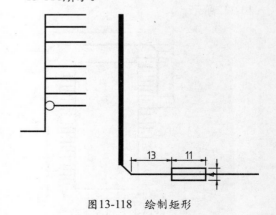

图13-118 绘制矩形

12 调用TR【修剪】命令，修剪多余的图形，如图 13-119所示。

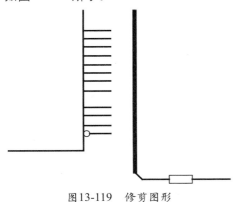

图13-119　修剪图形

13 调用M【移动】命令，将发光二极管图形布置到图形中，如图 13-120所示。

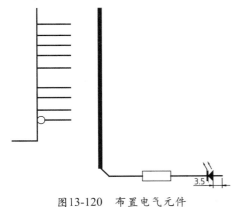

图13-120　布置电气元件

14 调用CO【复制】命令，将相应的图形进行复制操作，如图 13-121所示。

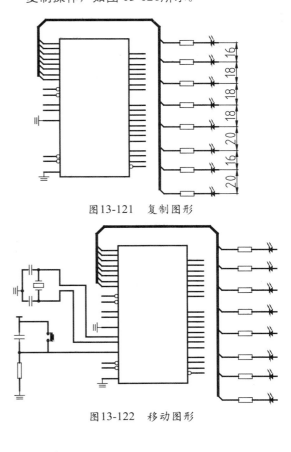

图13-121　复制图形

图13-122　移动图形

13.3.4　完善控制图

在绘制好电源图和芯片图后，需要将这两个图形组合在一起，并添加文字说明，组成一张完整的控制图。下面将介绍完善控制图的操作步骤。

01 调用M【移动】命令，将【电源图】图形移至合适的位置，如图 13-122所示。

02 将【文字】图层置为当前。调用MT【多行文字】命令，在图中的相应位置添加文字说明，得到最终效果，如图 13-77所示。

13.4　课后练习

路灯照明是确保夜间交通安全，提高道路的夜间利用率，美化城市环境的照明措施，是城市建设不可缺少的一项公共设施。本实例讲解路灯照明系统图的绘制方法，如图 13-123所示。

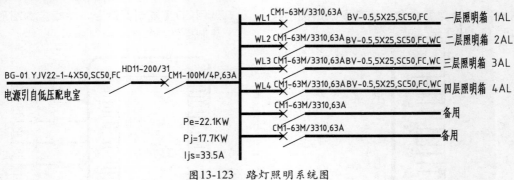

图13-123　路灯照明系统图

提示步骤如下：

01 新建文件。调用LA【图层】命令，打开【图层特性管理器】按钮，依次新建【标注】、【电气元件】、【框图】、【文字】和【线路】图层。

02 将【电气元件】图层置为当前。调用I【插入】命令，插入【开关1】和【开关2】图形，如图13-124所示。

03 调用PL【多段线】命令，修改【宽度】为10，绘制一条长度为1194的水平多段线。

04 调用PL【多段线】命令，结合【对象捕捉】和【夹点】功能，绘制多段线，如图13-125所示。

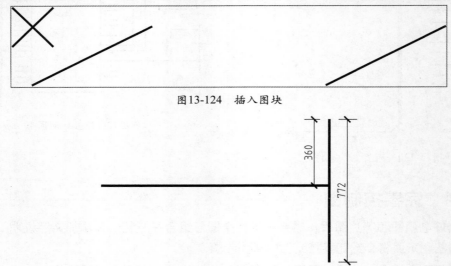

图13-124　插入图块

图13-125　绘制多段线

05 调用PL【多段线】命令，结合【临时点捕捉】和【对象捕捉】功能，绘制多段线，如图13-126所示。

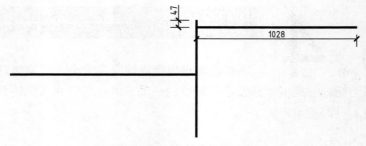

图13-126　绘制多段线

06 调用O【偏移】命令，将新绘制的多段线进行偏移操作，如图13-127所示。

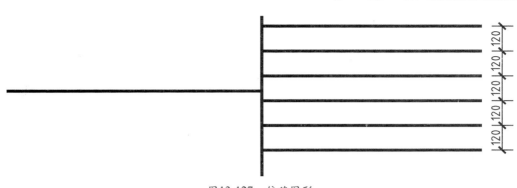

图13-127 偏移图形

07 调用M【移动】命令和CO【复制】命令，将插入的图块布置到图形中，效果如图 13-128所示。

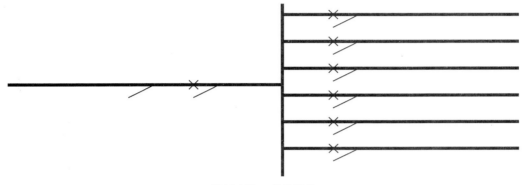

图13-128 布置图块

08 调用BR【打断】命令，打断图形，如图 13-129所示。

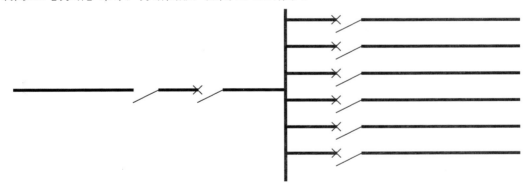

图13-129 打断图形

09 将【文字】图层置为当前。调用MT【多行文字】命令，在图中的相应位置添加文字说明，得到
最终效果，如图 13-123所示。

第14课
通信工程图设计

电话通信的目的是实现某一地区任意两个用户之间的信息交换。电话通信网的任务是完成信号的发送、接收、传输和交换。电话通信工程主要包括固定电话通信工程和移动电话通信工程。通信工程图的特点是类似形状的模块重复率高，元件种类较少但重复使用多连线较为复杂，因此绘制通信工程图应该特别注意元件的合理布置和连线的布置次序。本章将对一些常见的通信工程图进行设计，讲述通信工程图的绘制方法。

【本课知识】：
1. 掌握网络布线系统图的绘制方法。
2. 掌握有线电视系统图的绘制方法。
3. 掌握视频监控系统图的绘制方法。
4. 掌握高层住宅对讲系统图的绘制方法。

14.1 绘制网络布线系统图

网络布线采用星形结构，能支持现在及今后的网络应用10Mb以太网、100Mb快速以太网、1000Mb千兆位以太网等。本实例讲解网络布线系统图的绘制方法，如图14-1所示。

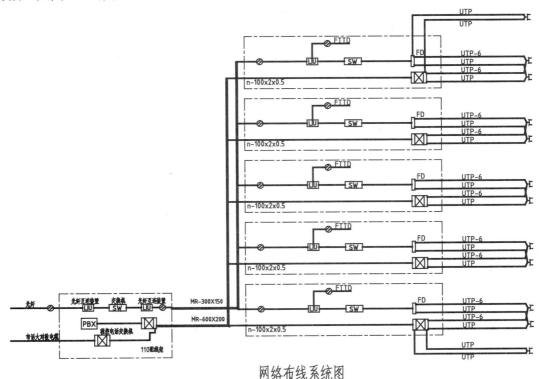

网络布线系统图

图14-1 网络布线系统图

14.1.1 绘制电气元件

网络布线系统图中的电气元件包含有网络插座、交换机以及光纤互联装置等。下面将这些电气元件的绘制方法进行讲解。

01 新建文件。调用LA【图层】命令，打开【图层特性管理器】对话框，依次新建【标注】、【电气元件】、【框图】、【文字】和【线路】图层。

02 插座的绘制。将【电气元件】图层置为当前。调用REC【矩形】命令，修改【宽度】为9，绘制一个矩形，如图14-2所示。

03 调用TR【修剪】命令，修剪多余的图形，如图14-3所示。

04 调用PL【多段线】命令，修改【宽度】为9，结合【中点捕捉】功能，绘制多段线，插座绘制完成，如图14-4所示。

05 绘制110配线架。调用REC【矩形】命令，修改【宽度】为0，绘制矩形，如图14-5所示。

06 调用CO【复制】命令，将新绘制的矩形进行复制操作，如图14-6所示。

07 调用L【直线】命令，结合【对象捕捉】功能，绘制110配线架，如图14-7所示。

08 绘制光纤。调用C【圆】命令，绘制一个半径为144的圆，如图14-8所示。

09 调用L【直线】和RO【旋转】命令，结合【对象捕捉】功能，绘制直线，如图14-9所示。

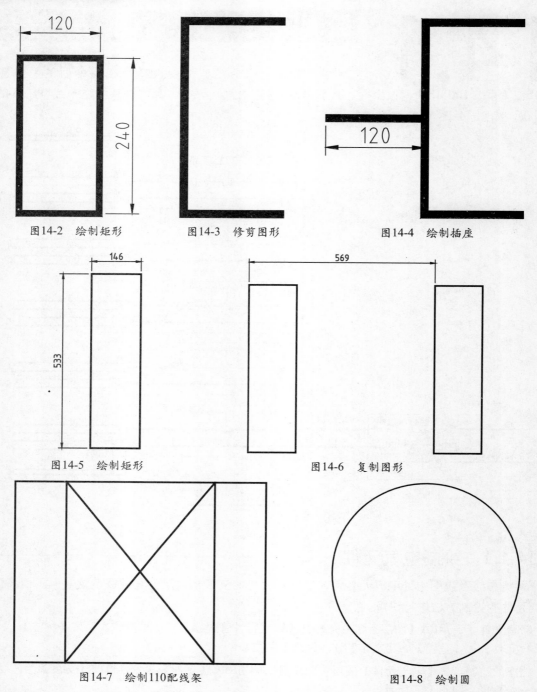

图14-2 绘制矩形　　　　图14-3 修剪图形　　　　图14-4 绘制插座

图14-5 绘制矩形　　　　　　　　图14-6 复制图形

图14-7 绘制110配线架　　　　　　图14-8 绘制圆

10 调用L【直线】和RO【旋转】命令，结合【对象捕捉】功能，绘制直线，如图 14-10所示。

11 调用MI【镜像】命令，将新绘制的直线进行镜像操作，如图 14-11所示。

12 调用CO【复制】命令，将新绘制的相应图形进行复制操作，完成光纤绘制，如图 14-12所示。

13 绘制程控电话交换机。调用REC【矩形】命令，绘制一个矩形，如图 14-13所示。

14 调用MT【多行文字】命令，修改【文字高度】为300，创建多行文字，完成程控电话交换机，如图 14-14所示。

15 绘制光纤互联装置。调用REC【矩形】命令，绘制一个矩形；调用MT【多行文字】命令，修改【文字高度】为250，创建多行文字，如图 14-15所示。

16 绘制交换机。调用REC【矩形】命令，绘制一个矩形；调用MT【多行文字】命令，修改【文字高度】为280，创建多行文字，如图14-16所示。

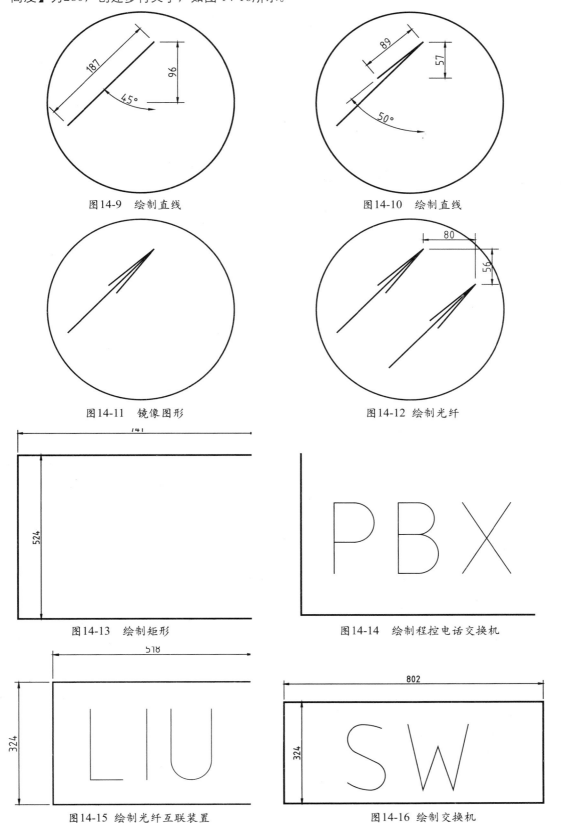

图14-9 绘制直线

图14-10 绘制直线

图14-11 镜像图形

图14-12 绘制光纤

图14-13 绘制矩形

图14-14 绘制程控电话交换机

图14-15 绘制光纤互联装置

图14-16 绘制交换机

14.1.2 绘制布线系统图

布线系统图主要通过【直线】命令、【复制】命令、【偏移】命令、【矩形】命令以及【多段线】命令绘制而成，下面将介绍其绘制步骤。

01 将【线路】图层置为当前。调用L【直线】命令，绘制直线，如图14-17所示。

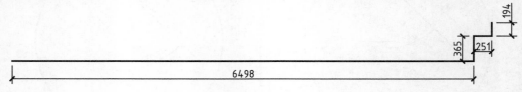

图14-17 绘制直线

02 调用L【直线】命令，结合【临时点捕捉】和【对象捕捉】功能，绘制直线，如图14-18所示。

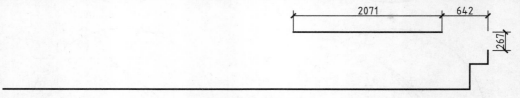

图14-18 绘制直线

03 调用L【直线】命令，结合【临时点捕捉】和【对象捕捉】功能，绘制直线，如图14-19所示。

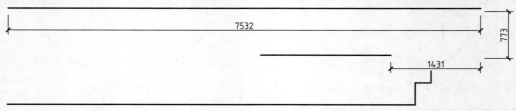

图14-19 绘制直线

04 将【框图】图层置为当前。调用REC【矩形】命令，结合【临时点捕捉】和【对象捕捉】功能，绘制矩形，如图14-20所示。

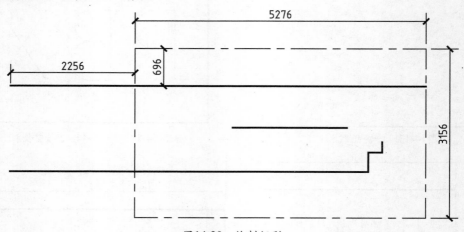

图14-20 绘制矩形

05 调用M【移动】命令以及CO【复制】命令，将相应的电气元件布置到图形中，如图14-21所示。

06 调用TR【修剪】命令，修剪多余的图形，如图14-22所示。

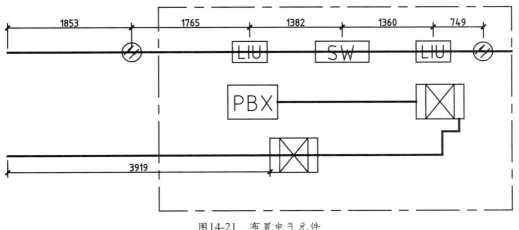

图14-21　布置电气元件

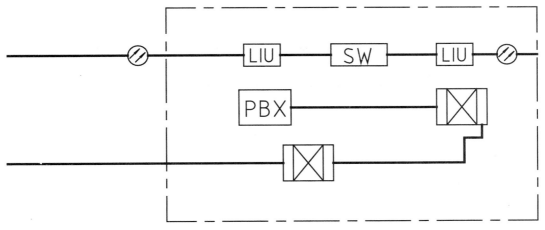

图14-22　修剪图形

07 将【线路】图层置为当前。调用PL【多段线】命令，修改【宽度】为45，结合【临时点捕捉】和【对象捕捉】功能，绘制多段线，如图 14-23所示。

08 调用PL【多段线】命令，修改【宽度】为45，结合【临时点捕捉】和【对象捕捉】功能，绘制多段线，图形效果如图 14-24所示。

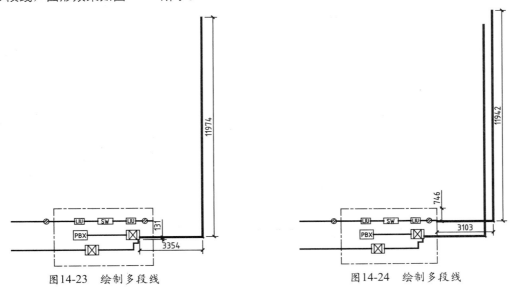

图14-23　绘制多段线　　　　　　　　图14-24　绘制多段线

09 调用L【直线】命令，结合【对象捕捉】功能，绘制直线，如图14-25所示。

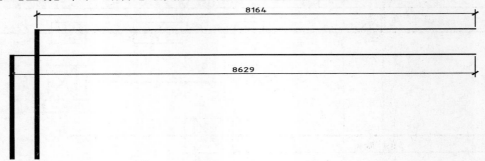

图14-25 绘制直线

10 调用L【直线】和M【移动】命令，结合【正交】和【对象捕捉】功能绘制直线，如图14-26所示。

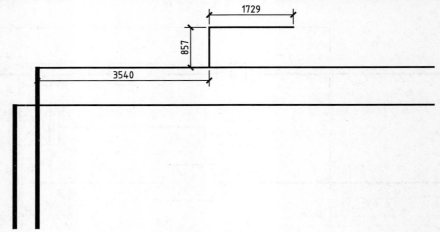

图14-26 绘制直线

11 调用M【移动】命令以及CO【复制】命令，将相应的电气元件布置到图形中；调用TR【修剪】命令，修剪相应的图形，如图 14-27所示。

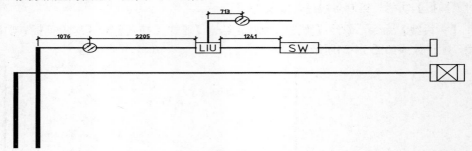

图14-27 布置电气元件

12 调用L【直线】命令，结合【中点捕捉】功能，绘制直线，如图 14-28所示。

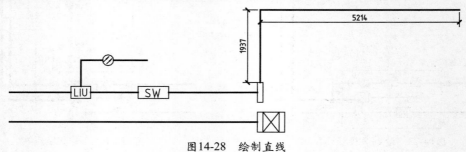

图14-28 绘制直线

13 调用L【直线】命令，结合【中点捕捉】功能，绘制直线，如图14-29所示。

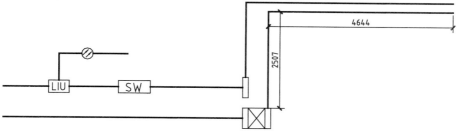

图14-29　绘制直线

14 调用L【直线】命令，结合【临时点捕捉】和【对象捕捉】功能，绘制直线，如图 14-30所示。

15 调用O【偏移】命令，将新绘制的直线进行偏移操作，如图 14-31所示。

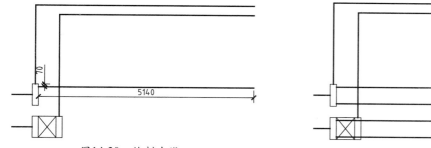

图14-30　绘制直线　　　　　　　　　图14-31　偏移图形

16 调用TR【修剪】命令，修剪多余的图形，如图 14-32所示。

17 调用PL【多段线】命令，结合【对象捕捉】功能，绘制多段线，如图 14-33所示。

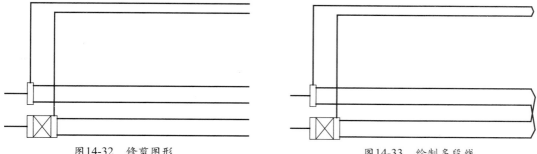

图14-32　修剪图形　　　　　　　　　图14-33　绘制多段线

18 将【框图】图层置为当前。调用REC【矩形】命令，结合【临时点捕捉】和【对象捕捉】功能，绘制矩形，如图 14-34所示。

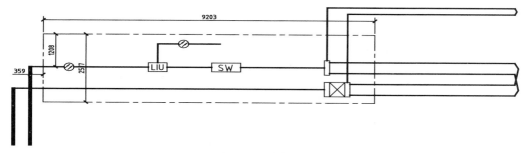

图14-34　绘制矩形

19 调用M【移动】命令和CO【复制】命令，将插座图形布置到图形中，如图 14-35所示。

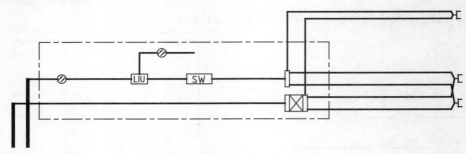

图14-35　布置电气元件图形

20 将【文字】图层置为当前。调用MT【多行文字】命令，在系统图中标注多行文字，如图 14-36 所示。

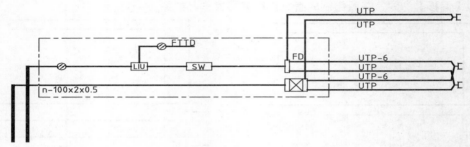

图14-36　标注多行文字

21 调用CO【复制】命令，选择合适的图形，将其进行复制操作，如图 14-37所示。

22 调用MI【镜像】命令，选择合适的图形进行镜像操作；调用M【移动】命令，将镜像后的图形 移动到合适的位置，如图 14-38所示。

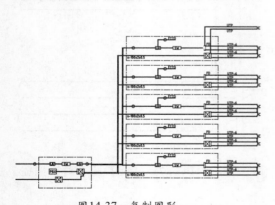

图14-37　复制图形

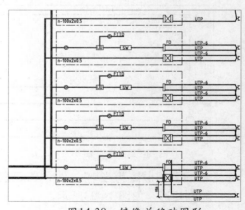

图14-38　镜像并移动图形

23 将【线路】图层置为当前。调用L【直线】命令，结合【对象捕捉】功能，连接直线；调用TR 【修剪】命令，修剪多余的图形，如图 14-39所示。

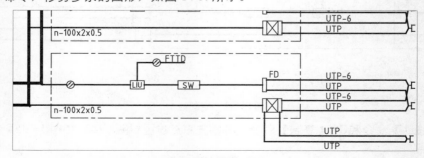

图14-39　修剪图形

24 将【文字】图层置为当前。调用MT【多行文字】命令，在图形中的对应位置标注文字说明；调用PL【多段线】命令，修改【宽度】为60，绘制多段线；调用L【直线】命令，绘制直线，得到最终效果，如图14-1所示。

14.2 绘制有线电视系统图

有线电视起源于共用天线电视系统MATV，共用天线系统是多个用户共用一组优质天线，以有线方式将电视信号分送到各个用户的电视系统。

有线电视系统主要由信号源、前端、干线传输和用户分配网络组成。信号源接收部分的主要任务是向前端提供系统欲传输的各种信号。它一般包括开路电视接收信号、调频广播、地面卫星、微波以及有线电视台自办节目等信号。

★ 系统的前端部分的主要任务是将信号源送来的各种信号进行滤波、变频、放大、调制、混合等，使其适用于在干线传输系统中进行传输。

★ 系统的干线传输部分主要任务是将系统前端部分所提供的高频电视信号通过传输媒体不失真地传输给分配系统。其传输方式主要有光纤、微波和同轴电缆三种。

★ 用户分配系统的任务是把从前端传来的信号分配给千家万户，它是由支线放大器、分配器、分支器、用户终端以及它们之间的分支线、用户线组成。

本实例讲解有线电视系统图的绘制方法，如图14-40所示。

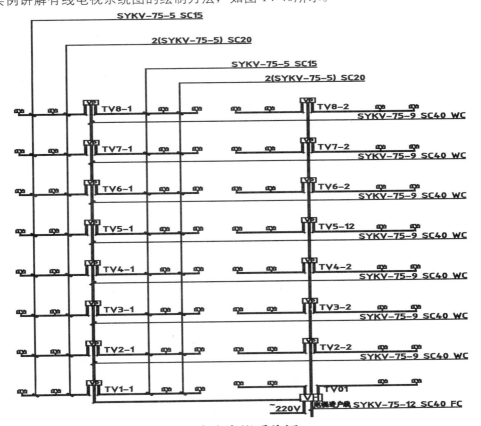

有线电视系统图

图14-40 有线电视系统图

14.2.1 绘制电气元件

有线电视系统图中的电气元件符号包含有电视插座、前端箱以及分支分配器箱,下面将对这些电气元件符号的绘制方法进行讲解。

01 新建文件。调用LA【图层】命令,打开【图层特性管理器】对话框,依次新建【标注】、【电气元件】、【框图】、【文字】和【线路】图层。

02 绘制电视插座。将【电气元件】图层置为当前。调用REC【矩形】命令,绘制一个矩形,如图14-41所示。

03 调用TR【修剪】命令,修剪多余的图形,如图14-42所示。

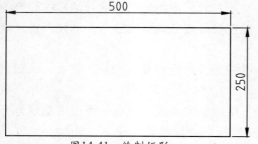

图14-41 绘制矩形

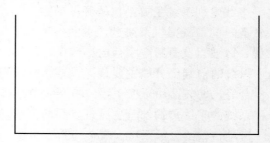

图14-42 修剪图形

04 调用L【直线】命令,结合【中点捕捉】功能,绘制直线,如图14-43所示。

05 调用MT【多行文字】命令,修改【文字高度】为250,创建多行文字,完成电视插座图形的绘制,其图形效果如图14-44所示。

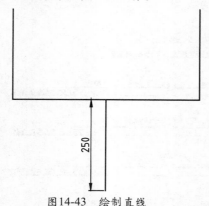

图14-43 绘制直线

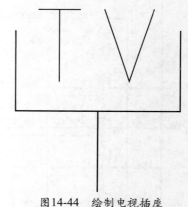

图14-44 绘制电视插座

06 绘制前端箱。调用REC【矩形】命令,绘制一个矩形;调用MT【多行文字】命令,修改【文字高度】为800,创建多行文字,如图14-45所示。

07 绘制分支分配器箱。调用REC【矩形】命令,绘制一个矩形;调用MT【多行文字】命令,修改【文字高度】为400,创建多行文字,如图14-46所示。

图14-45 绘制前端箱

图14-46 绘制分支分配器箱

14.2.2 绘制电视系统图

有线电视的系统图主要是先将线路接至分配箱中，然后通过分支分配器箱进行分流出来。

01 将【线路】图层置为当前。调用M【移动】命令，将前端箱移至合适位置；调用PL【多段线】命令，修改【宽度】为50，结合【对象捕捉】功能，绘制多段线，如图14-47所示。

02 调用PL【多段线】和M【移动】命令，结合【对象捕捉】功能，绘制多段线，如图14-48所示。

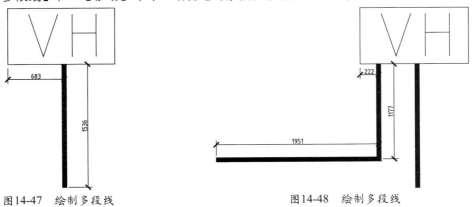

图14-47 绘制多段线   图14-48 绘制多段线

03 调用PL【多段线】命令，结合【中点捕捉】功能，绘制多段线，如图14-49所示。

04 调用PL【多段线】和M【移动】命令，结合【对象捕捉】功能，绘制多段线，如图14-50所示。

05 调用CO【复制】命令，将分支分配器箱图形复制到图形中的对应位置，如图14-51所示。

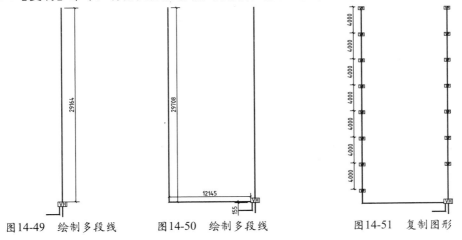

图14-49 绘制多段线   图14-50 绘制多段线   图14-51 复制图形

06 调用TR【修剪】命令，修剪多余的图形，如图14-52所示。

07 调用PL【多段线】和M【移动】命令，结合【对象捕捉】功能，绘制多段线，如图14-53所示。

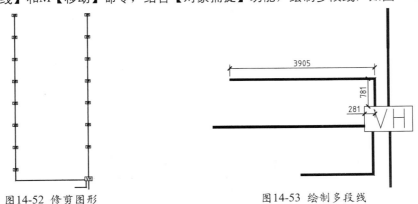

图14-52 修剪图形   图14-53 绘制多段线

08 调用PL【多段线】和M【移动】命令，结合【对象捕捉】功能，绘制多段线，如图14-54所示。

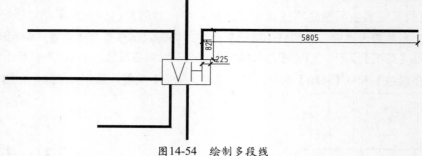

图14-54　绘制多段线

09 调用M【移动】命令和CO【复制】命令，将电视插座图形布置到图形中，如图14-55所示。

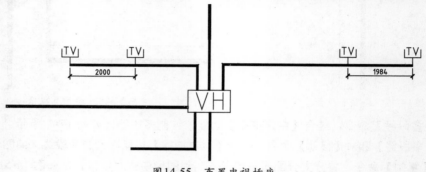

图14-55　布置电视插座

10 调用PL【多段线】和M【移动】命令，结合【对象捕捉】功能，绘制多段线，如图14-56所示。

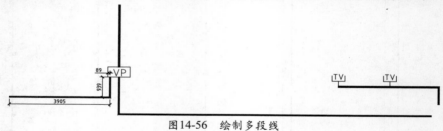

图14-56　绘制多段线

11 调用PL【多段线】和M【移动】命令，结合【对象捕捉】功能，绘制多段线，如图14-57所示。

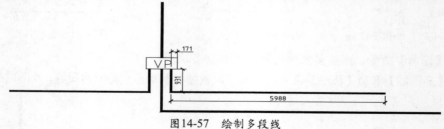

图14-57　绘制多段线

12 调用M【移动】命令和CO【复制】命令，将【电视插座】图形布置到图形中，如图14-58所示。

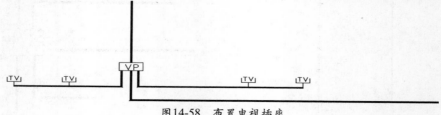

图14-58　布置电视插座

13 调用CO【复制】命令，将新绘制的相应图形进行复制操作，如图 14-59所示。

14 将【文字】图层置为当前。调用MLD【多重引线】命令，标注多重引线对象，如图 14-60所示。

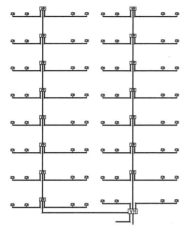

图14-59　复制图形　　　　　　　　图14-60　标注多重引线对象

15 调用MT【多行文字】命令，在图形中的对应位置标注文字说明；调用PL【多段线】命令，修改【宽度】为100，绘制多段线；调用L【直线】命令，绘制直线，得到最终效果，如图 14-40所示。

14.3　绘制视频监控系统图

视频监控系统主要由前端监视设备、传输设备、后端控制显示设备这三大部分组成，其中后端设备可进一步分为中心控制设备和分控制设备。前、后端设备有多种构成方式，它们之间的联系（也可称作传输系统）可通过电缆、光纤或微波等多种方式来实现。本实例讲解视频监控系统图的绘制方法，如图 14-61所示。

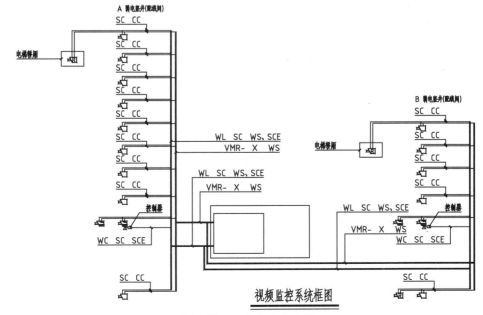

图14-61　视频监控系统图

14.3.1 绘制电气元件

　　视频监控系统图中的电气元件符号包含有云台摄影机、摄像机等图形，下面将对这些电气元件符号的绘制方法进行讲解。

01 新建文件。调用LA【图层】命令，打开【图层特性管理器】对话框，依次新建【标注】、【电气元件】、【框图】、【文字】和【线路】图层。

02 绘制摄像机。将【电气元件】图层置为当前。调用PL【多段线】命令，修改【宽度】为10，绘制多段线，如图 14-62所示。

03 调用PL【多段线】和M【移动】命令，结合【对象捕捉】功能，绘制多段线，完成摄像机图形的绘制，如图 14-63所示。

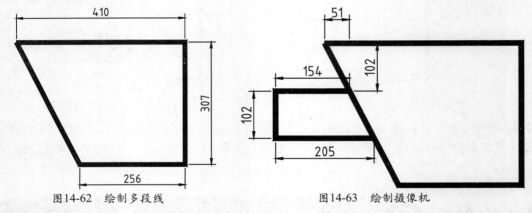

图14-62　绘制多段线　　　　　　　　　图14-63　绘制摄像机

04 调用CO【复制】命令，将新绘制的摄像机进行两次复制操作；并将复制后的图形修改为全球摄像机如图 14-64所示，以及彩色摄像机图形如图 14-65所示。

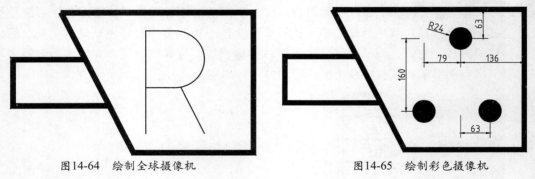

图14-64　绘制全球摄像机　　　　　　　图14-65　绘制彩色摄像机

05 绘制云台。调用REC【矩形】命令，绘制矩形，如图 14-66所示。

06 调用L【直线】命令，绘制直线；调用O【偏移】命令，将新绘制的直线进行偏移操作，如图 14-67所示。

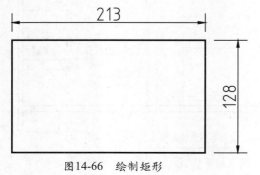

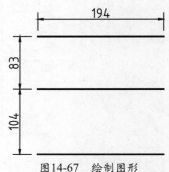

图14-66　绘制矩形　　　　　　　　　　图14-67　绘制图形

07 调用L【直线】命令，结合【临时点捕捉】和【对象捕捉】功能，绘制直线，如图 14-68所示。

08 调用F【圆角】命令，修改【圆角半径】为0，圆角图形；调用TR【修剪】命令，修剪图形，完成云台图形绘制，效果如图 14-69所示。

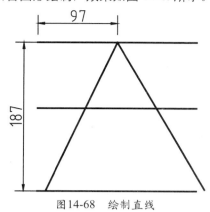

图14-68 绘制直线

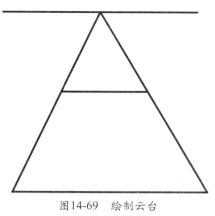

图14-69 绘制云台

14.3.2 绘制监控系统图

监控系统图主要通过【直线】命令、【复制】命令、【偏移】命令、【矩形】命令以及【多线段】命令绘制而成，下面将介绍其绘制步骤。

01 将【线路】图层置为当前。调用L【直线】、O【偏移】和TR【修剪】命令，结合【对象捕捉】功能，绘制直线，效果如图 14-70所示。

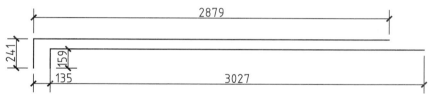

图14-70 绘制直线

02 调用PL【多段线】命令，修改【宽度】为50，结合【对象捕捉】功能，绘制多段线，如图 14-71所示。

03 调用PL【多段线】和M【移动】命令，结合【对象捕捉】功能，绘制多段线，如图 14-72所示。

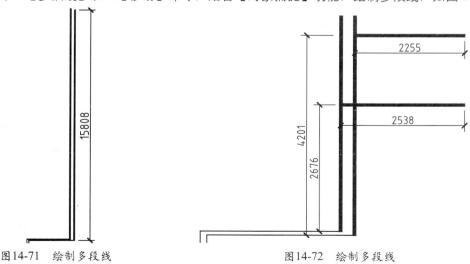

图14-71 绘制多段线　　　　　　图14-72 绘制多段线

04 调用PL【多段线】和M【移动】命令，结合【对象捕捉】功能，绘制多段线，如图 14-73

所示。

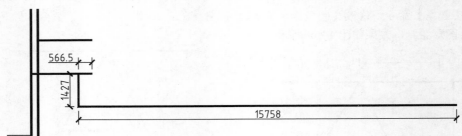

图14-73　绘制多段线

05 调用PL【多段线】和M【移动】命令，结合【正交】和【对象捕捉】功能，绘制多段线，如图14-74所示。

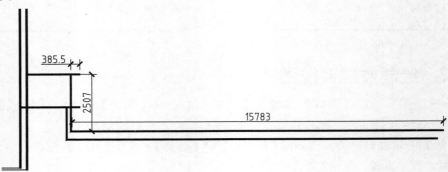

图14-74　绘制多段线

06 调用PL【多段线】和M【移动】命令，结合【正交】和【对象捕捉】功能，绘制多段线，如图14-75所示。

07 调用L【直线】命令，结合【对象捕捉】功能，绘制直线，如图 14-76所示。

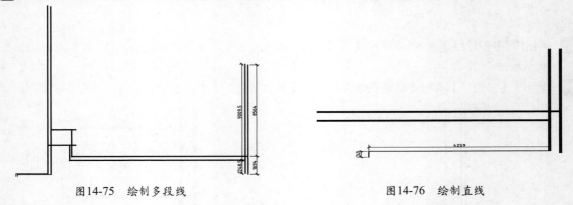

图14-75　绘制多段线　　　　　　　　　　图14-76　绘制直线

08 调用O【偏移】命令，将新绘制的直线进行偏移操作，如图14-77所示。

图14-77　偏移直线

09 调用EX【延伸】命令，延伸相应的图形；调用TR【修剪】命令，修剪图形，如图14-78所示。

图14-78 修剪图形

10 调用CO【复制】命令，将修剪后的图形进行复制操作，如图14-79所示。

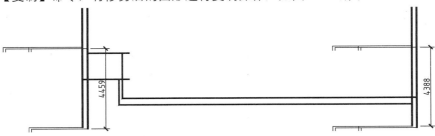

图14-79 复制图形

11 调用L【直线】和M【移动】命令，结合【正交】和【对象捕捉】功能，绘制直线，如图14-80所示。

图14-80 绘制直线

12 调用L【直线】命令，结合【对象捕捉】功能，绘制直线，如图14-81所示。

13 调用O【偏移】命令，将新绘制的直线进行偏移操作，如图14-82所示。

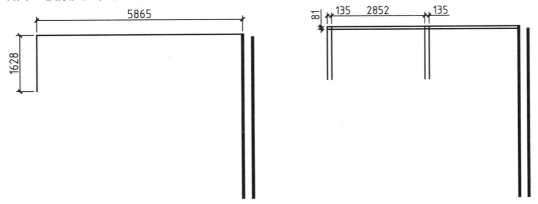

图14-81 绘制直线　　　　　　　图14-82 偏移直线

14 调用EX【延伸】命令，延伸相应的图形；调用TR【修剪】命令，修剪图形，如图14-83所示。

15 调用REC【矩形】和M【移动】命令，结合【对象捕捉】功能，绘制矩形，如图14-84所示。

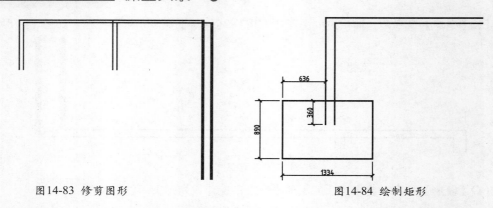

图14-83 修剪图形   图14-84 绘制矩形

16 调用CO【复制】命令和M【移动】命令，将相应的电气元件图形布置到图形中，如图14-85所示。

17 调用TR【修剪】命令，修剪图形，如图14-86所示。

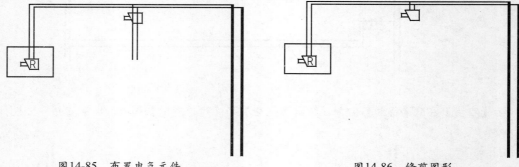

图14-85 布置电气元件   图14-86 修剪图形

18 调用CO【复制】命令，将相应的图形进行复制操作，如图14-87所示。

图14-87 复制图形

19 调用L【直线】命令，结合【临时点捕捉】和【对象捕捉】功能，绘制直线，如图14-88所示。

20 调用CO【复制】命令和M【移动】命令，将【电气元件】图形布置到图形中，如图14-89所示。

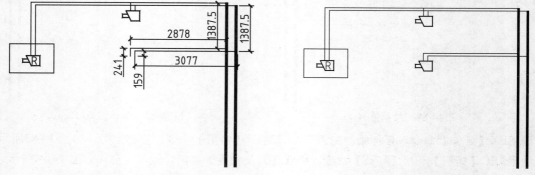

图14-88 绘制直线   图14-89 布置电气元件

21 调用CO【复制】命令，将相应的图形进行复制操作，如图 14-90所示。

22 调用REC【矩形】命令，结合【临时点捕捉】和【对象捕捉】功能，绘制矩形，如图14-91所示。

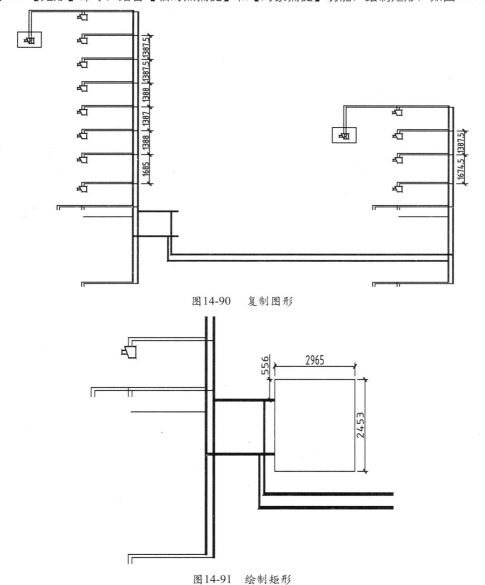

图14-90　复制图形

图14-91　绘制矩形

23 调用REC【矩形】和M【移动】命令，结合【对象捕捉】功能，绘制矩形，如图 14-92所示。

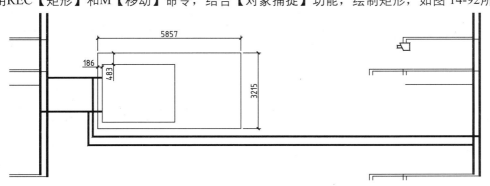

图14-92　绘制矩形

24 调用CO【复制】命令和M【移动】命令，将【电气元件】图形布置到图形中；调用TR【修剪】命令，修剪多余的图形，如图14-93所示。

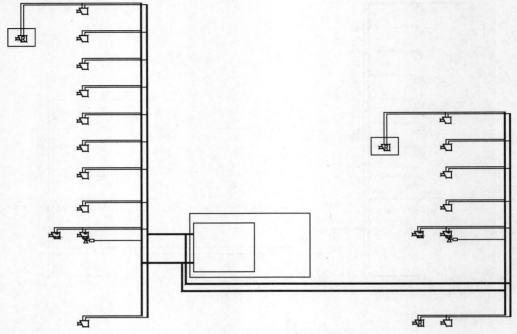

图14-93 布置元件效果

25 将【文字】图层置为当前。调用MLD【多重引线】命令，标注多重引线对象，如图14-94所示。

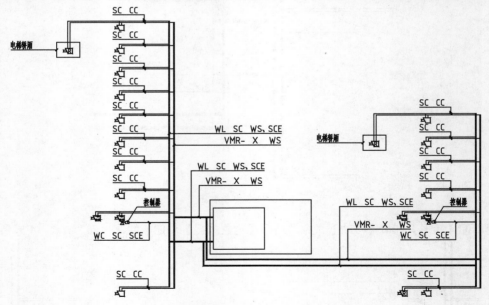

图14-94 标注多重引线

26 调用MT【多行文字】命令，在图形中的对应位置标注文字说明；调用PL【多段线】命令，修改【宽度】为70，绘制多段线；调用L【直线】命令，绘制直线，得到最终效果，如图14-61所示。

14.4

防盗门对讲系统多为直接式对讲系统，由主机、分机、电控锁、电源盒和连接系统构成，主机安装在防盗门上，内部设有对讲系统控制电路，面板上设有呼叫用户的案件。客人先按防盗门主机上的呼叫按键，被呼叫住户的分机响起振铃，住户摘机后通过对讲系统与客人对话，然后按下开锁键，将防盗门的电控锁打开。本实例讲解防盗门对讲系统图的绘制方法，如图 14-95所示。

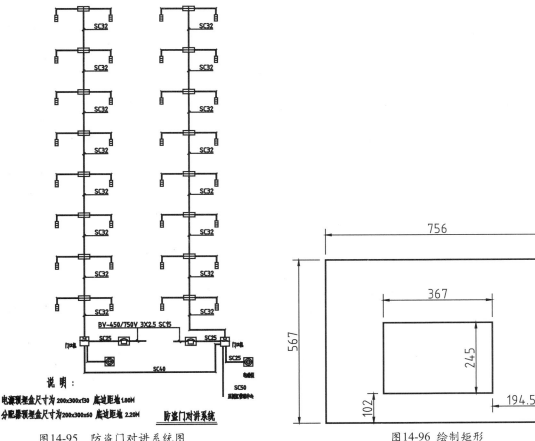

图14-95 防盗门对讲系统图

图14-96 绘制矩形

提示步骤如下：

01 新建文件。调用LA【图层】命令，打开【图层特性管理器】对话框，依次新建【标注】、【电气元件】、【框图】、【文字】和【线路】图层。

02 绘制电话机。将【电气元件】图层置为当前。调用REC【矩形】命令，结合【临时点捕捉】和【对象捕捉】功能，绘制矩形，如图 14-96所示。

03 调用L【直线】命令，结合【临时点捕捉】和【对象捕捉】功能，绘制直线，如图 14-97所示。

04 调用A【圆弧】命令，结合【对象捕捉】功能，绘制圆弧，完成电话机图形的绘制，如图 14-98所示。

05 绘制门口机。调用REC【矩形】命令，结合【临时点捕捉】和【对象捕捉】功能，绘制矩形，如图 14-99所示。

06 调用C【圆】命令、H【图案填充】命令以及MI【镜像】命令，完成门口机图形的绘制，如图 14-100所示。

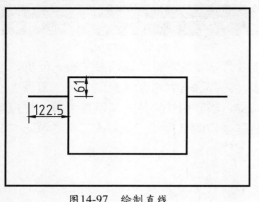

图14-97　绘制直线

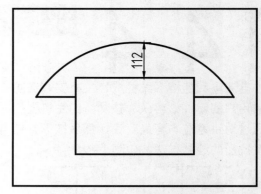

图14-98　绘制电话机

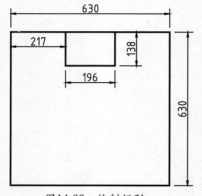

图14-99　绘制矩形

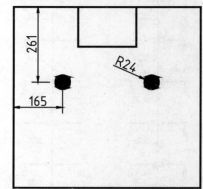

图14-100　绘制门口机

07 绘制电磁锁。调用REC【矩形】命令，绘制矩形，如图 14-101所示。

08 调用C【圆】命令、L【直线】命令，完成电磁锁图形的绘制，如图 14-102所示。

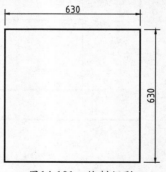

图14-101　绘制矩形

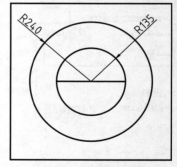

图14-102　绘制电磁锁

09 绘制配线箱。调用REC【矩形】命令和L【直线】命令，绘制图形，如图 14-103所示。

10 绘制对讲用户分机。调用REC【矩形】命令和O【偏移】命令，绘制图形，如图 14-104所示。

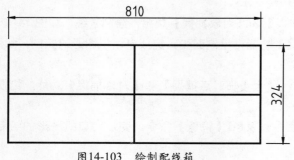

图14-103　绘制配线箱

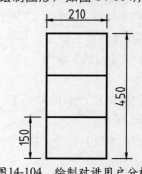

图14-104　绘制对讲用户分机

11 将【线路】图层置为当前。调用PL【多段线】命令，修改【宽度】为40，绘制多段线，如图14-105所示。

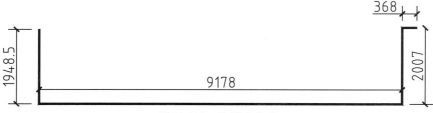

图14-105　绘制多段线

12 调用PL【多段线】和M【移动】命令，结合【正交】和【对象捕捉】功能，绘制多段线，如图14-106所示。

图14-106　绘制多段线

13 调用PL【多段线】和M【移动】命令，结合【正交】和【对象捕捉】功能，绘制多段线，如图14-107所示。

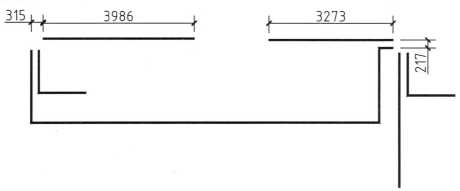

图14-107　绘制多段线

14 调用CO【复制】命令和M【移动】命令，将【电气元件】图形布置到图形中；调用TR【修剪】命令，修剪多余的图形，如图14-108所示。

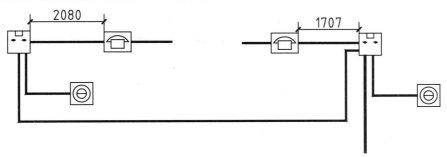

图14-108　布置电气元件

15 调用PL【多段线】和M【移动】命令，结合【正交】和【对象捕捉】功能，绘制多段线，如图14-109所示。

16 调用PL【多段线】和M【移动】命令，结合【正交】和【对象捕捉】功能，绘制多段线，如图14-110所示。

17 调用CO【复制】命令和M【移动】命令，将【电气元件】图形布置到图形中；调用TR【修剪】命令，修剪多余的图形，如图14-111所示。

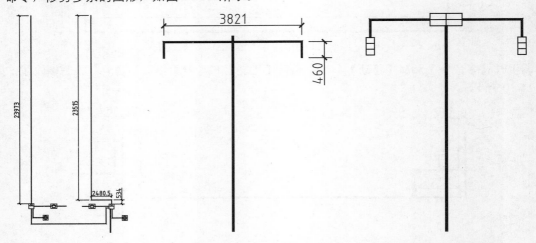

图14-109 绘制多段线　　　　图14-110 绘制多段线　　　　图14-111 布置电气元件

18 调用CO【复制】命令，将相应的图形进行复制操作；调用TR【修剪】命令，修剪多余的图形，如图14-112所示。

19 将【文字】图层置为当前。调用MLD【多重引线】命令，标注多重引线对象，如图14-113所示。

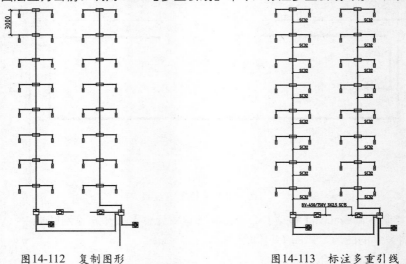

图14-112 复制图形　　　　　　图14-113 标注多重引线

20 调用MT【多行文字】命令，在图形中的对应位置标注文字说明；调用PL【多段线】命令，修改【宽度】为40，绘制多段线；调用L【直线】命令，绘制直线，得到最终效果，如图14-95所示。

第15课
机械电气图设计

随着数控系统的发展，机械电气也成为电气工程的一个重要组成部分。机械电气是指应用在机床上的电气系统，因此也可以称为机床电气，主要包括应用在车床、磨床、钻床、铣床以及镗床上的电气图，包括机床的电气控制系统、伺服驱动系统和计算机控制系统等。本章将通过列举一些常用的实例，如电动机、混砂机、刨床以及小型液压机等，对机械电气图的设计方法进行讲解。

【本课知识】：
1. 掌握电动机原理图的绘制方法。
2. 掌握混砂机原理图的绘制方法。
3. 掌握小型液压机液压系统原理图
   的绘制方法。
4. 掌握B2020龙门刨床原理图的绘
   制方法。

15.1 绘制电动机原理图

电动机是把电能转换成机械能的一种设备。它是利用通电线圈（也就是定子绕组）产生旋转磁场并作用于转子鼠笼式闭合铝框形成磁电动力旋转扭矩。电动机主要由定子与转子组成，通电导线在磁场中受力运动的方向跟电流方向和磁感线(磁场方向)方向有关，其工作原理是磁场对电流受力的作用，使电动机转动。

本实例讲解电动机原理图的绘制方法，如图 15-1所示。

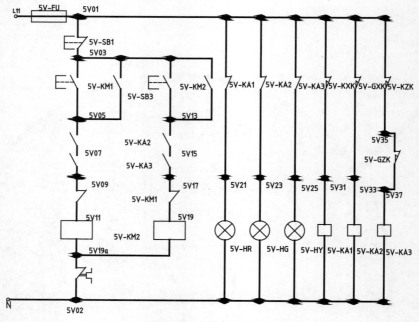

图15-1　电动机原理图

15.1.1　绘制电路原理图

电路原理图主要通过线路、开关元件、电阻器元件等构成，下面将介绍其绘制方法。

01 新建文件。调用LA【图层】命令，打开【图层特性管理器】对话框，依次新建【标注】、【电气元件】、【框图】、【文字】和【线路】图层。

02 将【线路】图层置为当前。调用L【直线】和M【移动】命令，结合【正交】和【对象捕捉】功能，绘制两条直线，如图 15-2所示。

03 调用L【直线】和M【移动】命令，结合【对象捕捉】功能，绘制直线，如图 15-3所示。

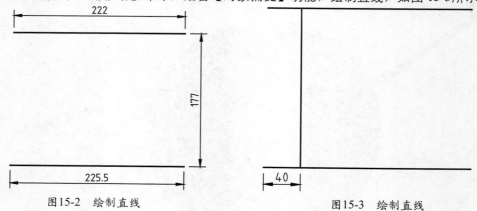

图15-2　绘制直线

图15-3　绘制直线

04 将【电气元件】图层置为当前。调用L【直线】命令、M【移动】命令和RO【旋转】命令，结合【对象捕捉】功能，绘制直线，如图15-4所示。

05 调用L【直线】命令，结合【对象捕捉】功能，绘制直线；调用O【偏移】命令，将新绘制的直线进行偏移操作，如图15-5所示。

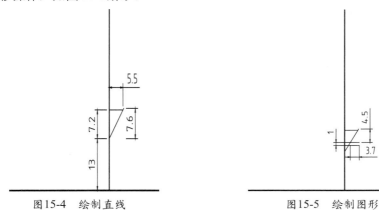

图15-4 绘制直线　　　　　　　图15-5 绘制图形

06 调用EX【延伸】命令，延伸图形。

07 调用PL【多段线】和M【移动】命令，结合【对象捕捉】功能，绘制多段线，如图15-6所示。

08 调用REC【矩形】和M【移动】命令，结合【对象捕捉】功能，绘制矩形，如图15-7所示。

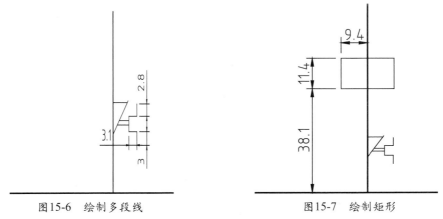

图15-6 绘制多段线　　　　　　图15-7 绘制矩形

09 调用CO【复制】命令，选择合适的图形将其进行复制操作，如图15-8所示。

10 调用L【直线】和M【移动】命令，结合【对象捕捉】功能，绘制直线，如图15-9所示。

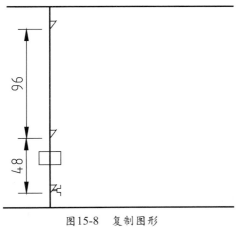
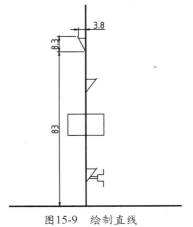

图15-8 复制图形　　　　　　　图15-9 绘制直线

11 调用CO【复制】命令，将新绘制的图形进行复制操作，如图 15-10所示。

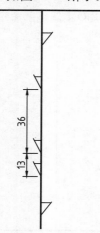

图15-10 复制图形

12 调用TR【修剪】命令，修剪图形；调用E【删除】命令，删除多余的图形，如图15-11所示。

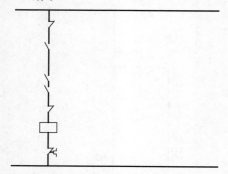

图15-11 修剪图形

13 调用L【直线】命令，结合【对象捕捉】功能，绘制直线，并将新绘制直线的线型修改为【DASHED】，如图15-12所示。

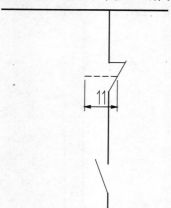

图15-12 绘制直线

14 调用REC【矩形】和M【移动】命令，结合

【对象捕捉】功能，绘制矩形，如图 15-13所示。

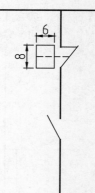

图15-13 绘制矩形

15 调用TR【修剪】命令，修剪多余的图形；调用CO【复制】命令，选择的合适图形，将其进行复制操作，效果如图 15-14所示。

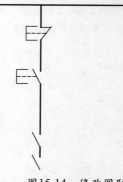

图15-14 修改图形

16 调用CO【复制】命令，依次选择合适的图形，将其进行复制操作，如图 15-15所示。

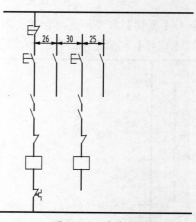

图15-15 复制图形

17 将【线路】图层置为当前。调用L【直线】命令，结合【临时点捕捉】和【对象捕捉】功能，绘制直线如图 15-16所示。

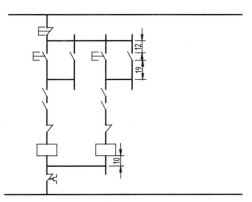

图15-16　绘制直线

18 调用TR【修剪】命令，修剪多余的图形，如图 15-17所示。

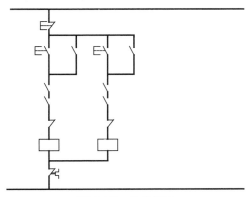

图15-17　修剪图形

19 调用L【直线】和M【移动】命令，结合【对象捕捉】功能，绘制直线，效果如图15-18所示。

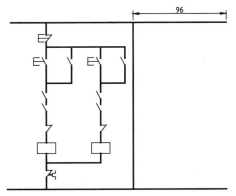

图15-18　绘制直线

20 将【电气元件】图层置为当前。调用L【直线】和M【移动】命令，结合【对象捕捉】功能，绘制直线，效果如图15-19所示。

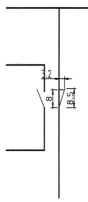

图15-19　绘制直线

21 调用C【圆】和M【移动】命令，结合【对象捕捉】功能，绘制圆，效果如图 15-20 所示。

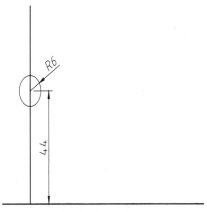

图15-20　绘制圆

22 调用L【直线】命令，结合【45°极轴追踪】和【对象捕捉】功能，绘制直线，如图 15-21所示。

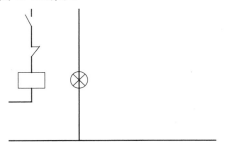

图15-21　绘制直线

23 调用TR【修剪】命令，修剪图形，如图15-22所示。

24 调用CO【复制】命令，将新绘制的线路进行复制操作，如图 15-23所示。

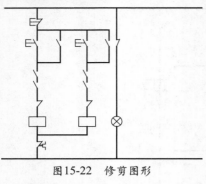

图15-22　修剪图形

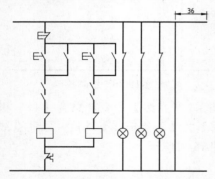

图15-23　复制图形

25 将【线路】图层置为当前。调用L【直线】和M【移动】命令，结合【对象捕捉】功能，绘制直线，如图15-24所示。

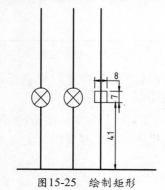

图15-24　绘制直线

26 将【电气元件】图层置为当前。调用REC【矩形】和M【移动】命令，结合【对象捕捉】功能，绘制矩形，如图15-25所示。

图15-25　绘制矩形

27 调用CO【复制】命令，选择合适的开关图形，进行复制。

28 调用L【直线】和RO【旋转】命令，结合【对象捕捉】功能，绘制直线，如图15-26所示。

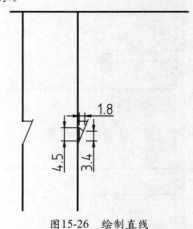

图15-26　绘制直线

29 调用TR【修剪】命令，修剪图形，如图15-27所示。

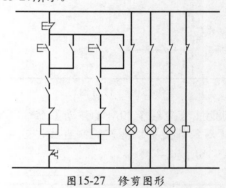

图15-27　修剪图形

30 调用CO【复制】命令，将新绘制的线路进行复制操作，如图15-28所示。

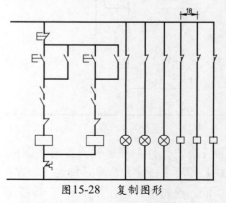

图15-28　复制图形

31 调用REC【矩形】和M【移动】命令，结合【对象捕捉】功能，绘制矩形，将绘制的图形修改至【线路】图层，如图 15-29所示。

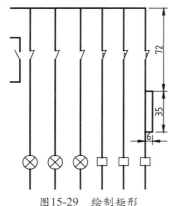

图15-29 绘制矩形

32 调用CO【复制】命令，选择合适的开关进行复制操作，如图 15-30所示。

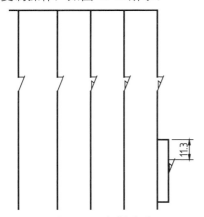

图15-30 复制图形

33 调用TR【修剪】命令，修剪图形。

34 调用REC【矩形】和M【移动】命令，结合【对象捕捉】功能，绘制矩形，如图 15-31所示。

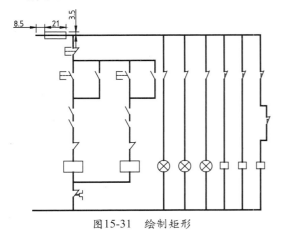

图15-31 绘制矩形

15.1.2 完善电路原理图

在绘制好电路原理图，还需要通过绘制节点、添加文字说明，对图形进行完善。

01 调用C【圆】和M【移动】命令，结合【对象捕捉】功能，绘制两个圆，如图 15-32所示。

02 将【线路】图层置为当前。调用C【圆】命令，结合【对象捕捉】功能，绘制半径为1.5的圆；调用H【图案填充】命令，结合【临时点捕捉】和【对象捕捉】功能，绘制节点。

03 调用CO【复制】命令，将新绘制的节点进行复制操作，如图 15-33所示。

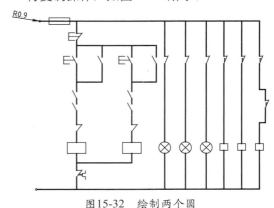

图15-32 绘制两个圆

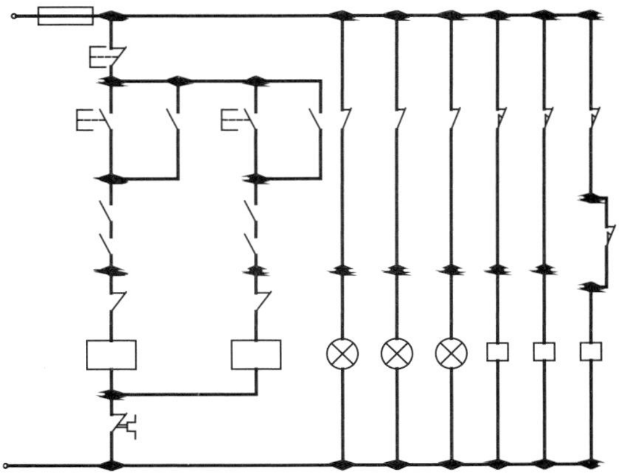

图15-33 绘制节点

04 将【文字】图层置为当前。调用MT【多行文字】命令，在图中添加文字说明，得到最终效果，如图 15-1所示。

15.2 绘制混砂机原理图

混砂机用于混制型砂或芯砂的铸造设备，是生产免烧砖、灰砂砖、水泥砖、耐火砖、粉碎和混合粉煤灰、锅炉炉渣、尾矿渣及工业废渣作制砖原料的理想设备。混砂机利用碾轮与碾盘的相对运动，将置于两者间的物料进行碾压和磨削，从而粉碎物料，混砂机在粉碎物料的同时还将物料混合。碾盘底板、碾盘外圈均加防磨护板提高碾压、磨削物料效果和整机的使用寿命。碾轮在碾盘上的高度可以自动调节，当遇到难以碾碎的物料和过厚的料层时碾轮自动升起以保安全。

本实例讲解混砂机原理图的绘制方法，如图 15-34所示。

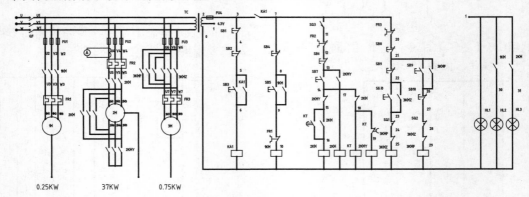

图15-34 混砂机原理图

15.2.1 绘制主回路原理图

主回路原理图主要由电动机、继电器、开关等组成，下面将介绍其绘制方法。

01 新建文件。调用LA【图层】命令，打开【图层特性管理器】对话框，依次新建【标注】、【电气元件】、【框图】、【文字】和【线路】图层。

02 将【线路】图层置为当前。调用L【直线】命令，绘制一条长度为2238.5的水平直线。

03 调用O【偏移】命令，将新绘制的水平直线进行偏移操作，如图 15-35所示。

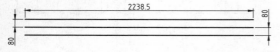

图15-35 偏移图形

04 调用C【圆】命令，结合【临时点捕捉】和【对象捕捉】功能，绘制【半径】为10的圆，如图 15-36所示。

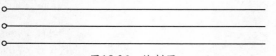

图15-36 绘制圆

05 调用I【插入】命令，插入隔离开关图块；调用CO【复制】命令，将插入的图块进行复制操作；调用TR【修剪】命令，修剪图形，如图 15-37所示。

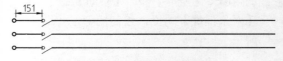

图15-37 绘制和修剪图形

06 调用A【圆弧】命令，结合【对象捕捉】功能，绘制圆弧；调用CO【复制】命令，将新绘制的圆弧进行复制操作，并将绘制好的图形修改至【电气元件】图层，如图 15-38所示。

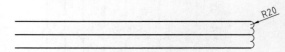

图15-38 绘制图形

07 调用L【直线】和M【移动】命令，结合【正交】和【对象捕捉】功能，绘制直线，如图 15-39所示。

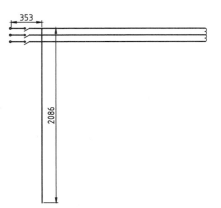

图15-39　绘制直线

08 调用REC【矩形】和M【移动】命令，结合【对象捕捉】功能，绘制矩形，并将绘制好的图形修改至【电气元件】图层，如图15-40所示。

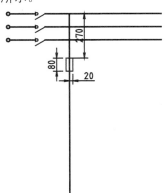

图15-40　绘制矩形

09 调用CO【复制】命令，将新绘制的直线和矩形进行复制操作，如图 15-41所示。

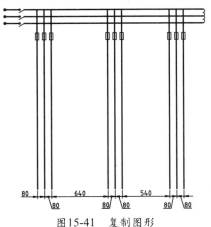

图15-41　复制图形

10 调用C【圆】和M【移动】命令，结合【对象捕捉】功能，绘制圆，并将绘制好的图形修改至【电气元件】图层，如图15-42所示。

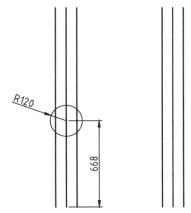

图15-42　绘制圆

11 调用CO【复制】命令，将新绘制的圆进行复制操作，如图 15-43所示。

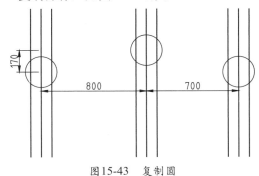

图15-43　复制圆

12 调用TR【修剪】命令，修剪图形，如图15-44所示。

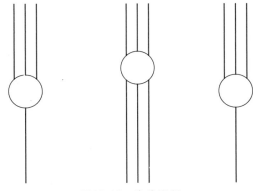

图15-44　修剪图形

13 调用L【直线】命令，结合【对象捕捉】功能，绘制直线，如图 15-45所示。

14 调用O【偏移】命令，将新绘制的最下方水平直线进行偏移操作，如图 15-46所示。

15 调用O【偏移】命令，将新绘制的垂直直线进行偏移操作，如图 15-47所示。

16 调用EX【延伸】命令，延伸图形，如图

15-48所示。

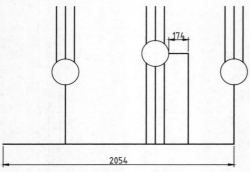

图15-45　绘制直线

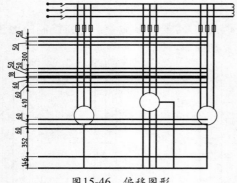

图15-46　偏移图形

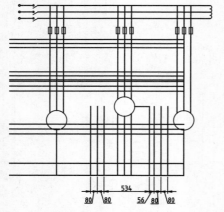

图15-47　偏移图形

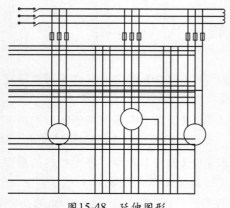

图15-48　延伸图形

17 调用TR【修剪】命令，修剪多余的图形；
调用E【删除】命令，删除多余的图形；如
图 15-49所示。

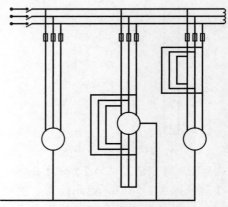

图15-49　修改图形

18 调用L【直线】和RO【旋转】命令，结合
【对象捕捉】功能，绘制直线，并将绘制
好的图形修改至【电气元件】图层，如图
15-50所示。

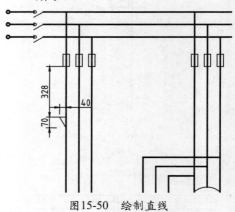

图15-50　绘制直线

19 调用CO【复制】命令，将新绘制的图形进
行复制操作，如图 15-51所示。

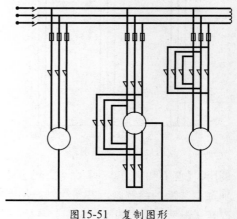

图15-51　复制图形

20 调用TR【修剪】命令，修剪多余的图形；调用E【删除】命令，删除多余的图形，如图15-52所示。

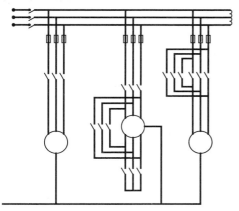

图15-52 修剪图形

21 调用I【插入】命令，插入继电器和电感器图形；调用M【移动】命令和CO【复制】命令，对插入的图块进行调整，如图 15-53所示。

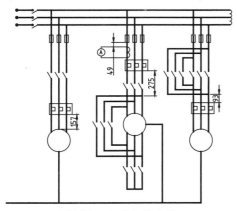

图15-53 布置电气元件

22 调用TR【修剪】命令，修剪多余的图形，如图15-54所示。

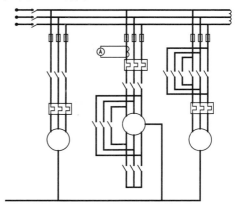

图15-54 修剪图形

23 将【电气元件】图层置为当前。调用C【圆】命令，结合【对象捕捉】功能，依次绘制半径为8的圆；调用TR【修剪】命令，修剪多余的图形，如图15-55所示。

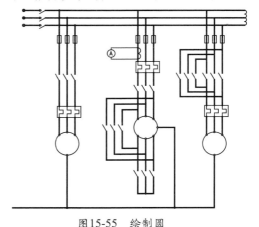

图15-55 绘制圆

15.2.2 绘制控制回路原理图

　　通常是针对模拟量的控制来说，一个控制器根据一个输入量，按照一定的规则和算法来决定一个输出量，这样，输入和输出就形成一个控制回路。

01 将【线路】图层置为当前。调用L【直线】命令，绘制直线，如图15-56所示。

02 调用MI【镜像】命令，选择合适的圆弧进行镜像操作；调用M【移动】命令，调整镜像后图形位置，如图 15-57所示。

03 调用TR【修剪】命令，修剪图形；调用L【直线】命令，结合【对象捕捉】功能，绘制直线，如图15-58所示。

04 调用REC【矩形】和M【移动】命令，结合【对象捕捉】功能，绘制矩形，并将新绘制的矩形修改至【电气元件】图层，如图15-59所示。

05 调用O【偏移】命令，将垂直直线向右偏移；调用EX【延伸】命令，延伸图形，完成直线绘制，如图15-60所示。

06 调用L【直线】命令，结合【对象捕捉】功能，绘制直线，如图15-61所示。

图15-56 绘制直线

图15-57 镜像图形

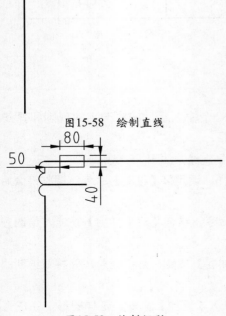

图15-58 绘制直线

图15-59 绘制矩形

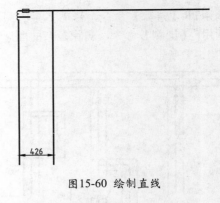

图15-60 绘制直线

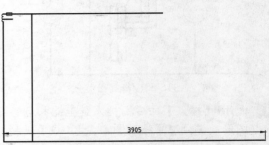

图15-61 绘制直线

07 调用O【偏移】命令，将新绘制的垂直直线进行偏移操作，如图15-62所示。

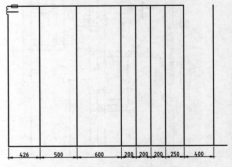

图15-62 偏移图形

08 调用REC【矩形】命令和M【移动】命令，绘制矩形，并将新绘制的矩形修改至【电气元件】图层，如图15-63所示。

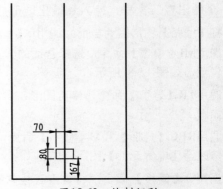

图15-63 绘制矩形

09 调用CO【复制】命令，将新绘制的矩形进行复制操作，如图15-64所示。

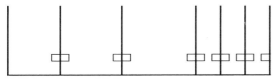

图15-64 复制矩形

10 调用TR【修剪】命令，修剪多余的图形，如图15-65所示。

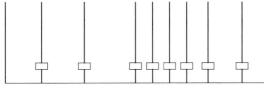

图15-65 修剪图形

11 调用PL【多段线】命令，结合【对象捕捉】功能，绘制多段线，调用M【移动】命令，将新绘制的多段线进行移动操作，如图15-66所示。

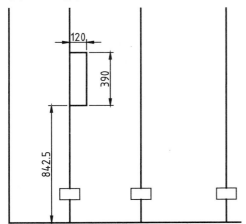

图15-66 绘制多段线

12 调用CO【复制】命令、MI【镜像】命令以及M【移动】命令，复制多段线，如图15-67所示。

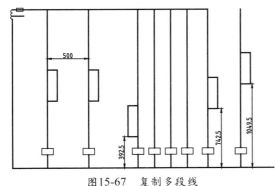

图15-67 复制多段线

13 调用O【偏移】命令，将最下方的水平直线进行偏移操作，如图15-68所示。

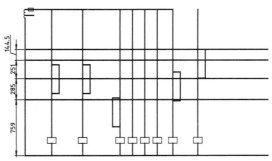

图15-68 偏移图形

14 调用TR【修剪】命令，修剪图形；调用E【删除】命令，删除多余图形，如图15-69所示。

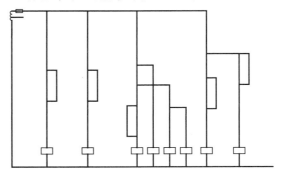

图15-69 修剪和删除图形

15 调用L【直线】命令，结合【对象捕捉】功能，绘制直线，如图15-70所示。

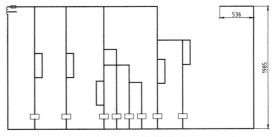

图15-70 绘制直线

16 调用O【偏移】命令，将新绘制的直线进行偏移操作，如图15-71所示。

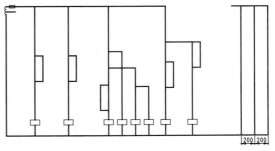

图15-71 偏移图形

17　将【电气元件】图层置为当前。调用C【圆】命令，结合【对象捕捉】功能，依次绘制半径为8的圆，如图 15-72所示。

18　调用CO【复制】命令和RO【旋转】命令，选择合适的图形进行复制操作；调用BR【打断】命令，打断图形，如图 15-73所示。

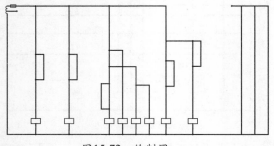

图15-72　绘制圆

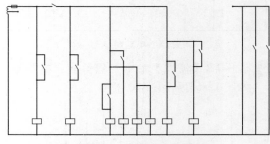

图15-73　布置电气元件

19　调用I【插入】命令，插入随书光盘中的电气元件图块，并布置到图形的对应位置中。

20　调用BR【打断】命令，打断图形，如图 15-74所示。

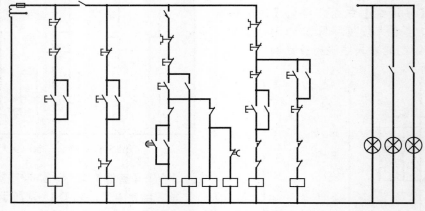

图15-74　布置电气元件

15.2.3　完善原理图

在绘制好主回路和控制回路后，可以将图形进行组合操作，完善图形。

01　将【线路】图层置为当前。调用L【直线】命令，绘制一条长度为232的垂直直线。

02　调用M【移动】命令，将合适的图形进行移动操作，如图 15-75所示。

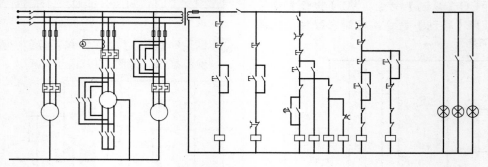

图15-75　移动图形

03　将【文字】图层置为当前。调用MT【多行文字】命令，在图中添加文字说明，如图 15-76所示。

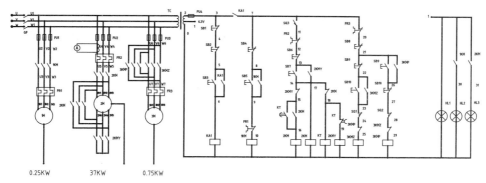

图15-76 添加文字说明

15.3 绘制液压机液压系统原理图

液压机是一种利用液体静压力来加工金属、塑料、橡胶、木材、粉末等制品的机械。它常用于压制工艺和压制成形工艺，如：锻压、冲压、冷挤、校直、弯曲、翻边、薄板拉深、粉末冶金、压装等。液压机是利用帕斯卡定律制成的利用液体压强传动的机械。

本实例讲解小型液压机液压系统原理图的绘制方法，如图 15-77所示。

▌ 15.3.1 绘制电气符号

液压系统原理图中的电气符号包含有液压泵、单向阀、顺序阀、溢流阀以及三位四通电磁换向阀等部件。下面将介绍其绘制方法。

01 新建文件。调用LA【图层】命令，打开【图层特性管理器】对话框，依次新建【标注】、【电气元件】、【框图】、【文字】和【线路】图层。

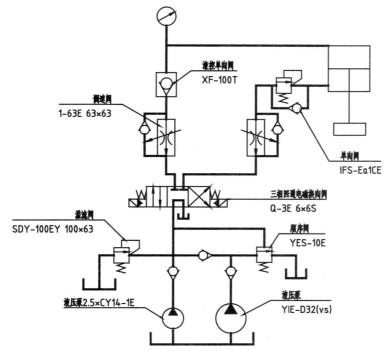

图15-77 小型液压机液压系统原理图

02 绘制液压泵。将【电气元件】图层置为当前。调用C【圆】命令，绘制一个半径为10.5的圆，如图15-78所示。

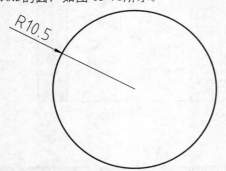

图15-78 绘制圆

03 调用POL【多边形】命令，绘制一个边长为4.8的三边形；调用M【移动】命令，将绘制的图形移至合适位置，如图15-79所示。

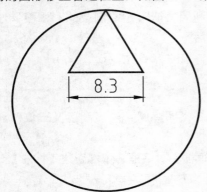

图15-79 绘制三边形

04 调用L【直线】命令，绘制一个长度为8的垂直直线。

05 绘制单向阀。调用RO【旋转】命令，将新绘制的直线进行30°和-30°的旋转复制操作；调用E【删除】命令，删除中间的直线，如图15-80所示。

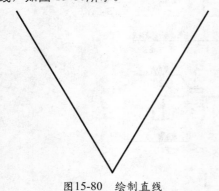

图15-80 绘制直线

06 调用C【圆】命令，以【相切、相切、半径】的方式绘制半径为3.2的圆，完成单向阀图形的绘制，如图15-81所示。

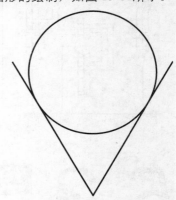

图15-81 绘制单向阀

07 绘制顺序阀。调用REC【矩形】命令，绘制10.5×11的矩形。

08 调用PL【多段线】命令和M【移动】命令，修改【起始宽度】为1.2，【终止宽度】为0，绘制多段线，如图15-82所示。

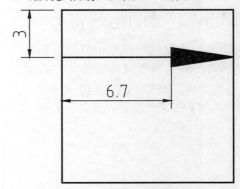

图15-82 绘制多段线

09 调用X【分解】命令，分解新绘制的矩形；调用O【偏移】命令，将矩形进行水平方向偏移，如图15-83所示。

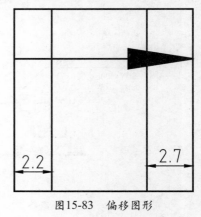

图15-83 偏移图形

10 调用O【偏移】命令，将矩形进行垂直方向偏移，如图15-84所示。

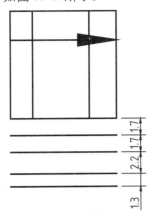

图15-84　绘制矩形

11 调用EX【延伸】命令，延伸图形；调用L【直线】命令，结合【对象捕捉】功能，连接直线，如图15-85所示。

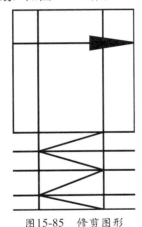

图15-85　修剪图形

12 调用E【删除】命令，删除直线图形，完成顺序阀的绘制，如图15-86所示。

图15-86　绘制顺序阀

13 调用CO【复制】命令，将新绘制的顺序阀

进行复制；调用L【直线】命令，结合【对象捕捉】功能，绘制直线，完成溢流阀的绘制，如图15-87所示。

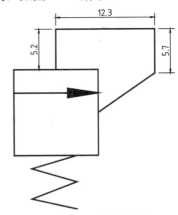

图15-87　绘制溢流阀

14 绘制三相四通电磁换向阀。调用REC【矩形】命令，绘制3个矩形，如图15-88所示。

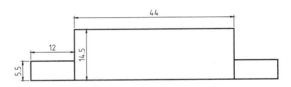

图15-88　绘制矩形

15 调用X【分解】命令，分解大矩形；调用O【偏移】命令，水平方向偏移图形，如图15-89所示。

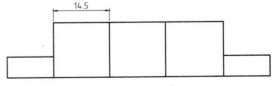

图15-89　偏移图形

16 调用PL【多段线】命令和M【移动】命令，修改【起始宽度】为1.2，【终止宽度】为0，绘制多段线，如图15-90所示。

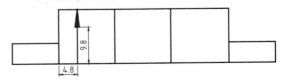

图15-90　绘制多段线

17 调用RO【旋转】命令和M【移动】命令，将新绘制的多段线进行旋转复制操作，如图15-91所示。

18 调用PL【多段线】命令，修改【宽度】分别为1.2和0，结合【对象捕捉】功能，绘制多段线，如图15-92所示。

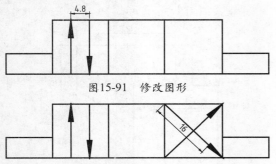

图15-91 修改图形

图15-92 绘制多段线

19 调用L【直线】命令，结合【45°极轴追踪】和【对象捕捉】功能，绘制直线，如图15-93所示。

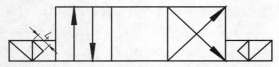

图15-93 绘制直线

20 调用H【图案填充】命令，填充图形；调用CO【复制】命令和RO【旋转】命令，将步骤13中绘制的图形进行复制和旋转操作，完成三相四通电磁换向阀图形的绘制，如图15-94所示。

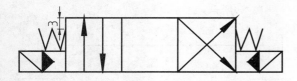

图15-94 绘制图形

21 绘制调速阀。调用REC【矩形】命令，绘制26×12的矩形。

22 调用PL【多段线】命令，修改【起始宽度】为1.6，【终止宽度】为0，结合【对象捕捉】功能，绘制多段线，如图15-95所示。

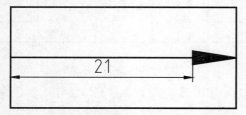

图15-95 绘制多段线

23 调用RO【旋转】命令，将新绘制的多段线

进行71°的旋转复制操作；调用M【移动】命令，将旋转后的图形移至合适位置，如图15-96所示。

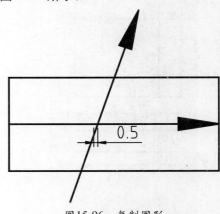

图15-96 复制图形

24 调用A【圆弧】命令，以【起点、端点、半径】的方式绘制圆弧；调用M【移动】命令，将新绘制的圆弧移至合适位置，如图15-97所示。

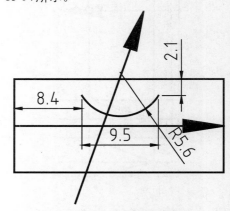

图15-97 绘制圆弧

25 调用MI【镜像】命令，镜像图形，完成调速阀的绘制，如图15-98所示。

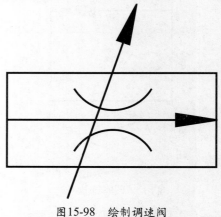

图15-98 绘制调速阀

26 调用I【插入】命令，插入随书光盘中的液控单向阀、电接触式压力表和液压缸图形，如图 15-99、图 15-100和图 15-101所示。

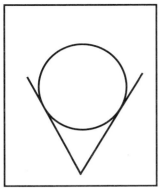

图15-99 液控单向阀

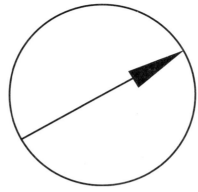

图15-100 电接触式压力表

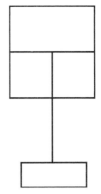

图15-101 液压缸

15.3.2 绘制系统原理图

系统原理图主要通过【直线】命令、【复制】命令以及【修剪】命令等绘制而成。

01 将【线路】图层置为当前。调用L【直线】命令，绘制直线，如图 15-102所示。

02 调用L【直线】和M【移动】命令，结合【对象捕捉】功能，绘制直线，如图 15-103所示。

03 调用L【直线】和M【移动】命令，结合【对象捕捉】功能，绘制直线，如图 15-104所示。

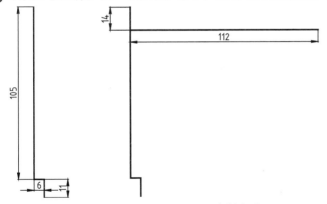

图15-102 绘制直线　　　　　　图15-103 绘制直线

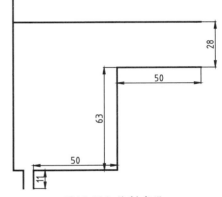

图15-104 绘制直线

04 调用L【直线】和M【移动】命令，结合【对象捕捉】功能，绘制直线，如图 15-105所示。

05 调用L【直线】和M【移动】命令，结合【对象捕捉】功能，绘制直线，如图 15-106所示。

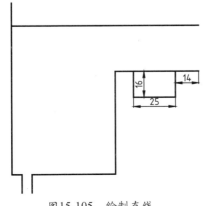

图15-105 绘制直线

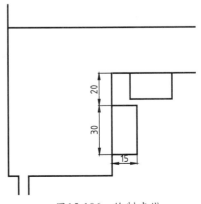

图15-106 绘制直线

06 调用MI【镜像】命令，将新绘制的直线进行镜像操作；调用M【移动】命令，调整图形位置，如图15-107所示。

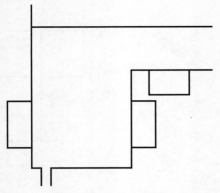

图15-107　修改图形

07 调用L【直线】命令，结合【对象捕捉】和【夹点】功能，绘制直线，如图 15-108 所示。

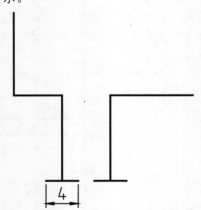

图15-108　绘制直线

08 调用L【直线】和M【移动】命令，结合【对象捕捉】功能，绘制直线，如图 15-109所示。

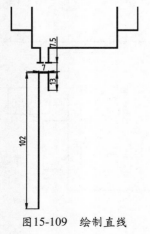

图15-109　绘制直线

09 调用O【偏移】命令，选择合适的直线进行偏移操作，如图15-110所示。

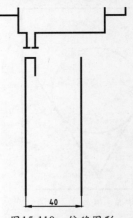

图15-110　偏移图形

10 调用L【直线】和M【移动】命令，结合【对象捕捉】功能，绘制直线，如图15-111所示。

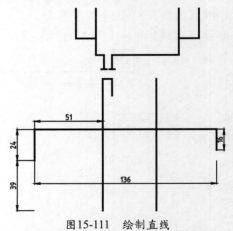

图15-111　绘制直线

11 调用L【直线】和M【移动】命令，结合【对象捕捉】功能，绘制直线，如图15-112所示。

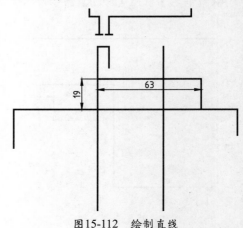

图15-112　绘制直线

12 调用REC【矩形】和M【移动】命令，结合【对象捕捉】功能，绘制多个矩形，如图15-113所示。

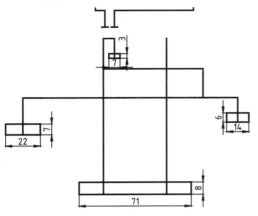

图15-113　绘制多个矩形

13 调用TR【修剪】命令，修剪图形，如图15-114所示。

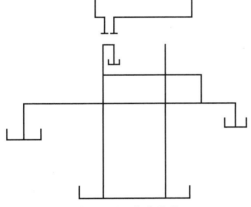

图15-114　修剪图形

14 调用M【移动】命令、CO【复制】命令、RO【旋转】命令以及SC【缩放】命令，将电气元件布置到系统原理图中，如图15-115所示。

15 调用TR【修剪】命令，修剪图形，如图15-116所示。

16 将【文字】图层置为当前。调用MLD【多重引线】命令，添加多重引线标注，如图15-117所示。

17 重新调用MLD【多重引线】命令，添加其他的多重引线标注，得到最终效果，如图15-77所示

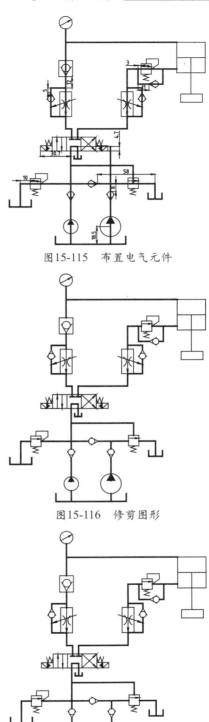

图15-115　布置电气元件

图15-116　修剪图形

图15-117　添加多重引线

15.4 课后练习

龙门刨床主要用于刨削大型工件，也可在工作台上装夹多个零件同时加工。其工作台带着工件通过门式框架作直线往复运动，空行程速度大于工作行程速度。横梁上一般装有两个垂直刀架，刀架滑座可在垂直面内回转一个角度，并可沿横梁作横向进给运动。本实例讲解B2020龙门刨床原理图的绘制方法，如图 15-118所示。

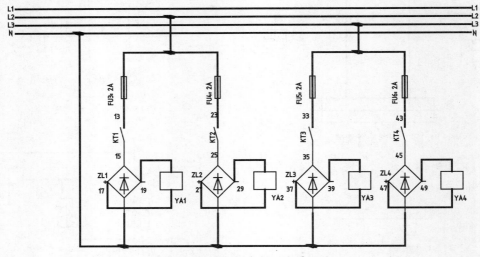

图15-118 B2020龙门刨床原理图

提示步骤如下。

01 新建文件。调用LA【图层】命令，打开【图层特性管理器】对话框，依次新建【标注】、【电气元件】、【框图】、【文字】和【线路】图层。

02 将【线路】图层置为当前。调用L【直线】命令，绘制一条长度为350的水平直线。

03 调用O【偏移】命令，将新绘制的水平直线进行偏移操作，如图 15-119所示。

图15-119 偏移图形

04 将【电气元件】图层置为当前。调用REC【矩形】命令和M【移动】命令，结合【对象捕捉】功能，绘制矩形，如图 15-120所示。

05 调用L【直线】命令，绘制一条长度为11的水平直线；调用RO【旋转】命令，将新绘制的直线进行15°旋转。

06 调用M【移动】命令，将新绘制的直线进行移动操作；调用BR【打断】命令，打断图形，如图 15-121所示。

07 调用I【插入】命令，插入随书光盘中的桥式整流器图块，并调整其位置；调用TR【修剪】命令，修剪多余的图形，如图 15-122所示。

08 将【线路】图层置为当前。调用L【直线】命令，结合【对象捕捉】功能，绘制直线，如图 15-123所示。

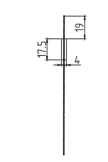

图15-120 绘制矩形

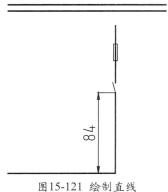

图15-121 绘制直线

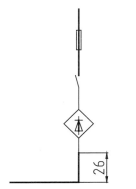

图15-122 插入图块

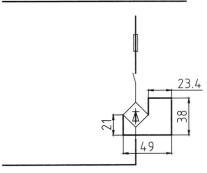

图15-123 绘制直线

09 调用REC【矩形】命令和M【移动】命令，结合【对象捕捉】功能，绘制矩形，并将其修改至【电气元件】图层，如图 15-124所示。

10 调用TR【修剪】命令，修剪图形，如图15-125所示。

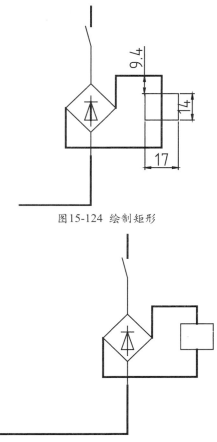

图15-124 绘制矩形

图15-125 修剪图形

11 调用CO【复制】命令，选择合适的线路进行复制操作，如图 15-126所示。

12 调用L【直线】命令，结合【对象捕捉】功能，绘制直线，如图 15-127所示。

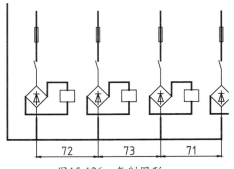

图15-126 复制图形

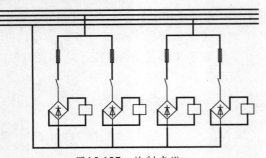

图15-127 绘制直线

13 调用C【圆】命令，绘制半径为1的圆；调用H【图案填充】命令，填充图形，完成节点的绘制。

14 调用CO【复制】命令，将绘制的节点进行

复制操作，如图 15-128所示。

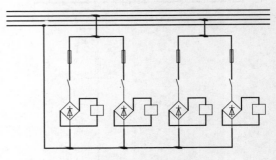

图15-128 绘制节点

15 将【文字】图层置为当前。调用MT【多行文字】命令，在图中添加文字说明，得到最终效果，如图 15-118所示。

第16课
建筑电气图设计

现代建筑是由建筑、结构、采暖通风、给水排水和电气等有关工程所形成的综合体，电气工程为其中的一部分，要求与其他工程紧密配合和协调一致，这样才能使建筑物的各项功能得到充分发挥。一套完整的建筑工程施工图，除了建筑施工图、结构施工图外，还应包括设备施工图。设备施工图是土建部分的配套设计，用来表达给水、排水、供暖、供热、通风、电气、照明及智能控制等配套工程的具体配置。本章将通过常见的建筑电气图例，对建筑电气图的设计方法进行讲述。

【本课知识】：
1. 掌握住宅楼一层照明平面图的绘制方法。
2. 掌握住宅楼其他层弱电平面图的绘制方法。
3. 掌握消防安全系统图的绘制方法。
4. 掌握小户型照明平面图的绘制方法。

16.1 绘制住宅楼一层照明平面图

住宅楼一层照明平面图是在住宅楼一层建筑平面图的基础上设计绘制的，它是电气照明工程图中最重要的图纸，表示电气线路的布置以及灯具、开关插座和配电箱等电气设备的位置。

本实例讲解住宅楼一层照明平面图的绘制方法，如图16-1所示。

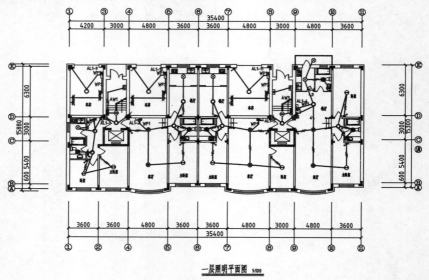

图16-1 住宅楼一层照明平面图

16.1.1 绘制开关符号

本实例中的开关符号主要包含有单极暗装开关、双极暗装开关以及三极暗装开关，下面将对其绘制方法进行介绍。

01 单击【快速访问】工具栏中的【打开】按钮，打开"第16课\16.1 绘制住宅楼一层照明平面图.dwg"素材文件，如图16-2所示。

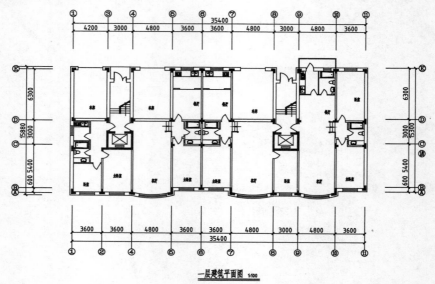

图16-2 素材文件

02 绘制单极暗装开关。将【电气符号】图层置为当前。调用C【圆】命令，绘制一个半径为104的圆。

03 调用L【直线】命令，结合【对象捕捉】功能，绘制直线，尺寸如图 16-3所示。

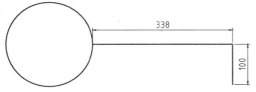

图16-3　绘制直线

04 调用H【图案填充】命令，填充图形，调用RO【旋转】命令，将新绘制的图形旋转45°，完成单极暗装开关的绘制，如图16-4所示。

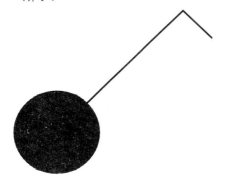

图16-4　绘制单极暗装开关

05 调用CO【复制】命令，将新绘制的开关进行两次复制，并将复制后的图形修改为双极暗装开关和三极暗装开关，如图 16-5和图 16-6所示。

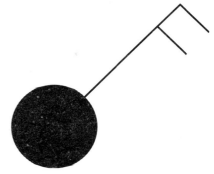

图16-5　绘制双极暗装开关

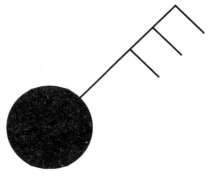

图16-6　绘制三极暗装开关

16.1.2　绘制插座和电源箱

本实例中包含有插座和照明电源箱等电气元件图形，下面将对其绘制方法进行介绍。

01 绘制插座。调用C【圆】命令，绘制一个半径为250的圆。

02 调用L【直线】命令，结合【对象捕捉】功能，绘制直线；调用TR【修剪】命令，修剪多余的图形对象，效果如图 16-7所示。

03 调用L【直线】命令，结合【对象捕捉】功能，绘制直线，如图 16-8所示。

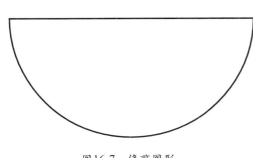

图16-7　修剪图形

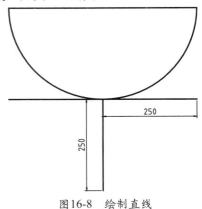

图16-8　绘制直线

04 调用CO【复制】命令，将相应的图形进行复制操作；调用E【删除】命令，删除多余的图形，如图 16-9所示。

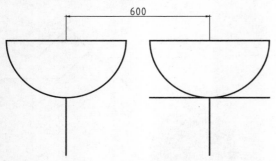

图16-9 修改图形

05 调用L【直线】命令，结合【对象捕捉】功能，绘制直线，如图 16-10所示。

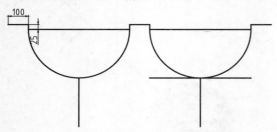

图16-10 绘制直线

06 调用H【图案填充】命令，填充图形，完成插座图形的绘制，如图16-11所示。

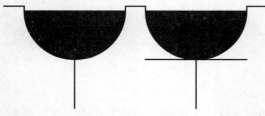

图16-11 绘制插座

07 调用REC【矩形】命令，绘制矩形；调用H【图案填充】命令，填充图形，完成配电箱1的绘制，如图16-12所示。

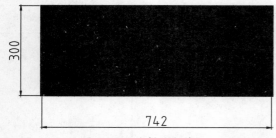

图16-12 绘制配电箱1

08 调用REC【矩形】命令，绘制矩形；调用L

【直线】命令，绘制对角线；调用H【图案填充】命令，填充图形，完成配电箱2的绘制，如图 16-13所示。

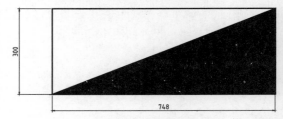

图16-13 绘制配电箱2

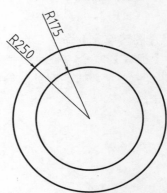

图16-14 绘制吸顶灯

16.1.3 绘制灯具图形

本实例中的灯具图形包含有7种，如花灯、车库灯等，下面将对其绘制方法进行介绍。

01 绘制吸顶灯。调用C【圆】命令，绘制圆，如图16-14所示。

02 绘制厨房灯。调用C【圆】命令和L【直线】命令，结合【45°极轴追踪】和【对象捕捉】功能，绘制图形，如图16-15所示。

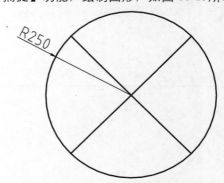

图16-15 绘制厨房灯

03 绘制花灯。调用CO【复制】命令，将厨房灯图形复制一份；调用L【直线】命令，绘制直线；将复制后的图形修改为花灯图形，如图16-16所示。

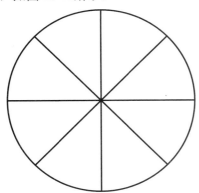

图16-16 绘制花灯

04 绘制红外线感应灯。调用C【圆】命令、L【直线】命令和H【图案填充】命令，绘制图形，如图16-17所示。

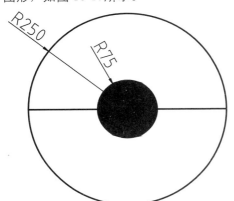

图16-17 绘制红外线感应灯

05 绘制小花灯。调用C【圆】命令、L【直线】命令和RO【旋转】命令，绘制图形，如图16-18所示。

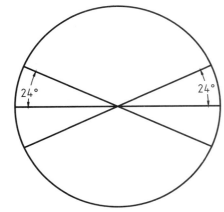

图16-18 绘制小花灯

06 绘制车库灯。调用DO【圆环】命令，修改【内径】为400，【外径】为500，绘制图形，如图16-19所示。

图16-19 绘制车库灯

07 绘制换气扇。调用C【圆】命令、L【直线】命令和H【图案填充】命令，绘制图形，如图16-20所示。

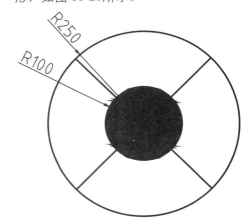

图16-20 绘制换气扇

08 绘制防水圆球灯。调用C【圆】命令和H【图案填充】命令，绘制图形，如图16-21所示。

图16-21 绘制防水圆球灯

16.1.4　完善照明平面图

在绘制好开关符号、配电箱、插座以及灯具图形后，需要将这些电气符号布置到平面图的各个空间中，然后通过线路将这些电气符号连接起来。

01 调用CO【复制】命令、RO【旋转】命令和M【移动】命令，移动复制开关、灯具、配电箱和插座至建筑平面图中合适位置，如图16-22所示。

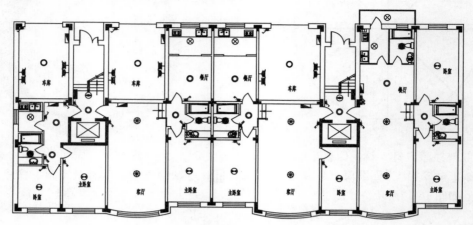

图16-22　布置电气元件

02 调用I【插入】命令，插入随书光盘中的火警报警器、前端箱以及引线标记图块，并将其布置到建筑平面图中对应位置，如图16-23所示。

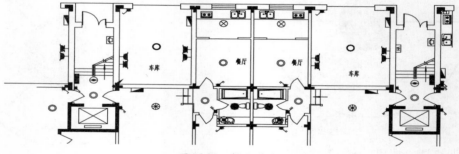

图16-23　插入图块

03 将【电路】图层置为当前。调用PL【多段线】命令，修改【宽度】为50，绘制线路连接各电气符号，如图16-24所示。

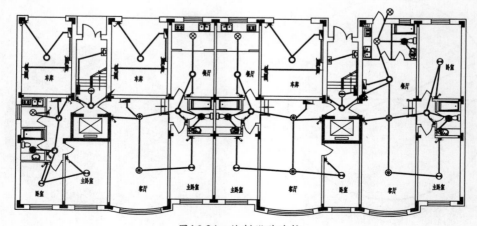

图16-24　绘制线路连接

04 调用L【直线】命令，在电器线路上绘制长为300的导线；调用DT【单行文字】命令、CO【复制】命令，再结合文字在位编辑功能，绘制出导线根数，如图16-25所示。

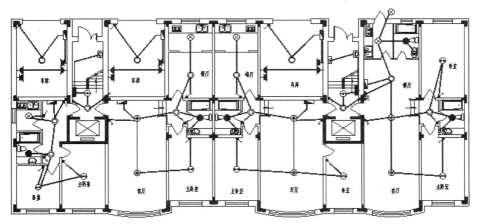

图16-25 绘制出导线根数

05 将【文字】图层置为当前。调用MT【多行文字】命令，在图中进行必要的文字说明，如图16-26所示。

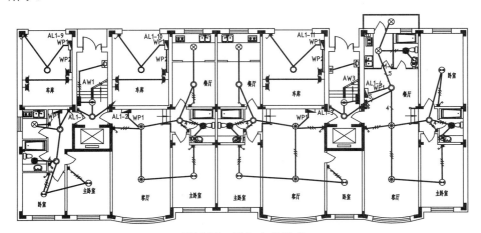

图16-26 添加文字说明

06 双击最下方的图名，打开文本输入框，输入"一层照明平面图"，即可完成图名的修改，得到最终效果。

16.2 绘制住宅楼其他层弱电平面图

弱电是用于信息传递，一般是指直流电路或音频、视频线路、网络线路和电话线路，直流电压一般在32V以内。家用电器中的电话、电脑、电视机的信号输入（有线电视线路）以及音响设备（输出端线路）等用电器均为弱电电气设备。

弱电系统主要针对的是建筑物，包括大厦、小区、机场、码头、铁路以及高速公路等。一般情况下，弱电系统工程主要包括以下几种：

★ 电视信号工程，如电视监控系统，有线电视。

★ 通信工程，如电话。

★ 智能消防工程。

★ 扩声与音响工程，如小区中的背景音乐广播，建筑物中的背景音乐。

★ 综合布线工程，主要用于计算机网络。

弱电布线要达到共享、互通的要求，必需使用分频或交换设备。网络的内、外网的交换设备是路由器（LAN用）或调制解调器。其弱电线路要采用星型布线，从交换、分频设备向各个端口放射。从布线施工简单、维护方便考虑，最好各种设备放在同一个地方。

本实例讲解住宅楼其他层弱电平面图的绘制方法，如图16-27所示。

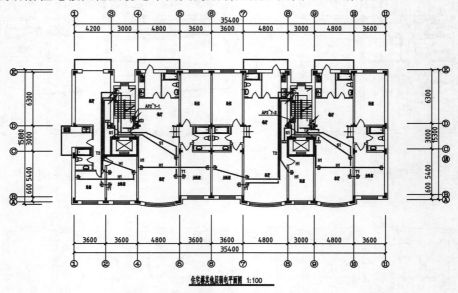

图16-27　住宅楼其他层弱电平面图

16.2.1　绘制电气符号

本实例中的电气符号有电视插座、电话插座、网线插座、前端箱以及壁龛交接线等。下面将对这些电气符号的绘制方法进行介绍。

01 单击【快速访问】工具栏中的【打开】按钮，打开"第16课\16.2　绘制住宅楼其他层弱电平面图.dwg"素材文件，如图16-28所示。

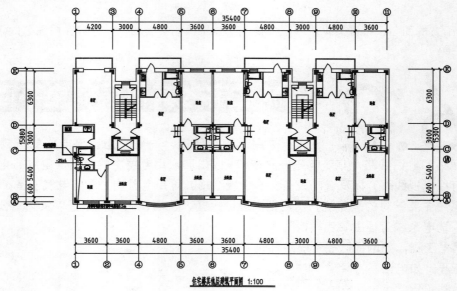

图16-28　素材文件

02 绘制电视插座。将【电气符号】图层置为当前。调用REC【矩形】命令，绘制矩形，尺寸如图16-29所示。

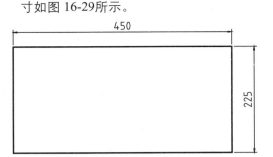

图16-29 绘制矩形

03 调用TR【修剪】命令，修剪图形，如图16-30所示。

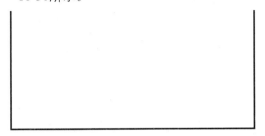

图16-30 修剪图形

04 调用L【直线】命令，结合【对象捕捉】功能，绘制直线；如图16-31所示。

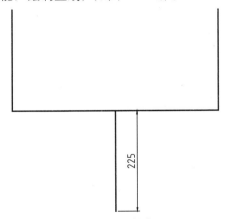

图16-31 绘制直线

05 调用MT【多行文字】命令，修改【文字高度】为180，创建多行文字对象，完成电视插座的绘制，如图16-32所示。

06 调用CO【复制】命令，将新绘制的电视插座进行两次复制，并将复制后的图形修改为电话插座和网线插座，如图16-33和图16-34所示。

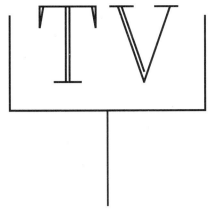

图16-32 绘制电视插座

图16-33 绘制电话插座

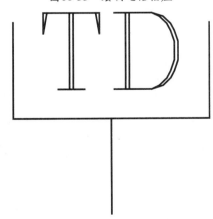

图16-34 绘制网线插座

07 绘制前端箱。调用REC【矩形】命令，绘制矩形，尺寸如图16-35所示。

08 调用MT【多行文字】命令，修改【文字高度】为180，创建多行文字对象，完成前端箱的绘制，如图16-36所示。

09 绘制壁龛交接线。调用REC【矩形】命令，绘制矩形；调用L【直线】命令，结合【对象捕捉】功能，绘制对角线，尺寸如图

16-37所示。

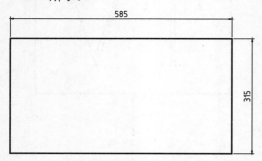

图16-35　绘制矩形

图16-36　绘制前端箱

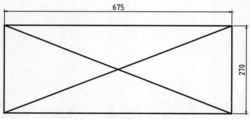

图16-37　绘制图形

10 调用H【图案填充】命令，填充图形；完成壁龛交接线的绘制，如图 16-38所示。

图16-38　绘制壁龛交接线

11 绘制电气元件。调用REC【矩形】命令，修改【宽度】为21，绘制矩形。如图 16-39所示。

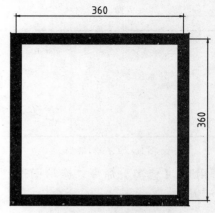

图16-39　绘制矩形

12 调用C【圆】命令，结合【对象捕捉】功能，绘制一个半径为90的圆；调用H【图案填充】命令，填充图形，完成电气元件图形的绘制，如图 16-40所示。

图16-40　绘制电气元件

13 调用I【插入】命令，依次插入随书光盘中的标记、配线箱和用户对讲分机图块，完成整个电气符号的创建操作。

16.2.2　完善弱电平面图

在绘制好电气符号后，需要将这些电气符号布置到平面图的各个空间中，然后通过线路将这些电气符号连接起来。

01 调用CO【复制】命令、RO【旋转】命令和M【移动】命令，移动复制电气符号至建筑平面图中合适位置，如图 16-41所示。

02 将【电路】图层置为当前。调用PL【多段线】命令，修改【宽度】为50，绘制线路连接各电气符号，如图 16-42所示。

03 将【文字】图层置为当前。调用MLE【多行文字】命令，在图中添加多重引线，如图 16-43所示。

04 【文字】图层置为当前。调用MT【多行文字】命令，在图中进行必要的文字说明，如图 16-44 所示。

05 双击最下方的图名，打开文本输入框，输入"住宅楼其他层弱电平面图"，即可完成图名的修改，得到最终效果，如图 16-27所示。

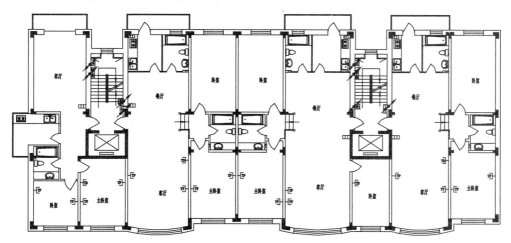

图16-41 布置电气元件

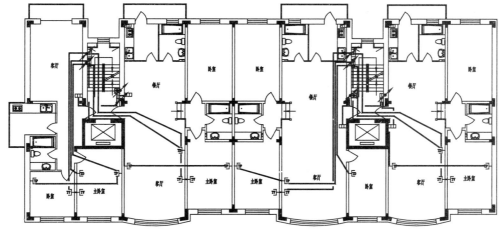

图16-42 绘制线路连接

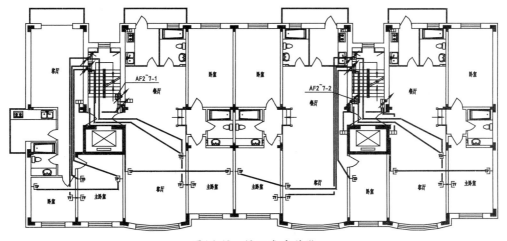

图16-43 添加多重引线

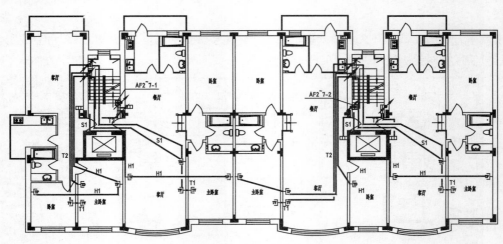

图16-44 添加文字说明

16.3 绘制消防安全系统图

消防安全系统又称火灾报警系统，消防自动报警系统。其系统图主要由火灾报警主机、火灾特征或火灾早期特征传感器、人工火灾报警设备以及输出控制设备组成。其中传感器完成对火灾特征或火灾早期特征的探测，并将相关信号传送到火灾报警主机。报警主机完成对信号的显示、记录，并完成相应的输出控制。消防安全系统是人们为了早期发现通报火灾，并及时采取有效措施，控制和扑灭火灾，而设置在建筑物中或其他场所的一种自动消防设施，是人们同火灾作斗争的有力工具。

本实例讲解消防安全系统图的绘制方法，如图 16-45所示。

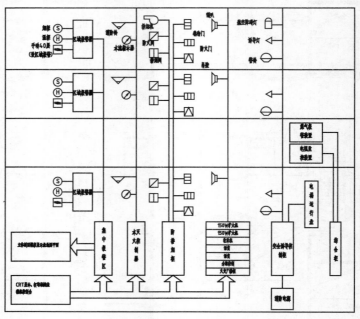

消防安全系统图

图16-45 消防安全系统图

16.3.1 绘制电气符号

消防安全系统图中的电气符号包含有消防铃、水流指示器、排烟机、防火阀以及排烟阀等。下面将对这些电气符号的绘制方法分别进行介绍。

01 新建空白文件。调用LA【图层】命令，打开【图层特性管理器】对话框，依次新建【标注】、【电气元件】、【框图】、【文字】和【线路】图层。

02 绘制防火阀。将【电气元件】图层置为当前。调用REC【矩形】命令，绘制矩形，尺寸如图16-46所示。

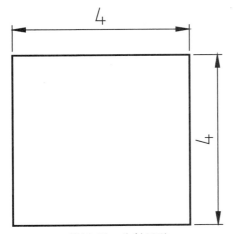

图16-46 绘制矩形

03 调用L【直线】命令，结合【对象捕捉】功能，绘制对角线，完成防火阀的绘制，如图 16-47所示。

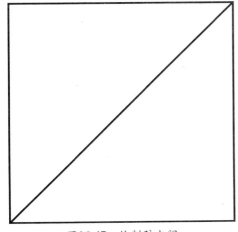

图16-47 绘制防火阀

04 调用CO【复制】命令，将新绘制的防火阀进行两次复制，并将复制后的图形修改

为排烟阀和吊壁，如图 16-48和图 16-49所示。

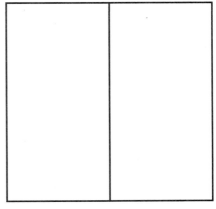

图16-48 绘制排烟阀

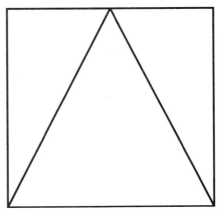

图16-49 绘制吊壁

05 绘制卷帘门。调用REC【矩形】命令，绘制矩形对象；调用X【分解】命令，分解新绘制的矩形；调用O【偏移】命令，偏移图形，如图 16-50所示。

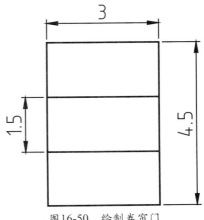

图16-50 绘制卷帘门

06 绘制防火门。调用CO【复制】命令，将新绘制的图形复制一份；调用RO【旋转】命

令，将复制后的图形旋转90°，完成防火门的绘制，如图 16-51所示。

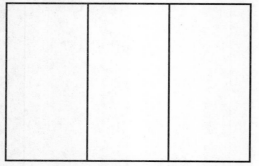

图16-51　绘制防火门

07 绘制诱导灯。调用PL【多段线】命令，绘制图形，如图 16-52所示。

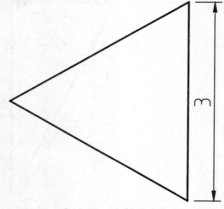

图16-52　绘制诱导灯

08 绘制航空障碍灯。调用REC【矩形】命令，绘制矩形；调用A【圆弧】命令，绘制圆弧，如图 16-53所示。

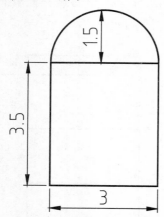

图16-53　绘制航空障碍灯

09 绘制喇叭。调用REC【矩形】命令，绘制矩形，如图 16-54所示。

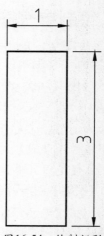

图16-54　绘制矩形

10 调用PL【多段线】命令，结合【对象捕捉】功能，绘制图形，完成喇叭的绘制，如图 16-55所示。

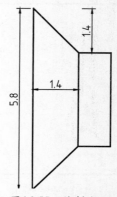

图16-55　绘制喇叭

11 绘制警铃。调用PL【多段线】命令，绘制多段线，如图 16-56所示。

12 调用C【圆】命令，通过两点绘制圆；调用TR【修剪】命令，修剪图形，完成警铃的绘制，如图 16-57所示。

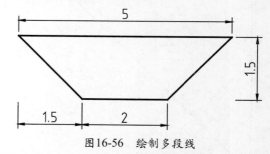

图16-56　绘制多段线

13 调用CO【复制】命令，将绘制的防火阀图形复制一份，并将复制后的图形修改为区域报警器，如图 16-58所示。

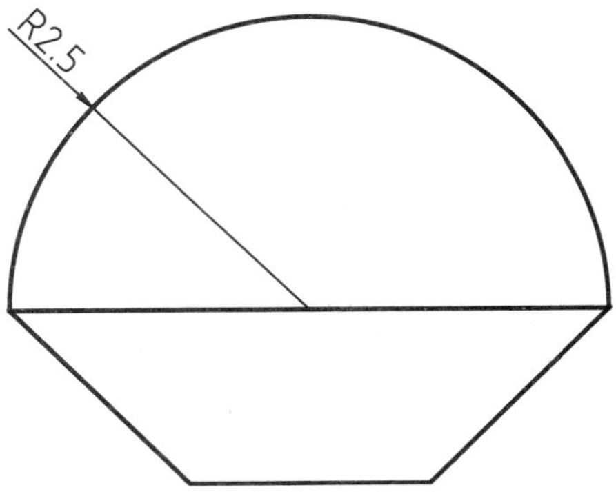

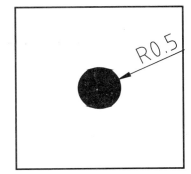

图16-57 绘制警铃

14 绘制消防铃。调用L【直线】命令，绘制直线，如图 16-59所示。

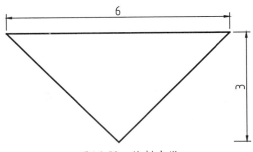

图16-58 绘制区域报警器

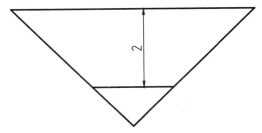

图16-59 绘制直线

15 用O【偏移】命令，偏移图形；调用TR【修剪】命令，修剪图形，完成消防铃的绘制，如图 16-60所示。

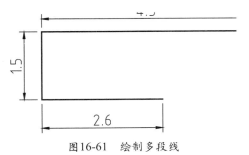

图16-61 绘制多段线

17 调用A【圆弧】命令，结合【对象捕捉】功能，绘制圆弧，完成消防铃的绘制，如图 16-62所示。

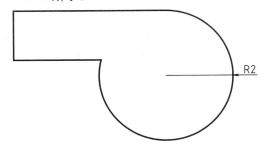

图16-62 绘制排烟机

18 绘制烟探。调用C【圆】命令和MT【多行文字】命令，绘制图形，如图 16-63所示。

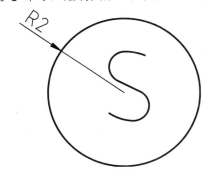

图16-63 绘制烟探

19 调用CO【复制】命令，将新绘制的烟探进行两次复制，并将复制后的图形修改为温探和水流指示器，如图 16-64和图 16-65所示。

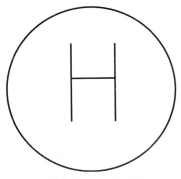

图16-64 绘制温探

16 绘制排烟机。调用PL【多段线】命令，绘制多段线，如图 16-61所示。

图16-60 绘制消防铃

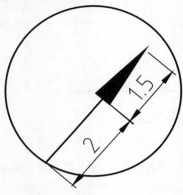

图16-65　绘制水流指示器

16.3.2 绘制系统图

消防安全系统图主要通过【矩形】命令、【偏移】命令以及【直线】命令等命令绘制出来。

01 将【线路】图层置为当前。调用REC【矩形】命令，绘制矩形，尺寸如图16-66所示。

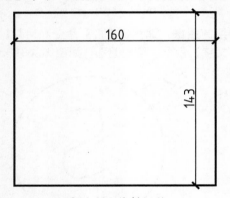

图16-66　绘制矩形

02 调用X【分解】命令，分解矩形；调用O【偏移】命令，水平偏移图形，如图16-67所示。

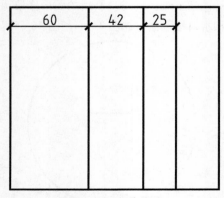

图16-67　水平偏移

03 调用O【偏移】命令，垂直偏移图形，尺寸如图16-68所示。

04 调用REC【矩形】和M【移动】命令，结合【对象捕捉】功能，绘制矩形，如图16-69所示。

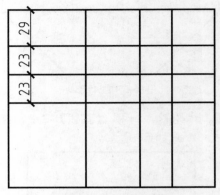

图16-68　垂直偏移图形

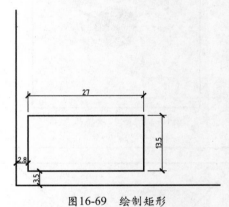

图16-69　绘制矩形

05 调用CO【复制】命令，结合【对象捕捉】功能，复制矩形，如图16-70所示。

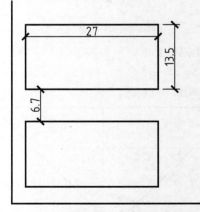

图16-70　复制矩形

06 调用REC【矩形】和M【移动】命令，结合【对象捕捉】功能，绘制矩形，如图16-71所示。

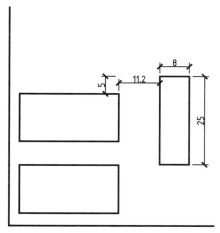

图16-71 绘制矩形

07 调用CO【复制】命令，将新绘制的矩形进行复制操作，如图 16-72所示。

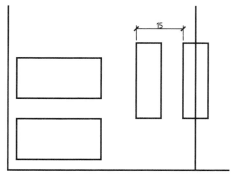

图16-72 复制图形

08 调用REC【矩形】和M【移动】命令，结合【对象捕捉】功能，绘制矩形，如图 16-73所示。

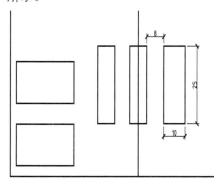

图16-73 绘制矩形

09 调用REC【矩形】和M【移动】命令，结合【对象捕捉】功能，绘制矩形；调用X【分解】命令，分解图形；调用O【偏移】命令，偏移图形，如图16-74所示。

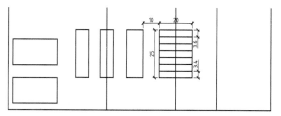

图16-74 绘制图形

10 调用CO【复制】命令，将步骤8中绘制的矩形进行复制操作，如图 16-75所示。

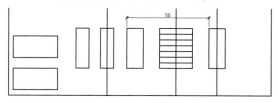

图16-75 复制图形

11 调用REC【矩形】和M【移动】命令，结合【对象捕捉】功能，绘制矩形，如图 16-76所示。

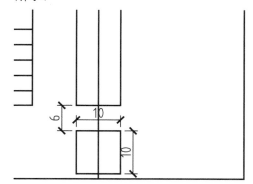

图16-76 绘制矩形

12 调用REC【矩形】和M【移动】命令，结合【对象捕捉】功能，绘制矩形，如图 16-77所示。

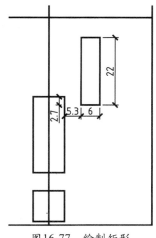

图16-77 绘制矩形

13 调用TR【修剪】命令，修剪图形，如图16-78所示。

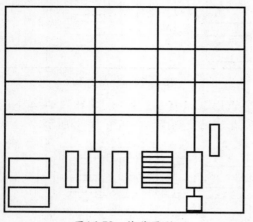

图16-78 修剪图形

14 调用L【直线】命令，结合【对象捕捉】功能，绘制直线，如图16-79所示。

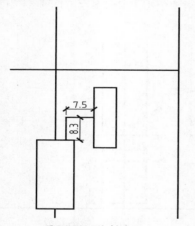

图16-79 绘制直线

15 调用REC【矩形】和M【移动】命令，结合【对象捕捉】功能，绘制矩形，如图16-80所示。

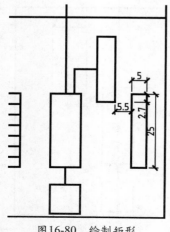

图16-80 绘制矩形

16 调用REC【矩形】和M【移动】命令，结合【对象捕捉】功能，绘制矩形，如图16-81所示。

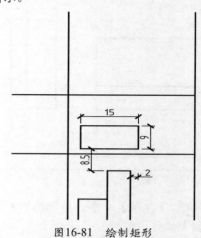

图16-81 绘制矩形

17 调用CO【复制】命令，将新绘制的矩形进行复制操作，如图16-82所示。

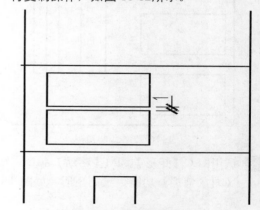

图16-82 复制图形

18 调用L【直线】和M【移动】命令，结合【对象捕捉】功能，绘制直线，如图16-83所示。

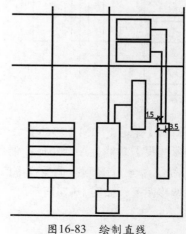

图16-83 绘制直线

19 调用L【直线】和M【移动】命令，结合【对象捕捉】功能，绘制直线，如图16-84所示。

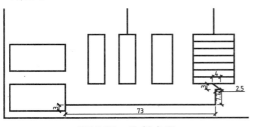

图16-84　绘制直线

20 调用MI【镜像】命令，选择合适的图形进行镜像操作，如图16-85所示。

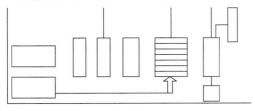

图16-85　镜像图形

21 调用O【偏移】命令，将最下方的水平直线向上偏移3；调用CO【复制】命令，选择合适的图形进行复制操作；调用TR【修剪】命令，修剪图形，如图16-86所示。

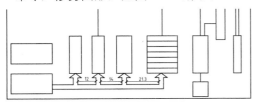

图16-86　修改图形

22 调用L【直线】、M【移动】和RO【旋转】命令，结合【对象捕捉】功能，绘制直线，如图16-87所示。

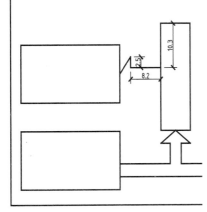

图16-87　绘制直线

23 调用MI【镜像】命令，镜像图形，如图16-88所示。

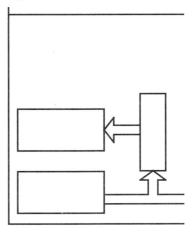

图16-88　镜像图形

24 调用L【直线】命令，结合【对象捕捉】功能，绘制直线，如图16-89所示。

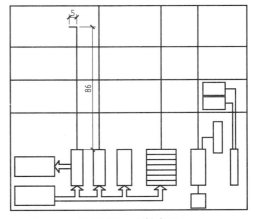

图16-89　绘制直线

25 调用REC【矩形】和M【移动】命令，结合【正交】和【对象捕捉】功能，绘制矩形，如图16-90所示。

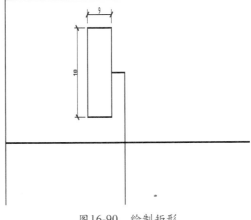

图16-90　绘制矩形

26 调用L【直线】和M【移动】命令，结合【正交】和【对象捕捉】功能，绘制直线，如图 16-91 所示。

27 调用CO【复制】命令，将新绘制的短直线进行复制操作，如图 16-92所示。

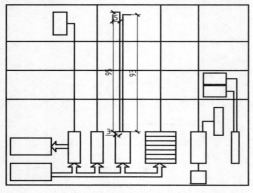

图16-91 绘制直线

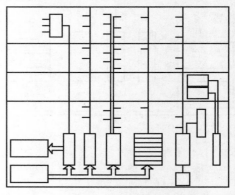

图16-92 复制图形

28 调用CO【复制】命令和M【移动】命令，布置电气元件，如图 16-93所示。

29 调用CO【复制】命令，将相应的图形进行复制操作，如图 16-94所示。

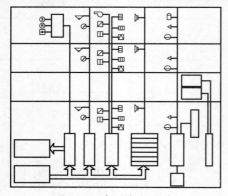

图16-93 布置电气元件

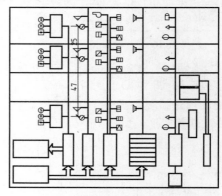

图16-94 复制图形

30 【文字】图层置为当前。调用MT【多行文字】命令，在图形中的对应位置标注文字说明；调用 PL【多段线】命令，修改【宽度】为1，绘制多段线；调用L【直线】命令，绘制直线，得到最终效果，如图 16-45所示。

16.4 课后练习

小户型照明平面图主要用来讲述如何在小户型空间中布置开关以及灯具位置的方法，在布置好开关和灯具后，需要通过线路将其连接起来。本实例讲解小户型照明平面图的绘制方法，如图 16-95所示。

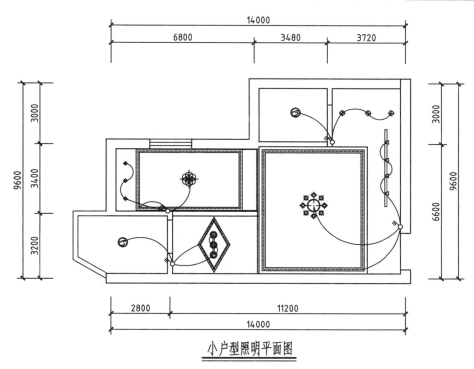

小户型照明平面图

图16-95　小户型照明平面图

提示步骤如下：

01 单击【快速访问】工具栏中的【打开】按钮，打开"第16课\16.4 课后练习.dwg"素材文件，如图 16-96所示。

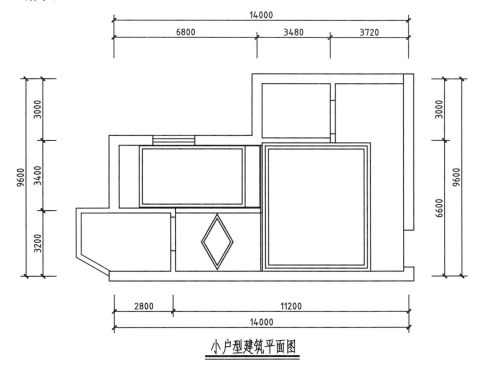

小户型建筑平面图

图16-96　素材文件

02 将【灯带】图层置为当前。调用REC【矩形】命令，结合【临时点捕捉】和【对象捕捉】功能，绘制灯带，如图 16-97所示。

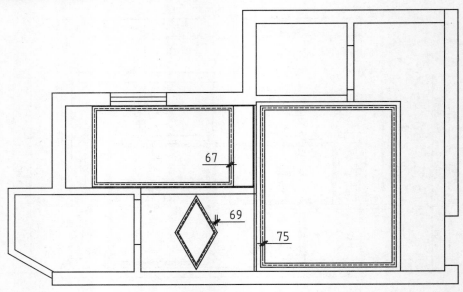

图16-97　绘制灯带

03 将【电气元件】图层置为当前。调用I【插入】命令，将随书光盘中的二级开关、三级开关、单筒灯、筒灯、卧室吸顶灯、餐厅吊灯、客厅吊灯、日光灯和书房灯具图块布置到建筑平面图中，如图 16-98所示。

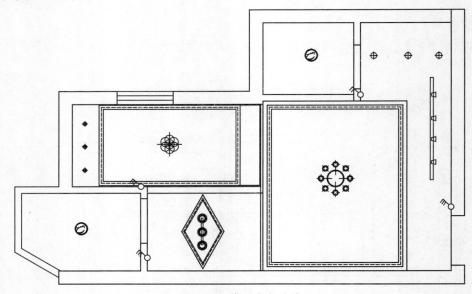

图16-98　布置电气元件

04 将【电路】图层置为当前。调用A【圆弧】命令，根据【对象捕捉】功能，绘制线路，如图16-99所示。

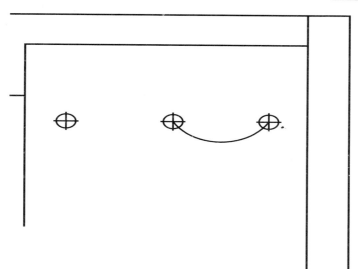

图16-99　绘制线路

05 重新调用A【圆弧】命令，根据【对象捕捉】功能，依次绘制其他的线路，如图 16-100所示。

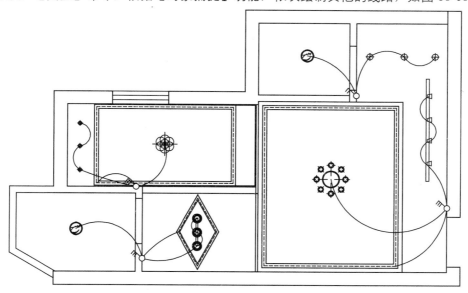

图16-100　绘制其他线路

06 双击最下方的图名，打开文本输入框，输入"小户型照明平面图"，即可完成图名的修改，得到最终效果，如图 16-95所示。